Canon EOS 佳能数码单反摄影从入门到精通

佳图文化 编著

佳能25款人气镜头
经典配搭全方位完整解秘
性能卓越的原厂镜头
超高性价比的原厂镜头
物美价廉的副厂镜头
APS画幅专享的EF-S镜头

佳能数码单反摄影
实拍技法超能量升级体验
构图是摄影成败的第一步
光影是摄影作品的灵魂
色彩烘托摄影画面的氛围

佳能主流机型专家级
参数设定100%深度剖析
光圈/快门/对焦/曝光
测光/白平衡/感光度

佳能数码单反摄影后期
数码暗房核心解码
RAW格式专业处理 / Photoshop创意处理

佳能数码单反主题摄影
实战技巧五星级呈现
风光/人像/建筑/夜景/动物/植物/静物/纪实

超值精华版

兵器工业出版社

内 容 简 介

本书是专门为佳能数码单反相机用户编著的一本集相机设置、操控、实拍等于一体的高级指南，内容涵盖佳能 EOS 5D Mark Ⅲ、5D Mark Ⅱ、7D、60D、600D、550D、1100D、1000D 等主流机型，针对佳能相机的功能结构、菜单/按钮、拍摄模式、测光/曝光及对焦等进行了深入解析，并针对不同拍摄场景、不同被摄对象、不同摄影主题提供了最佳实拍建议，使佳能用户可以迅速、准确地设置相机参数，在拍摄中充分发挥相机的优越性能，进而创作出更优秀、更专业的照片。

本书还为佳能用户精选了镜头及配件的经典配搭方案，满足佳能用户的不同需求，以更有效地获得事半功倍的拍摄效果。

本书文字讲解通俗易懂，菜单截图直观到位，摄影例图丰富精美，有助于佳能用户熟练掌握相机，实现在数码单反摄影领域从入门到精通的跨越，并可作为一般摄影爱好者的自学用书，及佳能数码单反相机用户的必备培训教材。

图书在版编目（CIP）数据

佳能数码单反摄影从入门到精通/佳图文化编著.
—北京：兵器工业出版社，2013.1
ISBN 978-7-80248-859-5

I. ①佳… II. ①佳… III. ①数字照相机：单镜头反光照相机—摄影技术 IV. ①TB86②J41

中国版本图书馆 CIP 数据核字（2012）第 275815 号

出版发行：兵器工业出版社
发行电话：010-68962596，68962591
邮　　编：100089
社　　址：北京市海淀区车道沟 10 号
经　　销：各地新华书店
印　　刷：北京博图彩色印刷有限公司
版　　次：2013 年 1 月第 1 版第 1 次印刷
印　　数：1 - 3 500

责任编辑：林利红　李小楠
封面设计：韦　纲
责任校对：刘　伟
责任印刷：王京华
开　　本：787mm×1092mm　1/16
印　　张：22.5
字　　数：522 千字
定　　价：89.80 元

前言 PREFACE

Canon——佳能的名称源于佛教。1934年，佳能成功地试制成日本第一台35mm焦平面快门照相机，并使用Kwanon（观音）作为名称。1935年，佳能正式将Canon进行注册，Canon一词含有“盛典、规范、标准”的意味。从此，佳能成为举世闻名的相机品牌。另外，佳能数码单反相机目前使用的EOS（Electronic Optical System）名称不仅仅是电子光学系统英文首字母的缩写，也是一位希腊黎明女神的名字。佳能EOS系列主要针对专业用户和摄影爱好者，该系列产品均为单镜头反光式相机，性能指标较佳能其他系列高出一个档次，本书介绍的正是该系列的产品。

由于佳能数码单反相机卓越的性能，使得摄影这项以前非常复杂的技艺变成了一种简单的工作或娱乐。越来越多的年轻人购买和使用佳能EOS系列数码单反相机，随心所欲地拍摄自己的学习、生活和旅程，记录自己的人生见闻和轨迹。只要学会佳能数码单反相机特有的操作方式和知识，摄影技术就会飞速进步，甚至能够在短时间内进入中级或高级水平，拍出一些堪比摄影大师的作品。

本书集佳能数码单反相机使用技巧之大成。从3个方面对佳能数码单反相机摄影做了全面、专业而实用的阐述，帮助读者真正掌握并使用好自己的佳能数码单反相机，实现在摄影方面从入门到精通的跨越。第1～5章主要介绍佳能数码单反相机的硬件常识，为读者选购硬件和了解硬件的性能、熟悉硬件的操作提供了详尽的分析指导、参考资料和实战经验。第6～14章主要介绍了使用佳能数码单反相机进行拍摄的技巧，包括构图、用光、用色技巧，以及人像、风光、植物、动物、静物、建筑、纪实等主题的专业拍摄技法；本部分包含了众多佳能数码单反相机摄影佳作的技术解析，相信会为读者掌握佳能数码单反相机的应用特点及提高数码摄影技术带来立竿见影的效果。第15章主要介绍了数码照片的后期处理，帮助读者修改照片的瑕疵并打造属于自己的个性化作品。

本书知识全面，讲解精辟生动，图片精美而具有示范意义，不但内容丰富，而且易于理解，既可以作为一般摄影爱好者的自学用书，也可以作为佳能数码单反相机用户的必备培训教材。

本书是集体劳动的结晶，参与本书编写的人员包括：周彦昆、张爽、高海霞、于萍、范慧娟、王晓慧、陶栎宇、黄刚、陈立、崔淼、邓志远、杜芳、范晓玲、付宁、郭聪、郝婷、郭健、计国丽、刘淑红、黄正、李飞飞和李峰等。特别感谢以下资深摄影师对本书的大力支持，他们分别是：周维、龚恒乙、皮皮、王嘉泽、王雪娇、许加一、林希威、葛明、中国馒头、卢爱民、老狼、杜伟、曹承辉、Leo和惠子等。

虽然我们在写作时力求将最准确的内容、最实用的经验呈现给读者，但是由于知识、阅历和理解等方面的不同，本书的表述仍有可能存在不尽如人意之处，敬请读者多多见谅。

编著者

目录 CONTENTS

第1章 走近佳能世界 1

第2章 佳能数码单反相机技术详解 31

第3章 佳能数码单反相机的参数设定 89

第4章 佳能数码单反相机的镜头群 119

第5章 佳能数码单反相机的相关附件 149

第6章 构图是拍摄好照片的前提 165

第7章 光、影、色是摄影的灵魂 195

第8章 人像摄影实拍技巧 225

第9章 风光摄影实拍技巧 245

第10章 建筑摄影实拍技巧 267

第11章 静物摄影实拍技巧 281

第12章 植物摄影实拍技巧 297

第13章 动物摄影实拍技巧 311

第14章 纪实摄影实拍技巧 323

第15章 后期处理 331

第1章

走近佳能世界

随着2003年佳能推出EOS 300D数码单反相机，从此开启了平民使用数码单反相机的先河。时至今日，佳能以其快速、易用、高画质的卓越特性自始至终受到广大拥趸的热烈追捧，深受摄影爱好者与专业摄影师的喜爱。那么，佳能系列到底为何如此“亲民”？

1.1 佳能EOS的由来

EOS，是佳能数码单反相机的一个系统名称。这个为无数摄影爱好者带来无与伦比的惊艳画质的品牌是个“80后”，它诞生于1985年。当时，为了迅速应对单反相机自动化对焦的技术革新潮流，佳能公司以特有的“超声波马达”与“全电子镜头接环”为核心展开影像系统的研发工作，并将其命名为EOS。同时，EOS也是希腊神话中黎明女神的名字，佳能期望籍此系统不断为广大摄影者带来新的灵感，因此将这一名称正式用为相机的系统名称。EOS的全称是Electro Optical System，即电子光学系统。

1987年，EOS的第一款产品——EOS 650采用了佳能自主研发的高感光度测距感应器BASIS，并首次将超声波马达USM等最新技术应用于产品，这些富有前瞻性的技术为EOS 650带来出众的性能，其市场占有率在日本与欧洲均取得了第一的佳绩。1989年，EOS的旗舰产品——EOS-1问世后，其卓越的性能得到了专业摄影师的大力支持。

对于专业摄影师而言，在拍摄过程中往往会遇到各种无法预期的拍摄环境。极冻严寒的雪地、灼热干涸的沙漠、大雨滂沱的密林、浓雾弥漫的山间等，都要求相机具有能够应对这一切的杰出性能。EOS不仅拥有快速准确的自动对焦及反应迅速等优异性能，还有以防尘、防水滴功能为代表的可靠性，以及丰富的镜头群和众多的附件等，整个系统都在不断拓展。正因为EOS品牌基于摄影师切身需求而不断演变进步的核心理念，无论何时，EOS都得到了专业摄影师一如既往的支持和青睐。

EOS的理念是“快速、易用、高画质”。为了让EOS的理念为更多的摄影师带来更好的拍摄体验，佳能不断开发最新技术，并将其成果应用在EOS相机中，如大型单片CMOS图像感应器、数字影像处理器DIGIC、高精度自动对焦系统、综合除尘对策EOS I.C.S.（Integrated Cleaning System）等。厚道的是，这一切不仅是面向专业人士的高端机型，同时也毫无保留地投入在针对普通用户的入门机型中。

拍摄一张照片，保留一份感动——这就是摄影最单纯的想法，这也是EOS不断努力的方向。

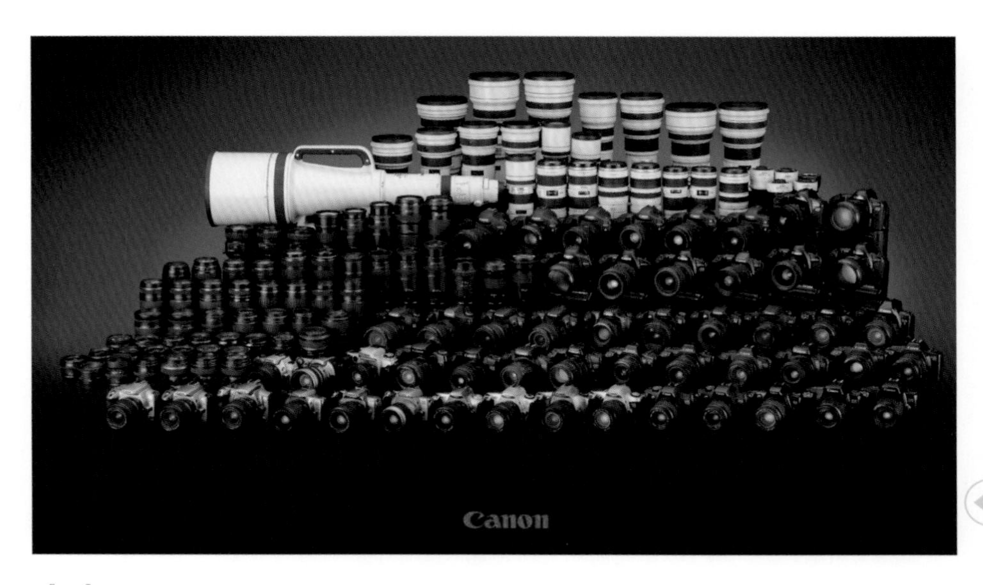

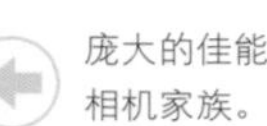
庞大的佳能相机家族。

1.2 佳能数码单反相机的机型划分

数码单反相机在身价和性能上有着很大区别。以机型来划分，包括入门、低端、中端、高端，以及相机中的战斗机——超高端专业机型等。

入门机型

目前佳能家族中的入门数码单反相机有两款，分别为EOS 1000D和EOS 1100D，面向经济能力有限的学生等阶层。此类佳能机型的机身材质较差，塑料感较强，对焦速度慢，测光精度不是很高，且可调ISO感光度范围也较窄。当然，以上这些都是与佳能高端数码单反相机相比较而言。从单一的摄影角度来看，使用EOS 1000D和EOS 1100D相机拍摄出来的画面效果也十分出色。

佳能EOS 1100D在数码单反相机系列中首次采用4色炫彩机身，有效像素约1220万，CMOS图像感应器，DIGIC 4数字影像处理器带来高速的影像处理感受，ISO100～ISO6400的宽广常用感光度范围，搭载中央十字型全9点自动对焦感应器，搭载63区双层测光感应器，方便理解功能使用方法及特点的功能介绍，可通过简单易懂的表述对相机功能进行设置的"基本+"（创意表现）功能，对应高清画质EOS短片。

在光线良好的环境中，佳能EOS 1100D拍摄出来的画质并不逊色于高端数码单反相机。

低端机型

佳能数码单反相机低端机型定位于想要学习摄影但在短期内对画质没有较高要求的用户，这部分用户通常没有镜头负担，随着技术的提升对器材的追求也会逐步增加。佳能数码单反相机低端机型的典型代表有EOS 600D和EOS 650D。此类机型为APS-C画幅，机身强化塑料感，没有肩屏，连拍速度较低，对焦点数量较少，但同时也具备了一些良好的性能，如1800万高像素、全清晰摄像功能，过万的ISO感光度等，足够摄影爱好者使用。佳能大多数性价比较高的低端数码单反相机的命名方式为“EOS+三位数+D”，三位数的数值越大，产品越新，各方面的性能越强大，功能也越齐全，如佳能EOS 650D的性能就要优于佳能EOS 600D。

佳能EOS 650D追求小型轻量、易操作，搭载媲美中级机型的先进功能，有效像素约1800万，新型CMOS图像感应器，新DIGIC 5数字影像处理器，实现了高画质、高感光度、低噪点等效果；中央八向双十字全9点十字型自动对焦，最高约5张/s的高速连拍，带来出色的捕捉力，不错过决定性快门时机；EOS系列首次搭载支持触控的可旋转液晶监视器，融合高捕捉力与便捷触控的EOS 650D正轻松引领摄影新时代。

正常的曝光使画面的层次感丰富，质感细腻，配合EF-S 18-200mm f/3.5-5.6 IS镜头，获得通透的效果。

中端机型

佳能数码单反相机中端机型定位于已经追求更高成像质量，但又因各种原因不愿为相机投入过多资金的用户。此类机型通常采用比入门、低端机型更强大的对焦模块，在测光能力、高ISO感光度表现、噪点控制、机身外观、材质等方面有明显提高，与入门、低端机型在外观上的最大区别，就是多了一个肩屏，代表产品有佳能EOS 60D和佳能EOS 7D。通常进阶到这个档次的机型，用户已经不大会再继续使用低端套头，转而使用性能更好的镜头，两者搭配会令使用感受获得明显的提升。

佳能EOS 60D搭载约104万点，长宽比3：2的3.0"清晰显示LCD显示屏，横向打开、可旋转，使拍摄角度更自由自在；约1800万有效像素，APS-C规格CMOS图像感应器,提高照片表现力的创意滤镜功能，中央八向双十字、全9点十字型自动对焦感应器,对应约7倍数码增距拍摄效果的短片裁切功能,对应最高约30fps的全高清（1920×1080P）短片拍摄功能。

佳能EOS 60D已经具有非常细腻出色的画质。

高端机型

佳能数码单反相机高端机型都采用全画幅配置，使各焦段的镜头与其搭配使用时，再也不会像使用APS-C画幅那样乘以镜头转换倍率，镜头的焦段优势可以发挥得淋漓尽致，这也是全画幅数码单反相机备受追捧的重要原因。佳能近些年来推出的高端机型有EOS 5D Mark Ⅱ以及2012年3月刚上市的EOS 5D Mark Ⅲ。此类机型的品质已经非常优异，但是并不是每位用户都可以消费得起的，在数码单反相机这里，“一分钱一分货”的定律再次得到验证。

佳能EOS 5D Mark Ⅲ的有效像素约2230万，全画幅、CMOS图像感应器才有的高画质，支持相机内所有图像处理的新一代DIGIC 5+数字影像处理器，宽广范围的常用感光度ISO100～ISO25600，61点高密度网状阵列自动对焦感应器与人工智能伺服自动对焦Ⅲ代带来革新的AF，高像素的同时实现最高约6张/s连拍，63区双重测光感应器与EOS场景分析系统合理控制曝光，采用视野率约100%智能信息显示光学取景器与3.2"约104万点清晰显示液晶监视器Ⅱ型，4种多重曝光模式与5种HDR模式带来多彩表现力，实现全高清记录画质，50fps高速拍摄高清画质短片的EOS短片功能，镁合金机身与防水滴、防尘性能带来高耐久性。

出色的色彩还原能力，精细的画质，都是高端机型的成像亮点。

超高端专业机型

在135画幅领域，总有那么几款很多摄影人梦寐以求却通常只能从书刊、网络上过过眼瘾的顶级装备，它们有着令人振奋的性能参数和专业高端的形象定位，当然，也有着令人咋舌的昂贵价格，它们就是号称单反中的战斗机的EOS-1D X和EOS-1 Ds Mark Ⅲ。此类机型为双DIGIC 5+处理器，连拍速度很快，高感性能出色，机器的密闭性很好，可以防水、防沙尘等，非常结实耐用，能够适应不同自然环境下的拍摄条件。

佳能EOS-1D X的61点高密度网状阵列自动对焦感应器与人工智能伺服自动对焦Ⅲ代带来革新的AF，突破性的约12张/s高速连拍和最高约14张/s的超高速连拍，有效像素约1810万，全画幅、CMOS图像感应器的高画质，搭载两块具有强大信息处理能力的DIGIC 5+数字影像处理器，宽广范围的常用感光度ISO100～ISO51200，扩展时最高ISO204800，10万像素RGB测光感应器及测光专用DIGIC4处理器，识别人物面部和被摄体颜色并与自动对焦系统联动，4种多重曝光控制方式带来多彩表现力，EOS短片功能新采用ALL-I和IPB两种文件压缩方式，采用视野率约100%智能信息显示光学取景器与3.2"约104万点清晰显示液晶监视器Ⅱ型，镁合金机身与防水滴防尘性能带来高耐久性。

佳能EOS-1D X官方拍摄样片。此款机型具有非常细腻出色的画质。

1.3 选购最适合自己的佳能数码单反相机

购买佳能数码单反相机时需要考虑的方方面面

相信很多人都为如何能在庞大的EOS家族中正确选购属于自己的那款数码单反相机而感到头疼，甚至焦虑不安。最佳解决方案要考虑以下几个方面。

- 价位。数码单反相机的价格从几千到几万不等，确定自己的预算才好进行选择。打个比方说，如果想投入1万元，可以考虑选择EOS 60D或者EOS 7D，因为就目前市场上的价格来看，前者在6000元左右，后者在9000元左右。当然了，这只是机身的价格，镜头也是必备的产品。

- 用途。使用数码单反相机是为了拍照留念还是想提高摄影技术，这意味着该选择入门机型还是中端机型，又或者是高端专业机型。
- 性能。弄清楚用途以后再看自己需要什么性能的相机，是标准变焦还是长焦，是像素高优先还是对焦点多优先，同时还要考虑外观材质和手感等。

不论选择哪款机型，佳能是有实力的相机厂商，在技术实力、品质保证等方面都比较有保障，可以最大限度地确保用户的利益。

佳能5D Mark Ⅲ官方样片。

 f/3.5 1/400s ISO100 300mm

购买佳能数码单反相机时的注意事项

购买佳能数码单反相机时最担心买到残次品，所以一些已上当人士的经验要引起重视。只要有备而来，就不会上当受骗。建议选择信誉度较高的电商或经销商。

- 了解相机的基本信息。在去卖场购买相机之前，除了了解相机的性能、价格外，还需要了解可能需要的配件如存储卡、电池、相机包、贴膜、开发票的税率等。
- 检查外包装盒。佳能数码单反相机在包装盒开口处贴有一次性封条，看看封条有无撕毁痕迹，包装盒底部有无打开痕迹。
- 检查相机的配件。打开包装盒以后，先观察一下各个配件的包装与摆放是否整齐，核对相机的说明书上列出的配件表与实物是否一致。
- 核对相机机身、包装盒和保修卡上的序列号。如果3个号码不一致，显然是有问题的相机，可以当即要求商家进行调换。
- 检查相机机身和配件。戴上手套将相机对着光查看，重点查看机身上有无手印，液晶屏有无划痕，边角部位是否有积尘污迹……新机器是不会有这些问题的。检查电池和存储卡的金属触点有无使用痕迹，全新的电池和存储卡金属触点部位是不会有任何划痕的。
- 检查相机默认界面。装上电池和存储卡后开机，默认情况下相机会弹出设置时间日期界面，如果不是这个界面，也说明相机此前被人使用过。不过，如果开机时跳过这个设置界面，则下次开机时仍会弹出要求设置时间日期的界面，所以此方法不能作为判断的决定因素。
- 检查照片编号。拍摄一张照片，回放预览查看照片编号，默认情况下，照片编号从0001开始，如果不是，则说明相机被使用过，可要求商家更换。
- 检查坏点。将相机分辨率设置为最高，ISO感光度设置为最低，光圈设置为最大，快门速度设置为 1 s以上，对着纯白物体使其填满取景框拍摄一张全白照片，然后再盖上镜头盖拍摄一张全黑照片，回放仔细查看画面中有无常亮或常暗的像素点。如果在同一个位置（放大照片后也是）一直有相同的亮点或者黑点，则说明液晶屏有坏点；如果两幅图在相同位置均有亮点或黑点，但放大后转移，则说明感光元件有坏点，可以要求商家退换。

佳能 60D 18-135套机的标准配件：

A. EOS 60D机身和EF-S 18-135mm f/3.5-5.6 IS镜头。
B. EOS数码解决方案光盘和软件使用说明书光盘。
C. 电池充电器 LC-E6E和连接线。
D. 立体声视频连接线 AVC-DC400ST。
E. USB接口连接线。
F. 相机背带 EW-EOS60D 。

1.4 解读佳能画幅形式

画幅的含义

“画幅”这个概念源于胶片相机时代。当时人们将使用最为广泛的普通135相机所用胶片称为“35mm胶片”，其规格为36mm×24mm，将120相机所用的6cm×4.5cm、6cm×6cm、6cm×9cm和6cm×17cm规格胶片称为“120胶片”。此外，曾短时间流行的APS相机也有3种规格，分别为H型30.3mm×16.6mm，长宽比为16：9；P型30.3mm×10.1mm，长宽比为3：1，被称为“全景模式”；C型24mm×16.6mm，长宽比与135底片同比例。

进入数码时代以后，因为最初的感光元件CCD在制造工艺上难度较大，良品率不高，所以最初的感光元件尺寸较小，并不是像35mm胶片那样的全画幅尺寸，而是沿用胶片时代的APC-C（24mm×16.6mm）画幅尺寸规格。但是因为感光元件的尺寸偏小，以往135胶片相机的镜头安装在APS-C画幅的数码单反机身上，需要乘以1.5或1.6的转换系数（不同厂家的APS-C尺寸不同，佳能转换系数为1.6）。这样广角镜头就损失了广角的优势，众多针对传统相机的“牛头”在数码单反相机上没有施展的空间，也制约了很多专业摄影师从胶片转向数码的步伐。在这种趋势下，相机厂商开发了与传统胶片尺寸相同的感光元件，为了区别于APS-C画幅，这种与胶片同等大小的感光元件被称为“全画幅”。

全画幅感光元件因为具有更大的感光面积，所以在像素数量、信噪比等的控制上都比APS-C画幅具有更强的优势。使用全画幅感光元件的数码单反相机，在图像画质上要完胜APS-C画幅的数码单反相机。在目前市售的佳能数码单反相机中，EOS 5D Mark Ⅱ、EOS 5D Mark Ⅲ和EOS 1Ds Mark Ⅲ都是全画幅数码单反相机，其他如EOS 7D、EOS 60D等都是APS-C画幅数码单反相机。

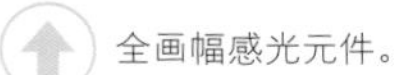

全画幅感光元件。

APS-C画幅感光元件。

全画幅与APS-C画幅在一定程度上决定了相机的身价，采用全画幅感光元件设计的机身往往都被贴上了“高端”的标签，成为“高端”的代名词。

感光元件决定画幅比例

感光元件的尺寸决定着画幅的比例。通常，佳能数码单反相机不管是APS-C画幅还是全画幅，画面比例都是3：2。

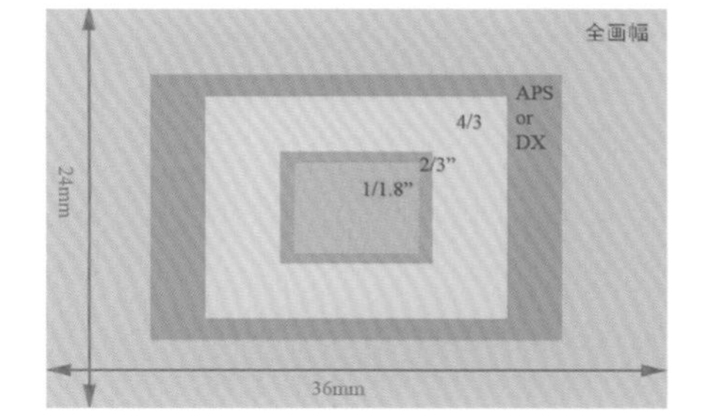

不同规格的感光元件决定着画面比例。

f/4 1/160s ISO800 50mm

APS-C画幅与全画幅的差异

通过前面的内容，我们知道现在佳能数码单反相机有两种感光元件规格，一种是使用最为广泛的APS-C画幅，另一种就是全画幅。感光元件尺寸的不同，带来的是在使用相同焦距的镜头时画面视角的不同，通过图例可以看出它们之间的差别。有朋友可能会疑惑，为何视角会有不同呢？这是因为数码单反相机无论是APS-C画幅还是全画幅，在同一卡口下的法兰焦距都是一样的（法兰焦距就是镜头卡口到感光元件焦平面的距离，佳能EF卡口是44mm）。在相同焦距下，感光元件面积缩小将造成镜头的成像范围大于感光元件的接受范围，因此只有乘以镜头转换系数才可以得出直观的、相当于35mm胶片的视角，如佳能全画幅镜头的50mm在APS-C画幅上就等于全画幅的80mm视角。

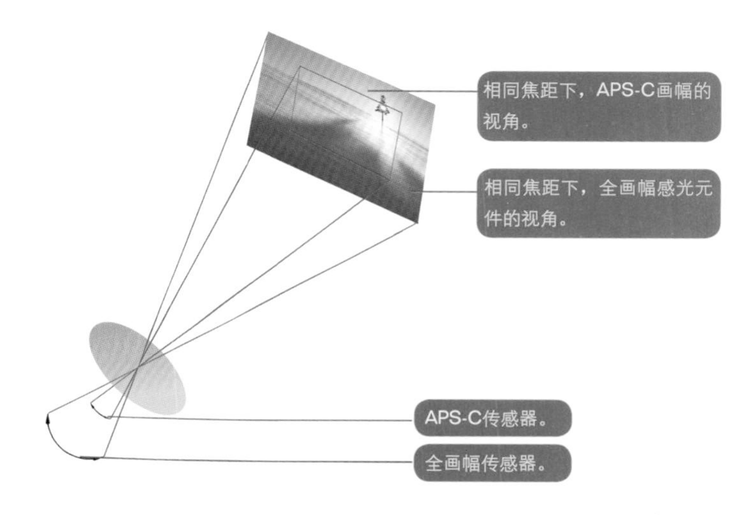

全画幅机身使用50mm焦距拍摄的画面视角。

APS-C画幅机身使用50mm焦距在相同位置拍摄的画面视角。

通过实际拍摄对比可以看出，APS-C画幅机身在50mm标准镜头下的视角相当于80mm的中焦视角，这就是感光元件尺寸偏小所带来的差异。对于专业摄影师而言，一款24-70mm标准变焦镜头在APS-C画幅机身上就变成了38-112mm，广角没了，中焦也不伦不类，这种折损是无法容忍的，当然损失的还有景深。虽说APS-C画幅感光元件只是截取了全画幅镜头中间一部分的成像光线，同样的拍摄距离时景深是相同的（前提是镜头光圈相同），但是APS-C画幅若要把画面视角等同于全画幅，就只能通过往后退来拉长距离，这样景深就缩小了，导致虚化不明显，这些都是APS-C画幅的先天缺陷。

因此，许多专业摄影师都愿意使用全画幅机身。另外，全画幅数码单反相机因其拥有比APS-C画幅数码单反相机更大的感光元件及其他相关配置，在画面精度、噪点控制、高感表现、动态范围等方面都比后者更具优势。因为数码相机是从胶片相机发展而来，在胶片时代拥有大量镜头的用户使用全画幅数码机身可以实现镜头焦段的无缝对接，这也是相当一部分资深摄影师孜孜不倦追求全画幅的一个重要原因。全画幅数码单反相机在性能上比APS-C画幅数码单反相机强劲的直接后果是价格比后者贵出数倍。

佳能EOS 5D Mark Ⅲ
全画幅数码单反相机。

佳能EOS-1D X
全画幅数码单反相机。

使用佳能EOS 600D经过长时间曝光进行拍摄。由于该相机性能较低，没有ISO感光度扩展功能，最低ISO感光度仅为100，并且降噪功能不是很明显，可以看出画面出现偏色，噪点也比较明显。

f/11 1/640s ISO100 25mm

使用佳能EOS 5D Mark Ⅱ拍摄。相比于上图，可以看到画面的色彩还原准确，没有噪点和颗粒。

f/11 1/640s ISO100 25mm

佳能群体全画幅与APS-C画幅比对

在当下数码摄影领域，主流机型的画幅基本上为全画幅和APS-C画幅。画幅形式往往是决定一款相机品质和售价的核心因素。为了看到较为全面的参数对比，方便读者了解，这里提供以下佳能系列全画幅与APS-C画幅产品的比对表。

佳能系列数码单反相机	画幅形式	像 素	上市时间
EOS 1100D	APS-C（22.0mm×14.7mm）	1220万	2011年2月
EOS 1000D	APS-C（22.2mm×14.8mm）	1010万	2008年6月
EOS 350D	APS-C（22.2mm×14.8mm）	800万	2005年3月
EOS 400D	APS-C（22.2mm×14.8mm）	1010万	2006年9月
EOS 450D	APS-C（22.2mm×14.8mm）	1220万	2008年3月
EOS 500D	APS-C（22.2mm×14.8mm）	1510万	2009年4月
EOS 550D	APS-C（22.3mm×14.9mm）	1800万	2010年2月
EOS 600D	APS-C（22.3mm×14.9mm）	1800万	2011年9月
EOS 20D	APS-C（22.5mm×15mm）	820万	2004年2月
EOS 30D	APS-C（22.5mm×15mm）	820万	2006年3月
EOS 40D	APS-C（22.2mm×14.8mm）	1010万	2007年3月
EOS 50D	APS-C（22.3mm×14.9mm）	1510万	2008年9月
EOS 60D	APS-C（22.3mm×14.9mm）	1800万	2010年8月
EOS 7D	APS-C（22.3mm×14.9mm）	1800万	2009年9月
EOS 5D	135全画幅	1280万	2005年10月
EOS 5D Mark Ⅱ	135全画幅	2110万	2008年9月
EOS 5D Mark Ⅲ	135全画幅	2230万	2012年3月
EOS-1D X	135全画幅	1810万	2011年10月
EOS-1D Mark Ⅳ	APS-H（27.9mm×18.6mm）	1610万	2009年10月
EOS-1Ds Mark Ⅲ	135全画幅	2110万	2007年8月
EOS-1D Mark Ⅲ	APS-H（28.1mm×18.7mm）	1010万	2007年5月
EOS-1D Mark Ⅱ N	APS-H（28.1mm×18.7mm）	820万	2007年5月
EOS-1Ds Mark Ⅱ	135全画幅	1670万	2004年11月

1.5 解读佳能高像素与高解像力

像素

像素，Pixel，是构成影像的最小单位。如果把拍摄的照片放大显示，就会发现照片是由许许多多正方形的小点组成的，这些小点就是像素。如果再仔细观察还会发现，这一个个小点的颜色和明暗程度各不相同，正是因为这样，我们才会看到细节丰富、色彩斑斓的数码影像，从这个意义上去理解，可以得出一个结论，一张数码照片的组成像素数量越多，色彩和明暗信息记录得越精确，那么它对景物的还原就越逼真，换言之，就是画质越好，图像越细腻。

前面说过，像素数量是衡量相机优劣的一个重要指标，但请注意，只是重要而已，并不代表是决定性的。因为像素从根本上决定画质，但是要判定相机性能的高低，还需要看影像传感器的尺寸大小，图像处理器的数据处理能力，最重要的是镜头对影像的解析力高低……如佳能EOS 7D是1800万有效像素，而EOS 5D Mark Ⅱ是2110万有效像素，虽说从像素上看EOS 5D Mark Ⅱ有优势，但这不是重点，重点是EOS 5D Mark Ⅱ是全画幅相机，拥有比EOS 7D更大的感光元件，从而带来的是信噪比上的明显优势，所以高像素还需要匹配更大尺寸的感光元件，才可以发挥出图像解析方面的优势。

使用EOS 5D Mark Ⅱ拍摄的赛车现场。即使是高速移动的被摄对象，依托EOS 5D Mark Ⅱ的高速快门和强大的图像处理器，仍然可以获得清晰、高画质的画面表现。

f/5.6 1/160s ISO160 50mm

通过放大可以看出，一幅看起来细腻真实的照片实际上是由许许多多的像素点构成的。佳能EOS 5D Mark Ⅱ是2110万像素的数码单反相机，当使用最高像素拍摄时，画面中将会有2100万个像素点构成，正因为有这么多像素点对色彩和明暗的忠实再现，才有了一幅幅高精度画面的诞生。

放大至5倍，依稀可以看到像素点。

放大至20倍，像素点非常清晰。

像素是决定画面效果的重要因素

世界上第一款数码相机是由柯达公司发明的，当时的像素只有区区1万而已。时至今日，用于航天领域的专业数码相机已然达到几亿甚至几十亿的像素，即使是普通民用相机，像素也早已突破千万，较高的像素会带来更加细腻的画面成像，从而使影像更加精细、逼真，更好地提升人们的摄影感受。

佳能EOS 650D，1800万像素，
APS-C画幅，22.3mm×14.9mm。

佳能EOS 60D，1800万像素，
APS-C画幅，22.3mm×14.9mm。

佳能EOS 5D Mark Ⅲ，2230万像素，
135全画幅，36mm×24mm。

佳能EOS-1D X，1810万像素，
135全画幅，36mm×24mm。

像素与画幅的关系

我们知道，画幅越大则成像面积越大，画质更优，打印篇幅也越大。不少消费者觉得相机像素越高拍出的照片就会越清晰，其实不然，感光元件的尺寸大小才是成像的关键。感光元件相当于传统相机里的胶卷。在相同像素的情况下，相机感光元件的面积越大，单个感光单元的面积则越大，其信噪比和感光能力也就越强，成像的质量自然就越好。相反，单个感光单元的面积越小，其信噪比和感光能力也就越弱，成像的质量自然也就很差。

这里以EOS 7D和EOS 5D Mark Ⅱ为例进行对比说明。

先说画幅，EOS 7D是APS-C画幅，EOS 5D Mark Ⅱ是全画幅。EOS 5D Mark Ⅱ的感光元件面积是EOS 7D的2.56倍。按照上面的说法，由于EOS 5D Mark Ⅱ的画幅（感光元件尺寸）更大，所以EOS 5D Mark Ⅱ的成像画质明显要比EOS 7D更好。

再说像素，EOS 7D的像素是1800万，而EOS 5D Mark Ⅱ的像素是2100万，这意味着EOS 5D Mark Ⅱ单个像素的面积是EOS 7D的2.19倍。因此，EOS 5D Mark Ⅱ的单个感光器大小比EOS 7D单个感光器大小的2.19倍还要大。EOS 5D Mark Ⅱ无论是从画幅还是像素方面，都要高于EOS 7D，其单个感光单元的面积也更大，那么，最终的结论就是：EOS 5D Mark Ⅱ的成像品质要优于EOS 7D。

全画幅的感光元件尺寸搭配EOS 5D Mark Ⅱ高达2110万的有效像素，可以获得极佳的画面质量。

f/8 1/1250s ISO250 35mm

1.6 佳能数码单反相机的卓越性能

柔美清晰的画质源于高像素

通过前面的介绍可以知道，像素的多少与图像的画质息息相关，像素越高，记录图像的细节就越丰富，颜色和亮度之间的过渡则表现得越细腻、自然，这就是高像素与低像素的区别。低像素因为数量的缺少，在细节方面的表现不如高像素真实。这在后期放大输出时表现更为直观，较高的像素可以放大到较大的尺寸，而较低的像素放大后图像可能会模糊。与其他品牌的数码单反相机相比，高像素一直是佳能产品的特色。目前，佳能主流的数码单反相机中，像素超过1500万的机型多达十几款，EOS 5D Mark Ⅲ已经突破2230万大关，领先佳能之最。

高画质的图像，其画面色彩和明暗的表现更好，无论是高光、暗部或是中间调，都可以保有丰富的细节，同时经得起放大与后期裁剪。

f/11 1/640s ISO100 25mm

DIGIC 图像处理器的强大功能

数码相机产品经过多年的发展，同质化的现象已经逐渐明显。作为一款数码相机的最核心技术，影像处理器在数码相机中充当着“大脑”的角色。

佳能DIGIC系列处理器的首次出现，要追溯到2002年，当时依然还是传统胶片相机与数码相机并存的局面，数码相机的发展饱受画质、续航能力等各方面的挑战。佳能第一代DIGIC处理器在面世之前就已经被定位为一种多功能的专用影像处理器，它集图像感应器控制器、自动白平衡、信号处理、图像压缩、存储卡控制和液晶显示控制等功能于一身。由于是专门为数码相机设计，以往需要在芯片间大量传输的数据变成了单个芯片内部的数据流。DIGIC处理器在最终图像效果、处理速度、耗电量等方面具有非常明显的优势。

就DIGIC技术的整体效果而言，其性能优势主要集中在以下几个方面。

- 高光区域的图像层次得到改善，以往高光区域缺乏层次，被很多用户认为是动态范围不够，其实这和图像处理器也有很大关系。因为运算能力不够，很多细节层次就有可能被丢弃了。DIGIC芯片的高性能图像处理能力保证了即时快速的处理，能够最大程度地在处理过程中保存图像信息。
- 高分辨率与高信噪比同时实现，这同样是DIGIC芯片处理能力提高带来的优势，在高速图像处理器、高速的内部数据传输及优化的处理流程帮助下，高分辨率与高信噪比带来的大数据量运算自然不在话下。
- 采用DIGIC芯片更加节省电源，由于DIGIC芯片处理速度高，同样的计算过程花费的时间就少，再加上高度的功能集成，自然比较省电。

比较两幅图，左图几乎没有展现任何细节，右图是采用DIGIC处理器拍摄出来的效果，层次清晰，细节也很丰富。

到目前为止，佳能公司为自己的数码相机以及数码摄像机产品开发的专用数字影像处理器已经发展为DIGIC处理器五代，DIGIC DV芯片三代（以下产品数字序号表述与产品表述同）。

DIGIC Ⅱ：佳能在2004年发布了第二代影像处理器DIGIC Ⅱ，采用单芯片，这使得它可以通过减少零件来达到更紧凑的设计。较上一代产品，DIGIC Ⅱ拥有较大的缓存，使用DDR内存，加快了开机时间和对焦速度。在佳能数码单反产品线上，DIGIC Ⅱ配合自己的CMOS传感器改善了颜色、锐度和自动白平衡，同时图片写入记忆卡的速度也得到了大幅度的提高，在当时的一些高端机型上率先使用，如佳能EOS 400D等，写入记忆卡速度可高达5.8 MB / s。

DIGIC Ⅱ

佳能 EOS 400D

DIGIC Ⅲ：到了2006年，佳能在DIGIC Ⅱ的基础上，吸收了其他厂商的先进技术和经验，推出了DIGIC Ⅲ图像处理器。DIGIC Ⅲ图像处理器新增了如面部识别与面部优先对焦/优先曝光、自动红眼修正、防抖拍摄、高感光度摄影、运动捕捉，以及720p短片等先进功能。佳能更在自己的数码单反旗舰机型EOS-1D Mark Ⅲ上使用了两块DIGIC Ⅲ芯片，使其可以达到每秒10张千万像素照片的连拍速度（与存储介质速度有关）。佳能EOS-1D Mark Ⅲ 也成为此时世界上连拍速度最快的数码单反相机。

DIGIC Ⅲ

佳能 EOS -1D Mark Ⅲ

DIGIC 4：在2008年9月，伴随EOS 50D的面世，佳能公司全新发布了DIGIC 4影像处理器。在DIGIC 4强大性能的支持下，新的相机更有利于拍摄人物，更有利于降低噪点，也更有利于拍摄短片。面部优先对焦的精确度和面部追踪的性能都大大提升，新加入的伺服自动对焦、智能校正对比度技术、面部优先自拍，以及全新的H.264编码短片都深受消费者们的欢迎。无论是相机的响应速度、照片画质和实用功能都得到了大力的增强。2008年9月发布的EOS 5D Mark Ⅱ配备了佳能新开发的DIGIC 4数字图像处理器，进一步提升了相机的性能，具备更强的数据处理能力，响应更迅速，色彩表现更真实，层次更清晰，暗部细节的表现更出色。佳能公司在其中端数码单反相机EOS 7D上使用了两块DIGIC 4处理器，使连拍速度达到8张/s。

搭载DIGIC 4处理器拍摄出来的画面层次清晰，暗部细节更加具体。

部分镜头因为光学结构的关系，特别是在使用广角镜头的最大光圈拍摄时，容易发生照片边缘四角发暗的现象。得益于DIGIC数字影像处理器出色的处理能力，采用周边光亮校正，会自动修正照片暗角。利用随机软件EOS Utility，还可以给未注册的佳能镜头注册校正数据，使JPEG图像在相机上即可自动去除暗角，而RAW图像需要通过随机软件Digital Photo Professional中的“拍摄设置”来操作。

开启自动补偿，消除暗角。

关闭自动补偿，暗角非常明显。

采用14位模拟/数字（16384色调）信号转换，带来比佳能之前采用的12位模拟/数字（4096色调）信号转换更绚丽逼真的色彩还原能力。即使是拍摄JPEG（8位）图像，由于它们是由14位RAW图像产生的，这样的JPEG图像也具有出色的色阶过渡。

采用14位图像模式，色彩更丰富逼真。
f/11 1/250s ISO100 70mm

DIGIC 5：佳能公司早已将搭载DIGIC 5处理器的技术应用于卡片机，如佳能IXUS系列相机。但直到2011年10月，随着佳能新发布的旗舰型EOS 1D X相机发布，才第一次在单反系列中出现DIGIC+处理器。EOS 5D Mark Ⅲ也搭载支持相机内所有图像处理的新一代DIGIC 5＋数字影像处理器，能够对新型感应器输出的庞大数据进行比以往更加精细的分析，从而实现了降噪，另外也实现了感光度ISO100～ISO25600的常用感光度范围，最高可扩展到ISO102400。

当前佳能的影像处理器已经发展到第五代，EOS 5D Mark Ⅲ已经发布，该机型使用了DIGIC 5＋数字影像处理器，高感降噪极为惊人。

左图：f/2.8 8s ISO800　右图：f/2.8 0.6s ISO6400
尽管感光度在高达ISO6400的情况下，通过对比发现，画面几乎没有任何噪点，可见佳能DIGIC 5＋影像处理器的性能之强。

色彩与众不同

你可能从佳能用户那儿听过这样一句话“佳能的色彩感比较强，比较适合拍人像”。是的，佳能有着与众不同的成像色彩，深受用户的青睐。

佳能小型数码相机IXUS（你好色彩）的上市，是对佳能产品的全新体验和阐释。它强调了佳能相机对画面色彩的超强表现力，再加上其色彩亮丽的外观设计，标志着佳能在技术和外观上的双重突破。从实拍的效果上看，佳能相机拍摄的画面往往比较显眼，色彩纯度和明度很高，色彩感较强。当然了，这并不是意味着提高了相机的饱和度，而是相机本身对场景的色彩还原就较准确，这一点在人像拍摄中尤为突出。佳能相机能够将亚洲人偏黄的皮肤拍摄得白晰动人、明亮干净又不失红润通透之感，同时还保证了其他色彩的还原非常准确，这就是为什么绝大多数儿童摄影和婚纱影楼选择使用佳能相机为客户拍摄的原因。

利用EOS 5D Mark Ⅱ拍摄的人像照片，色彩还原真实自然，画面通透亮丽。

f/1.8 1/800s ISO100 135mm

高清晰摄像媲美专业摄像机

佳能相机高清晰摄影功能的加入，对于广大用户来说是一个非常实用的功能。从此以后，一机两用，花一份钱收获两种用途，不仅可以拍摄高画质的静态图片，还可以进行高清摄像，将生活中一些精彩的时刻永久留存，随时回味，这种感觉又岂是“惊喜”二字所能表达的？在佳能数码单反相机中可以拍摄全高清和标清两种格式的短片。全高清画质的1920×1080像素（16：9）以及标清画质的640×480像素（VGA，4：3）两种格式的帧频都达到了约30fps。在佳能数码单反相机上，首次实现了“1920×1080 Full HD”全高清短片拍摄，可媲美专业摄像机。通过机身上的HDMI接口连接高清电视，即可观赏清晰绚丽的影像，还可以支持高清格式的高性能电脑进行视频播放。

在拍摄短片的过程中，如遇到想作为照片保留的精彩瞬间，只需按下快门即可，也可以预先设置的记录格式随时拍摄照片。当拍摄照片时，相机会暂时中断短片拍摄，结束照片拍摄后，相机会自动返回实时显示拍摄，回复到短片拍摄状态，可用设置键（<SET>键）控制短片拍摄的启动/停止。这种设计让静态拍摄和动态拍摄实现了完美的切换，非常方便。

在相机市场上，除最低端的佳能数码单反相机EOS 1000D、EOS 1100D和顶级数码单反相机EOS-1Ds Mark Ⅲ 没有高清摄像功能外，其他主流机型均有高清摄像功能。

在进行高清摄像时，如果想拍摄静态图片，只需直接按下快门即可。相对于从录像中截取的静态画面，原生的静态图像拍摄在画质上拥有绝对的优势。

f/5.6 1/1000s ISO100 400mm

可旋转的液晶屏

2010年8月发布的佳能EOS 60D增加了很多实用功能，如可旋转液晶屏，这在佳能EOS数码单反相机中还是首次使用。横向打开的可旋转液晶屏方便了用户以各种角度进行拍摄，令创作更加自由灵活。可旋转液晶屏是一把“双刃剑”，有人认为“通过液晶屏来取景，显得太花哨、不专业，没有了‘数码单反摄影’的感觉”，因此拒绝购买此类产品，这就是个人的喜好了。可旋转液晶屏可轻松实现低角度或高角度拍摄以及人像自拍等，从而体验与以往不同的拍摄乐趣。

能够实现多角度自由拍摄的可旋转液晶屏。佳能EOS 60D的液晶屏为104万像素，3英寸，其长宽比为3：2，此比例与相机所拍摄图像的标准长宽比（3：2）相同，因此可使用整个背面背景显示屏来全屏显示所拍摄的图像。

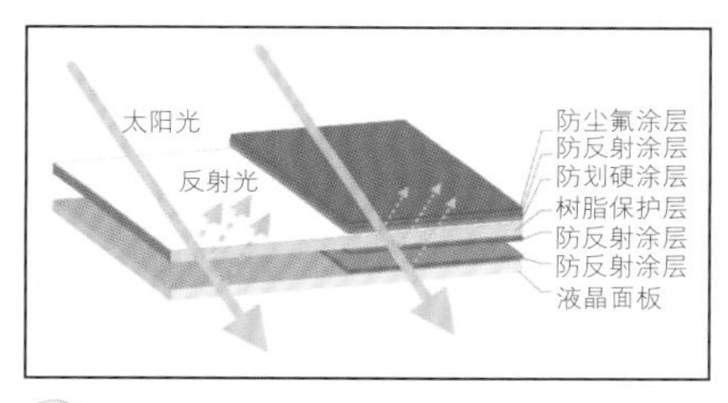

佳能EOS 60D液晶显示屏5大涂层示意图。

有了EOS 60D的可旋转液晶显示屏，低角度拍摄就不必趴在地面上了。

1.7 佳能数码单反相机的机身结构

机身正面

作为一名摄影师，如果想要拍摄出令人羡慕的好照片，对自己的器材烂熟于心是必须具备的基本素质。如果有人说“我根本不了解相机那些七七八八的功能，也仍然可以拍摄出大师级的照片”，毋庸置疑，这个人是在吹牛。俗话说，工欲善其事，必先利其器。下面一起来熟悉一下EOS 5D Mark Ⅱ机身正面部分的功能键及其作用。

1. 快门按钮

拍摄时半按快门按钮执行对焦及测光操作，完全按下快门即可完成拍摄曝光。

2. 遥控感应器

使用遥控器 RC-6、RC-1 或 RC-5（均为另购）可以在最远距离相机 5m 处遥控拍摄，使用时需将相机调整到自拍模式，然后按下遥控器上的传输按钮，此时自拍指示灯会亮起并拍摄照片。

3. 自拍指示灯

使用自拍功能时需要选择自拍模式，当距离设置时间剩余 2s 时，自拍指示灯亮起，同时相机提示音变得急促，此时请确保被摄对象处于最佳状态。

4. EF 镜头安装标志

当安装镜头时，需要将镜头上的安装标记点对准这个安装标志进行安装，否则无法安装镜头。

5. 反光镜

数码单反相机的标志性组件。当进行拍摄构图时，反光镜将通过镜头进入相机的光线向上反射至五棱镜，拍摄者可以通过取景器看到欲拍摄的画面，当按下快门进行拍摄时，反光镜将抬起让开光路，传感器接收到光线完成曝光。在一些对图像清晰度有严格要求的拍摄中，也可以使用反光镜预升模式来预防机震。

6. 镜头触点

触点是镜头和机身进行通讯的数据接口，如测光、对焦等操作都是通过这个接口进行的数据通讯。因此，保持这个触点的清洁是非常重要的，要避免灰尘或污物沾污触点，必要时可以使用专门清洁触点的毛刷进行清洁。

7. EF 卡口

5D Mark Ⅱ可以使用佳能 EF 系列的所有镜头，还可以使用适马、腾龙、图丽和卡尔蔡司等公司生产的 EF 卡口镜头，也可以通过转接环连接其他卡口的镜头。

8. 麦克风

在进行视频拍摄时，通过此麦克风进行单声道声音的录制，也可以使用另购的专业立体声麦克风插入机身上的外接麦克风输入端子进行立体声录制。

9. 镜头释放按钮

按下镜头释放按钮并逆时针转动镜头可以卸下镜头。

10. 景深预示按钮

按下此按钮，可以将光圈缩小到预设值以通过取景器查看画面景深，在人像、微距等拍摄中可以帮助拍摄者更好地把握画面的景深。

机身背面

机身背面集中了使用相机时最常用到的一些功能按键，厂商在设计按键时会照顾拍摄者的使用习惯，以使按键的布局更科学合理，方便用户进行简单快捷的相机设置。

11. 模式转盘

模式转盘控制着相机的拍摄模式，可以在全自动、P 程序自动、Tv 快门优先、Av 光圈优先、M 全手动、B 门以及 C1、C2、C3 自定义模式间任意选择。

12. 热靴

用于连接外置闪光灯的接口。

13. 取景器目镜

进行光学取景的目镜，通过此目镜可以进行构图取景。5D Mark Ⅱ的取景器视野率为 98%。

14. 屈光度调节旋钮

通过调整屈光度，可以让视力不佳的拍摄者从取景器中看到清晰的影像。

15. 扬声器

在播放短片时扬声器输出录制的声音，通过拨动主拨盘可以调节短片音量。

16. 自动对焦启动按钮

在相机默认设置及自定义功能设置 C.Fn Ⅳ -1 选择“0”时，按下此键可以启动自动对焦；当 C.Fn Ⅳ -1 选择“1”时，按下此键可以停止自动对焦；当 C.Fn Ⅳ -1 选择“2”和“3”时，按下此键可以启动自动对焦并测光；当 C.Fn Ⅳ -1 选择“4”时，按下此键什么作用都不起。

17. 自动曝光锁 / 闪光曝光锁 / 索引 / 缩小按钮

在测光激活状态，按下此键可以锁定曝光以重新构图或拍摄；使用外置闪光灯拍摄时，可以锁定闪光曝光；在回放图像时，可以索引显示；在放大查看时，可以缩小放大倍率。

18. 自动对焦点选择 / 放大按钮

在测光激活状态时，按下此键可以选择自动对焦点；在回放预览图像时，按下此键可以放大显示；在裁切图像时，可以调整裁切框的尺寸大小。

19. 实时显示 / 拍摄 / 打印 / 共享按钮

按下此键可以开启实时显示拍摄模式；当相机连接至打印机时，按下此键可以执行打印操作；当相机连接至电脑时，按下此键可以将存储卡内的文件传输至电脑。

20. 菜单按钮

按下此键，可以进入相机的设置菜单。

21. 照片风格选择按钮

按下此键，可以选择不同的照片风格。

22.INFO 信息 / 裁剪方向按钮

在拍摄状态下按下此键，可以查看相机的各项设置情况；在回放照片时按下此键，可以在“单张图像显示”、“单张图像显示 + 图像记录画质显示”、“柱状图显示和拍摄信息显示”4 种显示方式间切换；在裁剪图像时按下此键，可以使裁剪框在垂直和水平方向间来回切换。

23. 回放按钮

按下此键，可以回放预览照片或视频。

24. 删除按钮

在回放照片时按下此键，将显示删除图像指令。请注意，图像一旦被删除将不能恢复，如有必要，请做好备份或对图像添加保护指令。

25. 多功能控制钮

该按钮由 8 个方向键和一个中央按钮构成。使用该控制钮可以校正白平衡、移动自动对焦点或在实时显示期间放大图框、在放大显示期间滚动回放图像、操作速控屏幕等，也可以使用该按钮对菜单进行设置。

26. 速控转盘

按下相关按钮后转动速控转盘，可以设置白平衡、驱动模式、闪光曝光补偿、自动对焦点等；直接转动此转盘，可以设置曝光补偿量、手动曝光的光圈设置等。

27.SET 设定 / 短片拍摄键

在菜单设定时，通过按下此键确认相应的设定选项；在实时显示状态按下此键开始视频录制，再次按下此键停止视频录制。

28. 数据处理指示灯

当图像正在记录、读取、删除时，此灯将会亮起或闪烁，此时请不要切断电源、打开存储卡插槽盖、拔出存储卡或摇晃撞击相机，因为这样做可能会导致数据丢失或者损坏相机。

29. 电源 / 速控转盘开关

用于开启或关闭相机电源，也可用于开启或关闭速控转盘。

30. 光线感应器

当将液晶屏的亮度设置为自动时请不要遮挡此感应器，否则会导致自动调整失灵。此感应器可以感知环境光线的亮度，从而调整液晶屏的显示亮度以使显示效果更加清晰直观。

机身顶部

EOS 5D Mark Ⅱ机身顶部有一个液晶显示屏，在其周围有几个与拍摄密切相关的功能键。下面一起来认识这些功能键的作用。

31. 焦平面标记

表示相机的感光元件处于与标记垂直的切面上，在手动对焦时可以通过精确测量距离获得正确的对焦。镜头的最近对焦距离即是指从被摄对象到焦平面的直线距离。

32. 测光模式选择／白平衡选择按钮

按下该按钮拨动主拨盘，可以选择测光模式（评价测光、局部测光、点测光、中央重点平均测光）中的任意一种；按下该按钮转动速控转盘，可以选择白平衡，在信息显示屏中可以直观地看到选择的结果。

33. 自动对焦模式选择／驱动模式选择按钮

按下该按钮拨动主拨盘，可以在ONE SHOT单次自动对焦、AI FOCUS人工智能自动对焦、AI SERVO人工智能伺服自动对焦模式间切换；按下该按钮转动速控转盘，可以选择驱动模式，在“单拍”、“连拍”、“10秒自拍／遥控”、“2秒自拍／遥控”中进行切换。

34.ISO感光度设置／闪光曝光补偿按钮

按下该按钮拨动主拨盘，可以选择ISO感光度，在ISO100～ISO 6400间以1/3级为单位进行设定；按下该按钮转动速控转盘，可以在±2档间以1/3级进行闪光曝光补偿调整。

35. 主拨盘

按下一个按钮后拨动主拨盘，可以进行对应设置，如测光模式、自动对焦模式、ISO感光度、自动对焦点等；在拍摄模式下直接拨动主拨盘可以设置快门速度、光圈等。

36. 液晶显示屏照明按钮

按下此按钮，液晶显示屏将点亮6s，当进行B门曝光时完全按下快门后，液晶显示屏将关闭。

37. 液晶显示屏

显示与拍摄密切相关的设置项目，如测光模式、自动对焦模式、白平衡、图像画质、ISO感光度、光圈快门等。

机身底部及侧面

相机底部通常没有过多的按键，三脚架连接孔则是必备设计；机身侧面通常是一些扩展插口的集中地。下面一起来熟悉佳能EOS 5D Mark Ⅱ的机身底部和侧面。

38. 电池仓盖

用于固定相机电池。

39. 三脚架接口

用于连接三脚架、独脚架以防止相机震动。

40. 扩展系统端子

用于进行相机功能的扩展。

41.PC 端子

PC 端子用于使用带有同步电缆的闪光灯，PC 端子带有丝扣以防止连接意外断开。

42. 遥控端子（N3 型）

可以将快门线 RS-80N3、定时遥控器 TC-80N3 或任何装有 N3 型端子的 EOS 附件连接到相机，并进行相关拍摄。

43. 外接麦克风输入端子

用于连接外置高品质立体声麦克风，以进行高清视频拍摄。

44. 音频 / 视频输出端子

通过此端子将相机与电视连接，可以在电视上查看静态图片和视频。

45. 数码端子

使用随机提供的电缆连接电脑或打印机。

46.HDMI mini OUT 端子

使用 HDMI 电缆连接电视查看图像。

第2章

佳能数码单反相机技术详解

学习摄影的第一步是什么？没错，准备一台相机。但实际上，相机只是反映拍摄者拍摄构想的工具而已，因此，是否拍出漂亮的照片并不是绝对取决于使用什么样的相机。事实上，熟练了解相机以及正确设置各种不同的拍摄参数才是非常重要的。对于摄影来说，如何测光/曝光、如何对焦、如何选择光圈/快门及ISO感光度等都是非常关键和基础的摄影知识。只有做到对工具的娴熟掌握，才能够随心所欲地利用好手中的工具拍摄出令人满意的照片。

2.1 深入解读对焦

对焦是清晰成像的前提

使用数码单反相机拍摄照片，清晰对焦是很重要的步骤。一幅照片如果没有清晰的焦点，轻则影响观赏效果，重则变成废片。现在的数码单反相机通常具有自动对焦（AF）和手动对焦（MF）功能。自动对焦系统根据所获得的距离信息驱动镜头调节焦距，从而完成对焦工作。对摄影初学者来说，自动对焦比手动对焦更迅速、更准确、更方便。自动对焦都是通过半按相机快门实现的，对焦完成后将快门按到底即可完成拍摄；手动对焦是指手动转动镜头焦环来实现对焦的过程，这种对焦方式在很大程度上依赖于人眼对对焦屏影像的判别和拍摄者对相机的熟练程度，甚至还依赖拍摄者的视力。

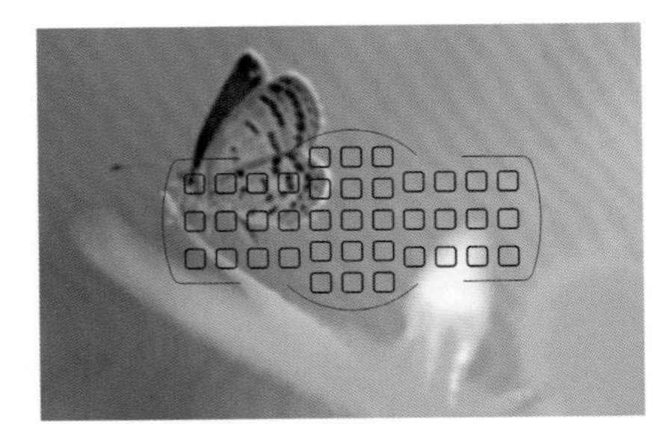

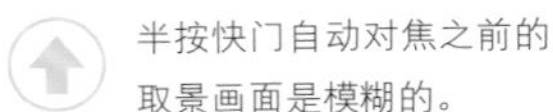

半按快门自动对焦之前的取景画面是模糊的。

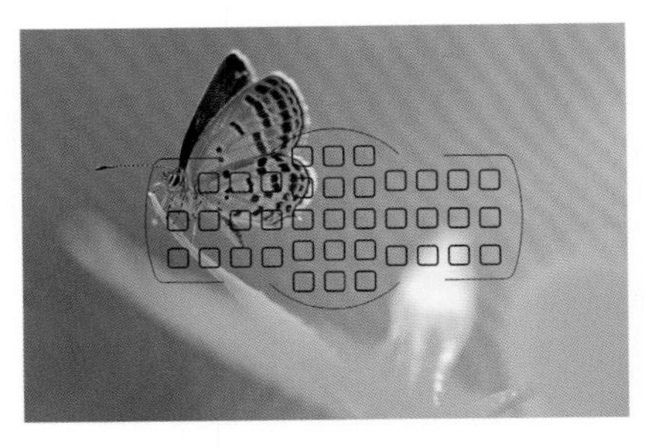

半按快门自动对焦之后的取景画面变得清晰。

AF自动对焦和MF手动对焦可以切换。

半按快门执行自动对焦操作，完全按下快门则拍摄照片。

佳能数码单反相机的对焦原理

同其他厂商生产的数码单反相机一样，佳能数码单反相机采用的是相位侦测对焦。相位侦测对焦在一开始的时候就可以通过相位检测的信号来判断当前的焦点位置是靠前还是靠后，并且准确告诉镜头驱动模块应该将镜片向哪个方向移动，而且在确定焦点位置时，相位侦测系统可以准确知道当前已经处于合焦状态，不需要再重复来回地移动对焦镜片组。简单来说，相位侦测对焦更快，但对光线要求较高。

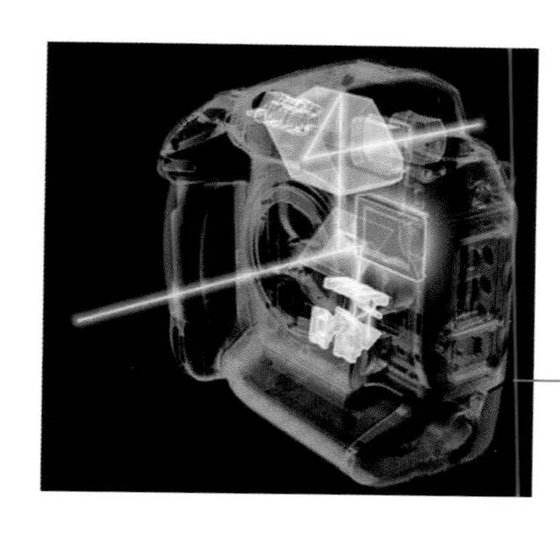

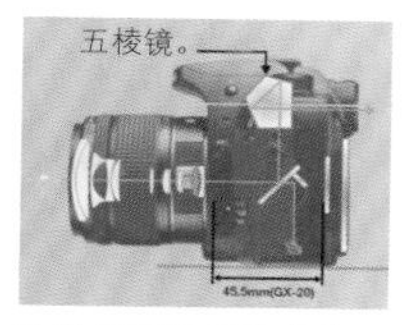

数码单反相机的成像示意图。

佳能EOS 60D的对焦模块。

通过镜头到达反光板的光线在被反射至取景器的同时，有一部分会透过反光板投射至位于反光板下部的AF模块。AF模块的相位检测传感器对光线进行检测，判断出当前的焦点是靠前还是靠后，然后通过运算计算出对焦镜片组需要移动的距离并将信息传递给镜头或者机身的对焦马达，由马达驱动对焦镜片组到达能够准确合焦的位置完成自动对焦。

ONE SHOT对焦原理

佳能ONE SHOT，是“单次自动对焦”的意思，也就是说，当半按快门按钮时，相机只对当前选择的对焦点执行一次自动对焦操作，确认合焦后就会停止动作，此时按下快门可以得到焦点清晰的画面。这种对焦模式适合拍摄静止不动的被摄对象，如静物或者人像摄影等。单次自动对焦的优点是对焦准确率高，缺点是如果对焦完成后主体移动或者相机位置移动，则可能会出现虚焦或者跑焦的情况。

拍摄静止的被摄对象，ONE SHOT单次自动对焦绝对是首选对焦模式，准确率高，在拍摄风光、静物、人像等题材时可以选择此对焦模式。

f/2.8 1/200s ISO160 120mm

AI SERVO对焦原理

AI SERVO，是“人工智能伺服自动对焦”的意思，也就是说，当半按快门按钮时，相机会对选定的对焦点连续对焦直至按下快门拍摄为止。这种对焦模式非常适合被摄主体一直处于运动状态的拍摄题材，如飞鸟、赛车、体育运动等。使用这种对焦模式的好处是，可以在主体移动的情况下拍摄出清晰的影像。需要注意的是，使用此对焦模式拍摄需要搭配较高的快门速度，否则一样难以拍摄到清晰的画面。

使用AI SERVO连续伺服AF自动对焦模式拍摄赛车的瞬间，连续对焦和高速快门协同，获得清晰的画面成像效果。

f/9　1/800s　ISO100　170mm

AI FOCUS对焦原理

AI FOCUS，是“人工智能自动对焦”的意思，也就是说，当半按快门按钮执行对焦后，如果主体忽然移动，则相机采用AI SERVO人工智能自动对焦模式对其跟踪对焦，如果主体不动，则相机使用ONE SHOT单次自动对焦模式进行对焦。此模式适合拍摄动静皆宜的画面，如绿茵场上的运动员，他们有时跑动有时静止，也可以拍摄宠物，因为不知道它们什么时候就会跑动。使用此模式可以确保被摄主体始终处于对焦模块的检测之中，对于获取主体清晰的影像非常有利。

使用AI FOCUS人工智能自动对焦模式拍摄球赛时，时动时静的场景都可被清晰记录。

f/2.8　1/800s　ISO250　300mm

MF对焦模式的原理

前面已经介绍过，MF（Manual Focus）是“手动对焦”的意思。我们知道，自动对焦并不是万能的，像数码单反相机广泛采用的是相位侦测对焦，其对光线要求较高，因此在弱光下的对焦就是其软肋，这时候可以切换到相机的MF手动对焦状态，通过旋转镜头的对焦环进行手动对焦，手动对焦则只能通过拍摄者观察取景器内取景画面的清晰度来判定对焦效果。

佳能镜头上的MF手动对焦模式拨杆。

使用MF手动对焦拍摄的画面。

f/2.8　1/200s　ISO200　200mm

佳能的对焦点数量和最为灵敏的对焦点

对焦是数码单反摄影中最为重要的技术之一。对焦点的数量往往可以衡量一款数码单反相机档次的高低，越是高档的数码单反相机，其对焦点的数量就越多。对焦点数的增加，对于数码单反相机最为明显的影响就是对焦速度更加快捷，对焦精度也会相应提高，这在体育比赛、生态、微距、扫街等题材的拍摄中非常明显。新上市的佳能EOS 5D Mark Ⅲ具有61个对焦点，但佳能入门机型大多只有9个或11个对焦点，作为准专业机并畅销数年的EOS 5D Mark Ⅱ也仅有9个自动对焦点和6个辅助自动对焦点，总数不过15个。

因为数码单反相机镜头的光学特性，镜头中心部分的同光率是最高的，在所有自动对焦点中其中心部分的对焦点是最灵敏的。当使用边缘部分的对焦点不能准确合焦时，中心对焦点往往可以快速合焦。在佳能产品中，有很多入门级和中端数码单反相机，其边缘部分的对焦点往往只对垂直或水平线敏感，故不能快速准确地合焦；但是中心对焦点通常都是垂直和水平线均敏感，所以对焦灵敏度相对更高。

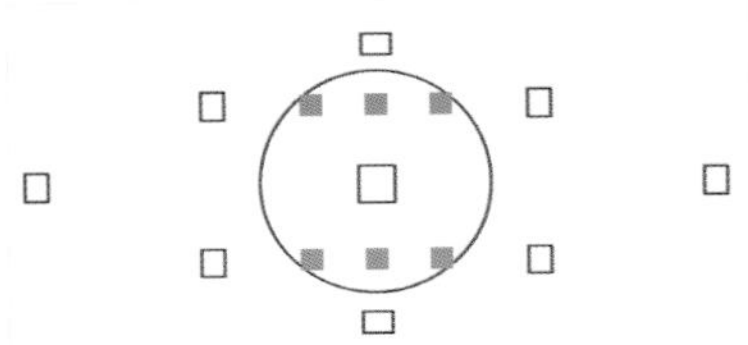

佳能EOS 5D Mark Ⅱ的中心对焦点采用十字对焦点设计，对垂直和水平线条相当敏感，并且在其附近还有6个隐藏辅助对焦点协助其工作，故使用中心对焦点的对焦精度相当高。

很多人都偏爱使用中央对焦点对焦后重新构图，其实大可不必。因为现在很多中高端数码单反相机都拥有除中央对焦点以外的边缘十字形对焦感应器，在对焦精度和速度上已有很大提高，而且用中央对焦点对焦后重新构图的拍摄方式还很容易造成跑焦。

f/4 1/160s ISO160 85mm

使用对焦锁定功能重新对焦

我们知道，将被摄主体置于画面中心的构图是死板且缺乏生气的。但是佳能数码单反相机的很多测光模式都是以取景器的中央部分为依据的，且中央对焦点的自动对焦精度又是最高的，因此，很多时候需要用到锁定对焦重新构图这个技巧。所谓锁定对焦重新构图，就是指用某一个对焦点对主体对焦后保持半按快门的动作，然后移动相机，重新将被摄主体置于合适的位置，再彻底按下快门按钮进行拍摄，这在理论上可以得到对焦和构图均合理的照片。

下图将中央对焦点置于小朋友脸部半按快门对焦后，保持半按动作，移动取景器使小朋友行走前方留白，将其置于三分线位置，画面感觉明显优于主体位于中心的构图方式。但是，在使用大光圈如f/1.2时，不建议使用这样的方法，因为对好焦后再构图很容易导致跑焦。

f/5.6 1/400s ISO100 135mm

泛焦拍摄

泛焦一般又被称为“超焦距”。光圈影响景深，这是大家都知道的摄影常识。在拍摄照片时，如果想要在画面中呈现最大的清晰范围，除了尽量把光圈缩小外，还可以通过泛焦的方式，让景深的范围变大。

泛焦，就是通过人为控制画面焦点的位置来获得从镜头前极近距离至无穷远范围内均清晰成像的画面效果，也就是让画面的景深更大。在传统镜头及部分定焦镜头上设有刻度窗，要设定泛焦十分简单，即将焦点对焦于无穷远，提示合焦后，手动将对焦距离由无穷远朝相机方向收缩一些，以使前景深范围往镜头部分移动以制作泛焦效果。如果镜头没有距离指示窗口，也可以参考以下设定值来设定。

- f/5.6时对焦在6m左右的位置，景深会涵盖3.5m至无穷远。
- f/8时对焦在4m左右的位置，景深会涵盖2m至无穷远。
- f/11时对焦在3m左右的位置，景深会涵盖1.8m至无穷远。
- f/16时对焦在2m左右的位置，景深会涵盖1m至无穷远。
- f/22时对焦在1.5m左右的位置，景深会涵盖0.8m至无穷远。

对焦于无限远，合焦后转动对焦环，将焦点稍稍向镜头端移动即可将景深范围扩大，制作泛焦效果。

泛焦，简单地说，就是限制镜头的前景深，让后景深扩大到无穷远。传统的傻瓜相机是利用短焦距镜头在一定距离之后的景物都能清晰成像的泛焦效果以省去对焦的机制。不过，泛焦范围内的景物并非真正清晰成像，只是模糊的程度处在人眼所能接受的范围内罢了。如果想要获取泛焦效果，距离相机镜头3m以内最好不要纳入前景，否则泛焦的效果不够明显。

f/8　1/320s　ISO100　35mm

变焦拍摄

变焦拍摄，俗称“爆炸式拍摄”。它是利用变焦镜头焦距可变的特性，根据拍摄意图和创作需要，在按快门的同时扭动或推拉变焦环，使镜头焦距伸长或缩短，利用变焦的手段拍摄照片，以形成爆炸放射线条式构图的作品。这种构图的作品，处于中心的物体影像清晰，四周形成放射性虚线，线条不稳定但强而有力，给画面造成强烈的动感，非常具有视觉冲击力。

运用变焦镜头变焦拍摄运动场景，会产生迎面而来的爆炸效果，动感非常强烈。这种技法经常用来表现群体运动中的个体，凸显动感主题。

f/5.6　1/400s　ISO100　135mm

2.2 深入解读光圈

认识光圈

相机是由机身和镜头组成的。当为相机安装上镜头后，光线透过镜头进入相机内部，照射感光元件，但这样无法控制镜头进入相机内部的光线量的多少，因此镜头内部又加入了光圈。准确地说，光圈是控制镜头通光孔大小的机械装置，它位于镜头内部，是由几片极薄、极坚韧的金属叶片组成，通过机械装置控制叶片的开合角度来调节通光孔径的大小。光圈用f/值表示，f/值越大，代表光圈孔径越小；f/值越小，代表光圈孔径越大。光圈大小是影响画面曝光效果的三要素之一。

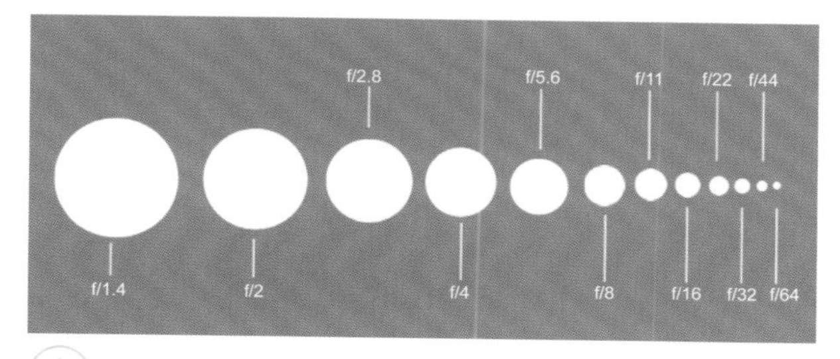

光圈大小图示。

光圈结构实物。

光圈的工作原理

光圈的工作原理见下图。在了解了光圈的知识后，最重要的是“光圈值越大，光圈孔径越小；光圈值越小，光圈孔径越大”这个定律，这对于以后的实际拍摄非常有用。

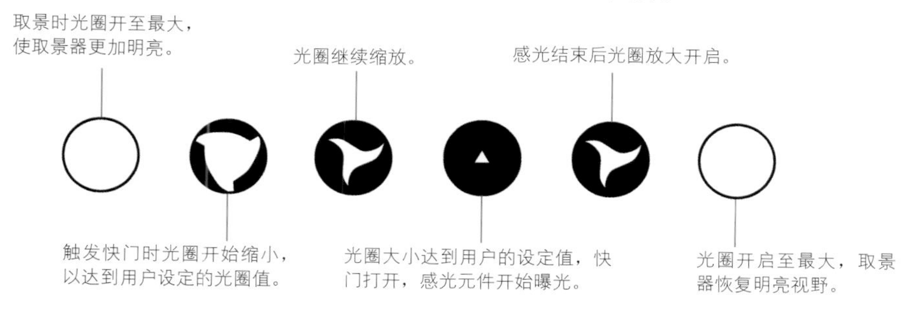

光圈全开对画质的影响

无论是高高在上的“牛头”，还是入门级的“狗头”，当光圈全开时，成像质量都不可能达到镜头的最佳效果。这是因为在光圈全开时，透过镜片边缘部分的光线存在着非常明显的像散和色差等问题，无法在感光元件上呈现和镜片中央部分相同画质的影像，从而让照片的整体效果下降。其实无论是什么样的镜头，都可以理解为是一枚凸透镜，它的作用是将光线汇聚于一点，这一点指的就是感光元件。镜头凸透镜的原理注定了其镜片边缘部分的通光能力和光线汇聚能力要弱于中间部分，因此，光圈全开时的成像光线注定无法在感光元件上呈现出最佳的成像效果。

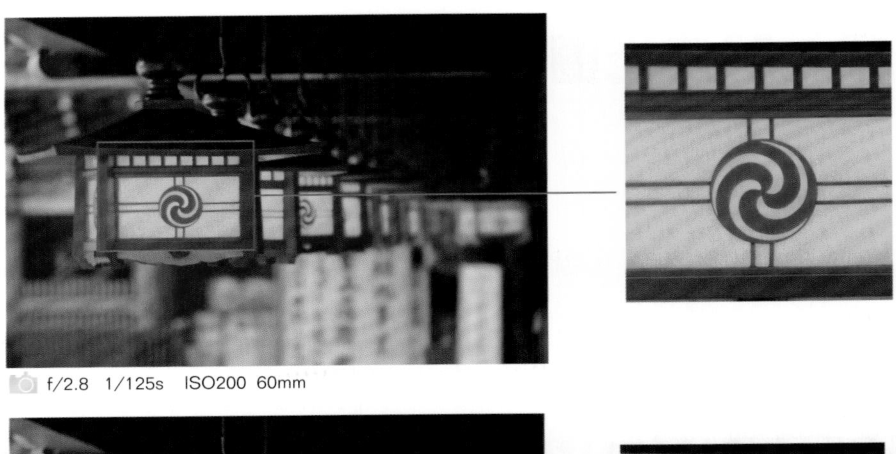

f/2.8 1/125s ISO200 60mm

f/5.6 1/60s ISO200 60mm

通过对比可以看出，在光圈全开 f/2.8时，成像质量比缩小1档光圈至 f/5.6时要差，无论是中央部分还是边缘部分， f/2.8光圈的画面都比 f/5.6光圈的画面在锐度、色彩纯净度上相差很多。在实际拍摄中为了追求更好的画质，尽量不要用相机的最大光圈进行拍摄。

使用最小光圈对画质的影响

光圈太大对成像效果有影响，那光圈太小对成像效果有影响吗？答案是，有。这是因为光圈太小会产生光线的衍射现象，从而影响成像质量。光线在传播过程中遇到障碍物，会偏离直线传播进入阴影区域，光强重新分布，这种现象被称为“光的衍射现象”。

当使用最小光圈时，成像光线通过光圈后产生的衍射现象会造成成像光线精度的下降，从而导致画面质量的下降。因此，在拍摄时应尽量避免使用相机的最小光圈。

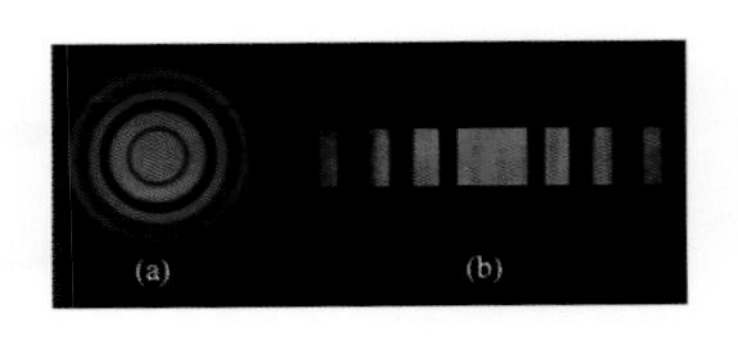

上图是平行光入射到圆孔(a)和单缝(b)时产生的衍射图样。

最佳光圈

最大光圈和最小光圈都不能获得最好的成像质量，这是由镜头的光学原理决定的，而使用镜头的最佳光圈可以获得细腻、出色的画质。最佳光圈是针对镜头而言的，也就是指，在某个光圈值下一款镜头的成像效果最优异，那么这个光圈值就是它的最佳光圈。通常有个说法是，一款镜头的最大光圈缩小两档，即是它的最佳光圈。

当使用最佳光圈时，成像光线透过镜头光学性能最好部分的镜片达到感光元件，从而生成画质最好的画面效果。在实际拍摄中，可以多尝试使用最佳光圈，以获得更加优异的画质效果。

使用佳能 EF 70-200mm f/2.8L USM镜头拍摄，使用f/8光圈，即使在光线暗弱的舞台环境中，画面依然有着锐不可挡的超高画质。

f/8 1/160S ISO400 120mm

光圈的作用

光圈的作用不仅仅在于它能控制光线进入镜头时的强弱，还有另外一个关键的作用，那就是通过改变光圈大小来调节所拍摄照片的清晰和虚化效果，即改变景深（相关内容将在后面进行详细讲解）。

利用光圈大小的变化可以调整曝光值的高低，最终获得明暗不同的画面。

f/4 1/120s ISO800 45mm　　f/8 1/160s ISO800 45mm

通过调整光圈大小，可以获得画面清晰与虚化的不同状态。

恒定与非恒定光圈

和像素一样，恒定光圈与非恒定光圈是衡量镜头性能的指标。下面通过两款镜头的对比来说明。

左图标识为1：2.8，右图标识为1：3.5-5.6，分别表示镜头的光圈为f/2.8和f/3.5～f/5.6。左图的数值2.8表示该镜头的最大光圈为f/2.8，无论镜头焦距怎么变，最大光圈始终为f/2.8；右图的数值表示该镜头的最大光圈为非恒定光圈，随着焦距的变化，最大光圈会在f/3.5～f/5.6之间发生变化。

使用恒定光圈拍摄出来的画面，画质及色彩往往都表现出众。

f/2.8 1/250s ISO400 45mm

一般情况下，恒定光圈镜头的档次较高，价格也相对较高。佳能的“牛头”均为恒定光圈镜头；非恒定光圈档次较低，成像质量较差，“狗头”都属于非恒定光圈镜头。

2.3 深入解读景深

认识景深

景深是一个视觉概念。在使用较大光圈拍摄时，画面中会有清晰的焦点，在焦点前后有一个过渡性质的虚化区域。我们通常所说的“景深”，就是指焦点前后能够清晰成像的距离范围，也就是人眼能看到的清晰部分。利用景深是拍摄常用的表现手法，景深可以让平面的画面表现出空间感，从而增加照片的欣赏性和表现力。

佳能官方样片，图中为大景深的静物摄影，焦点定在画面的1/3处，这是由前景深及后景深的关系决定的，画面从前到后的质感均得到了充分体现。大景深较多用于静物摄影、建筑摄影和风光摄影。

f/11 1/80s ISO100 90mm

佳能官方样片，图中为小景深的人物摄影。人物清晰背景虚化，是较为常用的表现手法，小景深较多用于人像摄影和动植物摄影。

f/2.2 1/50s ISO800 85mm

影响景深的3个因素

根据镜头的光学原理，光圈大小、焦距长短、距离被摄对象的远近是影响画面景深的三要素。通俗地说，就是使用大光圈、长焦镜头、距离被摄对象更近可以获得景深范围更小的画面效果；反之，使用小光圈、广角镜头、距离被摄对象更远，则可以获得景深范围更大的画面效果。

景深对于画面效果的影响有着重要的意义。在拍摄人像时，通过小景深让人物主体突出、背景虚化，可以引导观众的视线集中于人物主体之上，从而达到突出主体的效果；在拍摄风光时，则可以使用大景深和广角镜头，让画面的景物清晰成像，从而增强风光作品的美感。景深效果对画面的影响远不止于此，在实际拍摄中，通过合理控制景深可以达到提升作品表现力的目的。

例图使用大景深和广角镜头，在距离主体较远的位置拍摄，画面景深很大，几乎所有区域都清晰可见，令画面极具美感。

f/11 1/125 ISO200 24mm

使用大光圈和标准镜头，在距离主体较近的位置拍摄，画面景深很浅，除主体外前景和背景均模糊，主体显得非常突出。

f/2.8 1/25 ISO250 50mm

景深预览功能

在拍摄照片时，要通过数码单反相机的取景器观察画面效果。注意，在取景器中看到的影像是当时配备镜头的最大光圈下所呈现出的景深效果，如果设定了较小光圈，取景器中的效果就失真了。这时可以按下机身与镜头接口处的景深预览按钮，取景器中即呈现出当前设定光圈值下的画面景深效果了。

佳能各系列数码单反相机的景深预览按钮位于机身正面的右侧部分。

如果设定了较小的光圈，按下景深预览按钮以后，取景器内会变暗，这是因为在拍摄前的取景、构图、测光、对焦这些过程中，相机始终以最大光圈工作，只有按下快门曝光的瞬间，光圈才收缩到设置值进行控光。因此，通过使用景深预览可以在拍摄前获知最终的画面景深效果。

使用50mm f/1.2定焦镜头拍摄。在拍摄前的构思中希望背景部分中等模糊以保留基本的轮廓，按下景深预览按钮，确认虚化效果在构想范围内，然后按下快门拍摄。

f/3.2 1/125s ISO160 50mm

前景深与后景深

光线通过镜头聚焦在感光元件上，只有一个点是最清晰的，这个点就是“焦点”。在焦点之前的清晰范围是“前景深”，之后的清晰范围是“后景深”。在所拍摄的画面中，细心的人会发现，前景深和后景深的大小在多数情况下并不是相等的。总体来说，后景深大于前景深，并且在多数情况下，后景深大致为前景深的2倍左右。

最上方和最下方的两条线标注的是景深的范围。图中上面两条红线之间的距离大于下面两条红线之间的距离，这正是文中所说的后景深是前景深的两倍。

f/4.5 1/6s ISO800 70mm

2.4 深入解读快门

认识快门

快门，通常是指相机顶部的快门按钮，但实际上快门按钮只是一个触发装置，快门的实体结构位于机身内部的感光元件前，在没有进行曝光时快门是关闭的，阻挡通过镜头进入相机的光线。

快门帘幕叶片通常都是采用薄铝合金材质制成，高端的快门帘幕则采用钛合金制造，在确保坚韧轻薄的基础上拥有极高的耐用性。例如，佳能EOS 5D Mark Ⅱ采用电子控制焦平面快门，实现了高耐久性、稳定性以及可靠性。快门速度最高可达1/8000s，闪光同步速度可达1/200s，是一款使用寿命达到约15万次的快门单元；而佳能EOS-1D X具有约40万次快门寿命，兼备高速、高耐久性，快门帘幕采用碳纤维，实现了驱动部分的轻量化并提高了强度。

佳能EOS 5D Mark Ⅱ采用的电子控制纵走式焦平面快门。

通过按下机身外部的快门按钮触发机身内部的实体快门单元，产生机械动作，实现感光元件的曝光。

快门的工作原理

现在数码单反相机的快门通常由两部分组成，即前帘和后帘。按下快门按钮后，前帘向下移动，光线通过快门开启缝隙投射在感光元件上，后帘跟进向下移动阻挡光路，当后帘完全移动到位时，光路被阻断，完成曝光。后帘跟进的时机取决于拍摄者设置的曝光时间，也就是快门速度的高低，如果采用较快的快门速度，当前帘往下开始移动时，后帘会立即跟上进行遮光，反之，如果快门速度较慢，则前帘完全打开以后，后帘也不会跟进。综上，从前帘快门打开到后帘快门关闭的时间等于拍摄者设定的曝光时间，即快门速度。

快门速度较高时的快门动作示意图。

快门速度较低时的快门动作示意图。

快门级数

快门作为一个控制曝光时间的装置，其表示方法是以时间的计时单位“s”（秒）为单位。通常的表示如下：30s、15s、8s、4s、2s、1s、1/2s、1/4s、1/8s、1/15s、1/30s、1/60s、1/125s、1/250s、1/500s、1/1000s、1/2000s、1/4000s、1/8000s。相邻的两个数值之间代表快门速度差别为1档，如佳能EOS 5D Mark Ⅱ的快门工作时间为30～1/8000s之间，1/60s的曝光时间就比1/125s多出1倍。在实际拍摄中，光线的亮度变化往往比较轻微，1档的差值可能会导致画面曝光不足或者曝光过度，为了更好地适应拍摄环境的亮度差异，数码单反相机又设定了以1/3倍为变化幅度的快门级数，将其插入相邻的差别为1档的数值之间，最终形成了科学合理的快门速度体系。

f/3.2 1/60s ISO100
画面曝光不足。

f/3.2 1/50s ISO100
画面曝光正常。

f/ 3.2 1/30s ISO100
画面曝光过度。

通过对比可以看出，划分细致的快门速度（当然也包括光圈级数）对于精确控制画面曝光的重要性。

安全快门

在日常拍摄中，手持拍摄是最常采用的拍摄方法。对于手持拍摄而言，如何预防相机抖动是一个需要引起重视的问题。在摄影界有一个说法叫“安全快门”，指的是手持拍摄的最低快门速度应该是所用焦距的倒数，如选择的是120mm焦距，则手持拍摄的快门速度应不低于1/125s。因为焦距越长，相机的抖动对画面的影响越大，手持拍摄时必须要确保使用高于安全快门的快门速度以获得图像的清晰效果。如果条件允许，应尽量使用三脚架进行拍摄以保持相机的稳定。

在实际拍摄中，正确地握持相机可以增强拍摄的稳定性，利用环境中的支撑物也是一个不错的方法。如果相机或者镜头有防抖功能，将其打开可以提供相当于提高2～4档快门速度的防抖效果。

红框中的STABILIZER拨杆是佳能镜头IS光学防抖的开关，将其拨至ON位置可以打开光学防抖功能。在弱光下或者手持拍摄时，镜头的光学防抖装置可以大大提高手持拍摄的成功率。

提示

安全快门是相对于全画幅而言的。非全画幅的佳能数码单反相机要用焦距乘以1.6倍，如50mm在佳能EOS 60D上的实际焦距应该是80mm，那么安全快门应不低于1/80s。

决定快门速度的因素

拍摄运动中的人物或者其他动体时，要通过较高的快门速度凝固画面，将运动中的物体瞬间定格。例图中通过使用较高的快门速度将被摄对象定格，呈现出清晰的运动形态画面。面朝镜头或背向镜头运动的被摄对象，对焦是一大难点，因为相机位置固定，被摄主体运动，瞬间焦点就会发生较大的改变，拍摄这类题材时，除了使用高速快门，追踪对焦（AF-C或AI SERVO）也是必不可少的对焦模式。

f/2.8 1/800s ISO400 200mm

低速快门

低速快门在塑造画面效果方面有特殊的表现力。最常见的是，用低速快门拍摄街道上车流的灯光，将其表现成一条条光带；也可以用低速快门将瀑布表现得如丝绸般顺滑；还可以用低速快门追踪拍摄，将主体表现得清晰而将背景表现得动感模糊，或将背景表现得清晰而将主体表现得动感模糊……不一而足，低速快门的使用虽然有很强的表现力，但是必须基于准确曝光的前提，也就是环境光线的亮度是低速快门使用的先决条件。环境光线太亮时使用低速快门，除了小光圈和低ISO感光度，必要时还需要使用中灰密度镜减少进入相机的光线；反之，在光线暗弱的环境中使用低速快门，除了使用大光圈和高ISO感光度，必要时还需要使用三脚架支撑，以确保拍摄画面的清晰。

使用低速快门拍摄夜晚街道的车流灯光，暗弱的环境光线为长时间曝光提供了条件，图中使用6s低速快门进行曝光，将车流的灯光表现为一条条光带，具有很强的视觉效果。在这种长时间曝光的拍摄中，三脚架是最常采用的稳定相机的辅助工具。

f/11 6s ISO100 35mm

使用慢速快门拍摄行驶的急救车，汽车是清晰的，背景表现为动感模糊。在这类拍摄中，核心技巧是保持与急救车相同的移动速度。在此前提下，快门速度越低，背景的动感模糊效果越好。可以用此方法拍摄任何移动的物体，均能获得特殊的画面感觉。

f/2.8 1/40s ISO800 90mm

高速快门

瞬间世界，无限精彩。记录精彩瞬间离不开高速快门，当快门速度高于物体的运动速度时，即可将运动物体凝固，呈现出人眼无法看到的瞬间精彩。相机的发展方向，一直都是以人类的视觉感官为追赶和超越的目标。目前为止，数码单反相机可能在对焦速度和影像处理器的处理速度上与人类的本能还有差距，但在定格瞬间的能力方面，早已完成了对人类的超越，因为人眼的快门速度大约只相当于1/24s而已。

佳能官方样片，运用高速快门能够将头发飞起的瞬间凝固，呈现人眼无法看到的精彩瞬间。

f/5.36 1/640s
ISO1600 135mm

2.5 深入解读感光度

ISO感光度的定义

ISO不是感光度的意思，而是对感光度做了量化规定。ISO感光度是衡量传统相机所使用胶片的感光速度标准的国际统一指标，反映了胶片感光时的速度（其本质是银元素与光线的光化学反应速度）。传统相机可以根据拍摄现场的具体情况选择不同ISO感光度的低速、中速或高速胶片进行拍摄。而对于数码单反相机来说，其实是通过感光元件CCD或CMOS感应入射光线的强弱。为了与传统相机所使用的胶片统一计量单位，才引入了ISO感光度的概念。同样，数码单反相机的ISO感光度同样反应了其感光的速度。ISO感光度的数值每增加1倍，其感光速度也相应地提高1倍。例如，ISO200比ISO100的感光速度提高1倍，而ISO400比ISO200的感光速度提高1倍，比ISO100的感光速度提高2倍，依次类推。

佳能EOS 600D的感光度设置。

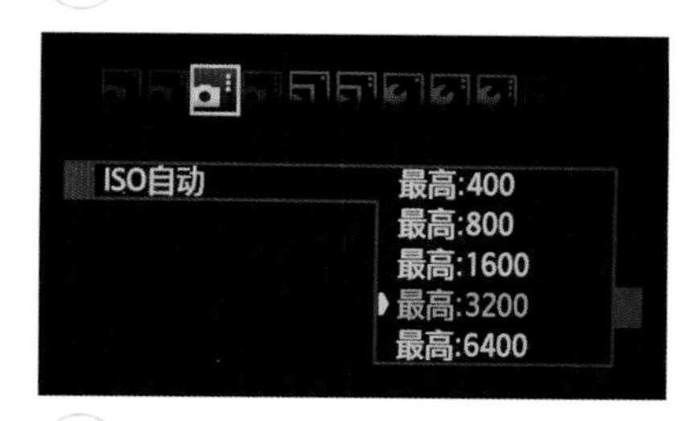

佳能EOS 600D的自动ISO感光度的选择上限。

ISO感光度的级数划分

如同光圈和快门的级数划分一样，ISO感光度也有着自己的级数表述方式。普通的数码单反相机，其ISO感光度数值都是以整数倍为递进表述，如ISO100、ISO200、ISO400、ISO800、ISO1600、ISO3200…只有中高端的数码单反相机，如佳能EOS-1D Mark IV的感光度划分才更加精细，将两档之间的感光度差值再划分成3档，这对于精确控制曝光有着很重要的作用。此外，在佳能EOS-1D Mark IV的自定义菜单中还可以进行ISO感光度的范围设置。通过开启扩展功能，最高ISO感光度可以达到102400。更高的感光度意味着在光线极其暗弱的环境中进行拍摄成为可能，不仅对昏暗场景下的拍摄十分有利，还能够大幅减少因手抖动和被摄对象抖动而产生的图像模糊，因此，可以在进行室内体育摄影等题材的拍摄时发挥其威力。在使用闪光灯拍摄时，提高ISO感光度可增强感光元件对光线的敏感度，即使被摄对象远离相机，闪光灯的光线无法完全到达时，也能够使图像得到一定程度的增亮，这对于使用闪光灯拍摄十分有利。

划分精细的ISO感光度为精确控制曝光提供了有力的保证。ISO感光度是决定画面曝光效果的三要素之一，较低的感光度可以产生细腻的画质，而较高的感光度则会让画面显得粗糙。通常在能够获得画面合理曝光并确保画面清晰效果的前提下，选择较低的感光度可以获得更好的画质。

感光度与画质的关系

胶片时代“ISO感光度越高，画面越粗糙”的道理大家都很明白，那是因为较高ISO感光度的胶片所用的银盐颗粒更大，反映在画面上自然就是画质的粗糙。进入数码时代，感光元件从胶片变成了CCD或CMOS，但是原理还是很相近，以佳能EOS 5D Mark Ⅱ为例，它的感光元件是由2110万个微透镜和对应的光电二极管像素单元构成，通过它们与处理器协同工作，将光信号转换成数字信号。使用较低的感光度时，因为不需要特别放大电子信号，因此，可以将电子信号中暗藏的干扰信号对画面的影响降到最低；但是在使用较高的感光度时，只有通过使用信号增益技术放大微透镜接受的光信号才能实现感光能力的提高，但同时也将放大信号中存在的干扰信号，这部分信号体现在画面中就是一些不规则的色彩斑点，这些斑点充斥在画面中会严重降低画质。因此可以获知，使用较低的ISO感光度可以获得更精细的画质，而使用较高的ISO感光度则会让画面质量下降，ISO感光度数值越高，画面质量下降的程度越深。

使用不同的ISO感光度进行拍摄后的局部截图对比（见下图）。通过对比可以看出，当ISO感光度数值较低时，画面呈现细腻、真实的效果；当ISO感光度数值达到800时，画面中出现了明显的噪点；当ISO感光度数值达到1600时，噪点已经非常严重，画质大幅度下降。

在实际拍摄中，当光圈大小和快门速度高低能够满足拍摄者对正确曝光和画面效果的需求时，应优先使用较低的ISO感光度。只有在光圈和快门调整仍不能达到合理曝光或画面效果特殊需求时，才考虑调高ISO感光度数值。

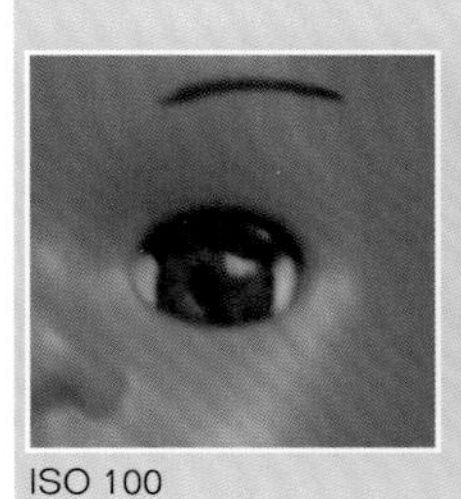

ISO 100

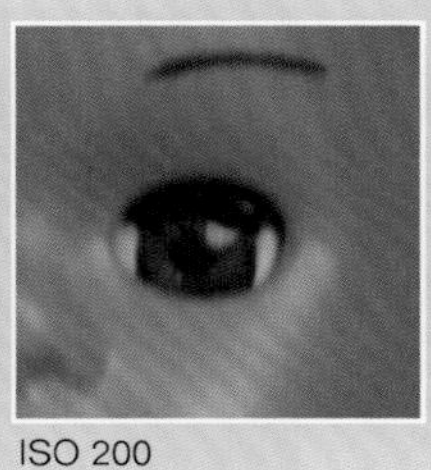

ISO 200

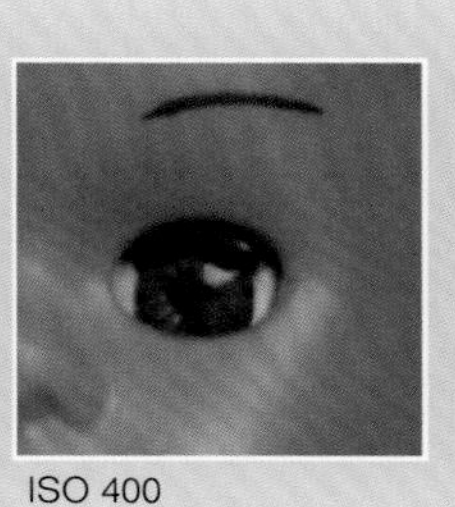

ISO 400

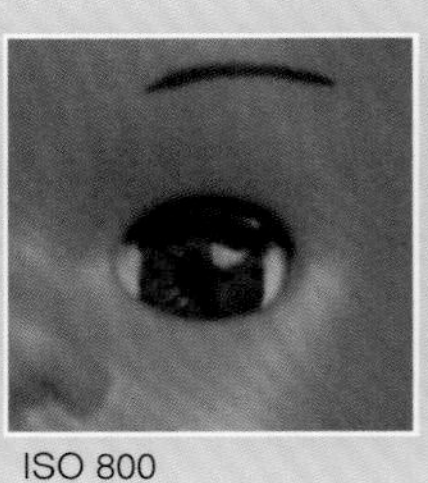

ISO 800

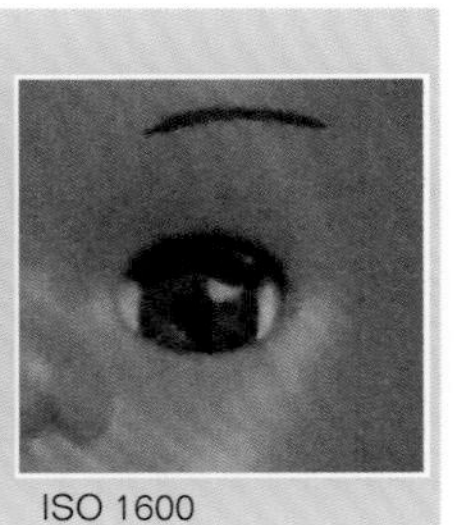

ISO 1600

感光元件的类型

目前最常见的感光元件是CCD和CMOS。理论上说，CCD的成像质量要好于CMOS，但是因为CCD的制作成本要高于CMOS，且随着CMOS工艺的不断改进以及高速处理器性能的提升，这种成像效果的差异越来越小，因此，现在很多数码单反相机都开始采用CMOS为感光元件。

CCD图像传感器的英文全称为“Charge Coupled Device”，中文译为“电荷耦合元件”。它的优点是成像效果好，对噪点控制较好，可以达到更低的感光度；缺点是费电，制造成本高，现在主要用于中画幅等成本因素不明显的设备中。

CMOS图像传感器的英文全称“Complementary Metal Oxide Semiconductor”，中文译为“互补金属氧化物半导体”。它的优点是生产成本低，功耗小；缺点是噪点控制能力较差，对光线敏感度不如CCD。不过近年来，CMOS的技术进步发展很快，越来越多的数码单反相机和消费类相机开始采用CMOS作为感光元件。

设置ISO感光度应对不同的拍摄环境

了解了ISO感光度的概念和其对画质的影响后，可以有针对性地选择合理的感光度来面对不同的拍摄环境，既要保证画面的合理曝光，又要将ISO感光度对画质的影响降到最低。

拍摄环境较暗，用大光圈配合较高的感光度进行拍摄，得到不错的画面效果。
f/1.4 1/80s ISO800 85mm

- 当光线非常充足时，应尽量采用最低ISO感光度拍摄，以获取更加细腻的画面质量。
- 当光线比较暗弱时，应该按照“使用三脚架→采用大光圈→使用安全快门速度→使用闪光灯→使用较高的ISO感光度”的顺序来确保画面曝光。在可能的情况下，尽量不要使用较高的ISO感光度。

- 在进行长时间曝光时，为了获得较慢的快门速度，可以使用较低的ISO感光度，较低的ISO感光度还可以确保画面的质量，如进行长时间曝光拍摄瀑布。
- 在进行风光摄影时，宜采用较低的ISO感光度进行拍摄，必要时采用三脚架来稳定支撑相机。
- 在进行室内体育摄影时，为了获得较高的快门速度，可以使用较高的ISO感光度。有一句话很有道理：先拍下来，再谈画质。
- 在拍摄沧桑的古建筑时，使用较高的ISO感光度所产生的画面颗粒感可以渲染并强化古建筑久远的历史感和厚重的文化内涵。

在室外光线充足的环境中拍摄风光，可以将ISO感光度扩展到50，这样会使画面更加细腻、逼真。图中使用三脚架和遥控快门拍摄，获得令人震撼的画质。为突出主题，画面后期有剪裁。

f/8　1/200s　ISO50　35mm

2.6 深入解读测光

测光为正确曝光提供依据

使用数码单反相机进行拍摄时，测光是非常重要的环节。只有正确测光，才能为合理曝光提供准确的曝光参数，获得色彩还原不失真、图像影调恰到好处的曝光效果。一旦测光出现失误，画面要么曝光不足、漆黑一片，要么曝光过度、失去细节和层次。因此，在拍摄照片之前，一定要进行正确的测光。

使用评价测光模式进行拍摄，画面获得了合理的曝光效果。高光部分没有明显过曝，保留了一定的层次，阴影部分也没有漆黑一片，仍然保有依稀可辨的细节，画面影调丰富，色彩还原逼真。

f/11　1/200s　ISO200　70mm

在测光结果的基础上增加了1档曝光，雪地的质感和层次感都得到了很好的表现。
f/9 1/640s ISO100 35mm

数码单反摄影的测光原理

被摄对象涉及的范围非常广泛，亮度、色彩各不相同。如何将它们以一种最符合视觉习惯的基调呈现出来，就是相机测光系统的工作内容。自然界中存在从纯白到纯黑不同亮度的景物，纯白景物的光线反射率约为90%，而纯黑景物的光线反射率约为3%。人们经过大量测试与验证发现，自然界中所有景物中间调的平均反光率约为18%，以此为测光基准可以将被摄对象表现成最符合人类视觉习惯的状态。因此，现代数码单反相机的测光原理，即是以将被摄对象还原为18%灰为原则进行测光的。通过这个反光基准率进行测光，然后确定光圈和快门的数值，并提供给相机的曝光系统。现代数码单反相机都是采用内测光系统，也就是我们经常看到的TTL测光，TTL是“Through The Lense”的首字母缩写，意思是“经过镜头”，也就是说，测光系统测量的是经过镜头的光线，与成像光线一致，故精度非常高，同时还能自动解决添加滤光镜等附件后的光线衰减问题。

在拍摄低调画面时，使用相机的自动测光系统进行曝光通常会出现过曝现象。通过降低曝光补偿，可以让画面反差适中。一般在测光结果的基础上降低半档到1档的曝光量，可以让画面效果更加完美。
f/8 1/15S ISO100 28mm

设置测光模式让测光更精准

在前文中可以了解到，数码单反相机的测光原理是以将景物还原为18%灰度为测光基准。在此基础上，相机的测光系统具有不同的测光模式以更好地应对拍摄场景。佳能数码单反相机具有评价测光、局部测光、中央重点测光和点测光模式，这些测光模式针对的拍摄场景各不相同。在拍摄时选择与被摄对象匹配的测光模式，可以让测光结果更加精准，从而获得曝光合适的画面效果。

评价测光适用于光照均匀的环境

正如“评价测光”字面意义所述，评价测光就是对画面中不同区域分别进行测光，然后通过机内处理器进行整合分析，选择一个最能兼顾画面各个组成部分亮度和色彩效果的曝光组合进行曝光。这就如同人的大脑一样会综合考虑问题，找出最好的解决方法。但是这种思考是有局限的，在光线反差不太大的拍摄环境中确实可以获得良好的效果，但是在面对光源复杂或者亮度差异较大的拍摄环境，这样的测光模式注定会使画面表现平庸、没有特色。因此，评价测光最适合应用在光线相对均匀的环境中，通常在风光摄影中使用评价测光可以获得比较符合视觉习惯的画面效果。

光线平均，没有强烈的光影效果，适合于评价测光模式。评价测光模式较多应用于顺光环境中。

f/10　1/1000s　ISO100　27mm

局部测光适用于主体位于画面中央的拍摄

局部测光，顾名思义，就是只测量画面一个局部的光线强度。在局部测光模式下，相机对取景器中央约8%的区域进行测光，以保证这部分的正常曝光，而其他部分的亮度则不予考虑。这种测光模式主要针对被摄对象处于画面某一部分且其亮度与其他部分有较大差异的情况，可以保证重要部分的合理曝光。一定要注意的是，如果选择局部测光，一定要用取景器中央部分对被摄主体的重要部位进行测光然后重新构图，否则可能导致测光不准。如果将被摄主体置于偏离中央的位置，则会导致测量的结果不是主体的光照情况，从而产生曝光误差。

使用局部测光对人物周边区域测光拍摄。在强调某一部分亮度的拍摄中可以选择局部测光模式。在逆光环境中使用局部测光，效果非常明显。

f/4 1/60s ISO800 50mm

中央重点平均测光适合人像摄影

如果说评价测光的面面俱到像个老好人，而局部测光只盯着一小部分的做法像个倔老头，那中央重点平均测光模式有主有次的工作原理更像是一个领导，可以做到主次分明、统筹有度。这种测光模式是在以取景器中央为测光重点的基础上兼顾周边场景的亮度，在保证中央部分正确曝光的同时兼顾周边区域的曝光，这样可以避免画面中出现明显的过曝或者欠曝，获得视觉重点突出、影调丰富的画面。中央重点平均测光的主次分明使其在人像摄影中被广泛采用，被称为“人像摄影的经典测光模式”。使用此模式拍摄的人像照片中人物和背景都能得到合理的表现，因此广受欢迎。

中央重点平均测光模式的主次分明测光原则，在突出表现主体的同时兼顾环境亮度，使整幅画面曝光合理。

f/4 1/8000s ISO800 400mm

点测光适用于精确控制

对于追求精准曝光效果的摄影师来说，点测光是个非常好的测光模式。使用点测光，可以对取景器中央约3.5%的区域进行精确测光，这样即使光源再复杂也可以获得准确的曝光。点测光比局部测光更加精确，如果对画面中的高光部分进行测光，则画面会呈现反差极大的效果；如果对画面中的阴影部分进行测光，则可以获得反差很小的画面效果；对画面中的中灰部分测光，则可以兼顾亮部和暗部，获得影调丰富的画面。点测光因其异常精准的测光效果在广告摄影或一些创意人像摄影中被广泛采用。使用点测光模式进行拍摄，对于测光点的选择非常关键，取决于摄影师想要表现什么样的画面感觉。对于初学者来说，要慎用点测光，因为一旦把握不好，画面曝光则非欠即过；但对于专业摄影师而言，这个测光模式却是相当重要的。

以点测光模式进行精准曝光，是创作的表现手法之一。主体处于逆光环境，测光模式的选择非常关键。若想精确控制曝光效果，点测光是当仁不让的选择。使用点测光模式，可以精确控制是以逆光主体为曝光基准，还是以逆光光源为曝光基准，这样可以拍摄出完全不同的两种画面效果。

f/11 1/640s ISO200 35mm

2.7 深入解读曝光

认识曝光

数码单反摄影中的曝光，是指数码单反相机的感光元件在光圈大小、快门速度高低和ISO感光度高低的综合控制下，获得一定数量的感光量，并通过相机内的图像处理器，将这种感光信号转换为数字影像的过程。上述三元素对画面的曝光效果起着决定作用，它们之间既相互制约又相辅相成，既有三足鼎立之势，又具三角形稳定性之感。要学习控制曝光，就必须先熟练掌握这三者的原理和它们对画面效果的不同影响，只有这样才能更好地掌控画面中的曝光。

合理的曝光使摄影画面充满艺术魅力。 f/16 1/320s ISO100 24mm

光圈、快门、ISO感光度是决定画面曝光效果的三要素。当快门速度恒定时，光圈与感光度是呈反比的关系。例如，测光结果显示快门速度为1/60s、光圈为f/5.6、感光度为ISO200时可以获得正常曝光。为了获得小景深效果，将光圈调整为f/2.8，此时如果不做其他调整，则画面会因为增加了1档曝光量而过曝。为了维持正常曝光，将ISO感光度降至100，减少曝光总量1档，于是增大光圈和降低ISO感光度互相抵消，曝光总量维持不变，依然可以获得与测光结果一致的曝光效果。

在光圈恒定的情况下，快门速度和感光度之间的关系就相当于杠杆的两端，一端压下（降低）则另一端必然升高（增加）， 两者之间是你进我退的关系，通俗地说，就是反比关系。例如，下页图中光圈为f/4恒定，快门速度是1/250s，感光度为ISO100，这个曝光组合可以获得正确曝光，为了获得清晰定格瞬间的画面效果而把快门速度提高到1/500s，相当于曝光时间变短了，则需要将ISO感光度提高到200才能维持曝光总量不变。

图中使用较快的快门速度，在感光度不变的情况下调大光圈，得到了小景深的效果。

f/2.8 1/250s ISO100 85mm

直方图

摄影中的直方图横坐标表示的是亮度分布，左边暗，右边亮；纵坐标表示像素分布。直方图能够显示一张照片中影调的分布情况，揭示了照片中每一个亮度级别下像素出现的数量。根据这些数值所绘出的图像形态，可以初步判断照片的曝光情况。直方图是照片曝光情况的最好体现。无论照片是曝光过度了，还是有丰富的中间调景物，或者是细节根本分辨不清，直方图都能很直观的显示。

直方图中最下方没有溢出，所以不存在曝光不足的问题。分析色阶分布可以发现，此图是一张低调的夜景画面。

f/2.8　1/160s　ISO1600　17mm

从直方图中可以看出左侧溢出，右侧不足，也就是说，画面曝光不足。但是看图可以发现，只是欠缺很小的一部分，并不明显，画面中表现的是中长调的一幅画面，如果曝光再加半档，也许就不符合当时的创作心境了。因此，对于曝光是否准确还是要看当时的拍摄意图是什么。

f/16　1/30s　ISO100　24mm

佳能官方样片。从直方图中可以看出，曝光合理，影调层次丰富。

f/8 1/60s ISO100 18mm

曝光补偿

曝光补偿是校正测光失误或进行创意曝光的有效手段。虽然在大多数情况下，相机的自动测光系统都可以为拍摄提供可靠的曝光参数，但是不排除在一些特定的拍摄环境中会存在测光不准确的问题，所以就有了曝光补偿的功能。不过，曝光补偿通常在P、S、A档和一些创意模式下才可以使用，其原理就是调整光圈大小或者快门速度高低，如在光圈优先模式下设置了曝光补偿，则相机会调整快门速度来实现拍摄者设置的曝光补偿以达成想要的曝光效果。曝光补偿通常是以“+”和“－”标识，普通数码单反相机的曝光补偿范围在±3档以内，高端数码单反相机可以达到±5档，曝光补偿可以按1/3EV、1/2EV或1EV进行调节。

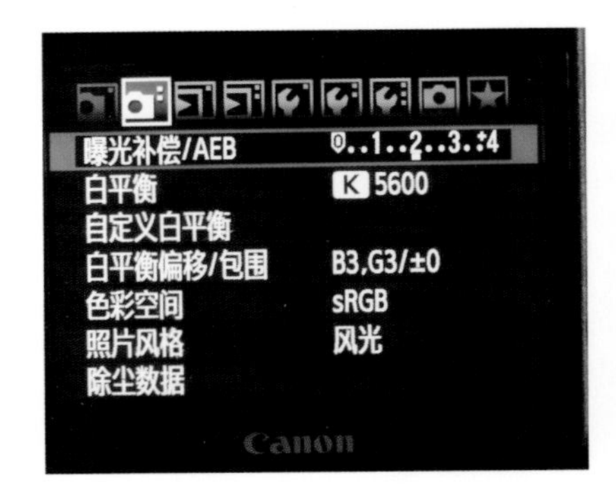

右图采用Av光圈优先模式拍摄，使用f/8的光圈，相机的自动测光系统给出的快门速度是1/200s，画面曝光不足。根据拍摄经验认为差2/3EV曝光，于是将曝光补偿设置为+2/3EV，其他设置不变，再次拍摄，获得了正常的画面曝光效果（下图）。通过查看拍摄参数发现，快门速度被调整到了1/125s，与曝光不足时的1/200s刚好相差2/3EV，这就是曝光补偿的原理。使用快门优先模式时则反之；使用P程序自动模式时，相机自主选择调整光圈或是快门。

f/8 1/200s ISO100 35mm

f/8 1/125s ISO100 35mm

白加黑减——曝光补偿的原则

通俗的说法就是，把白的东西还原成白色即增加曝光补偿值，把黑的东西还原成黑色即降低曝光补偿值。这是因为相机的测光系统是以将景物还原到18%灰为基准进行工作，所以在拍摄明亮的被摄对象时，相机的自动测光系统给出的曝光参数会让画面欠曝、显得灰暗，只有增加曝光补偿，才可以将白色准确还原；而拍摄偏暗的被摄对象（如黑色）时，按照相机的自动测光系统给出的曝光值进行曝光，黑色会被表现为过曝效果，呈现灰色的影调，与偏亮景物需要调整曝光补偿的原理一样，对于偏暗的被摄对象，只有降低曝光补偿才能还原出景物固有的色彩和影调。

拍摄以白色为主的雾凇，依靠相机的自动测光系统，将画面还原为中灰影调，不符合拍摄的表现意图。这是相机测光系统的先天缺陷，只能通过设置曝光补偿或者手动曝光进行矫正。因为选择的是光圈优先模式，根据现场光线和被摄对象的亮度情况进行判断，增加了0.7EV的曝光补偿，快门速度由1/160s降低到1/100s，画面实现了正确曝光。

f/8 1/160s ISO100 35mm

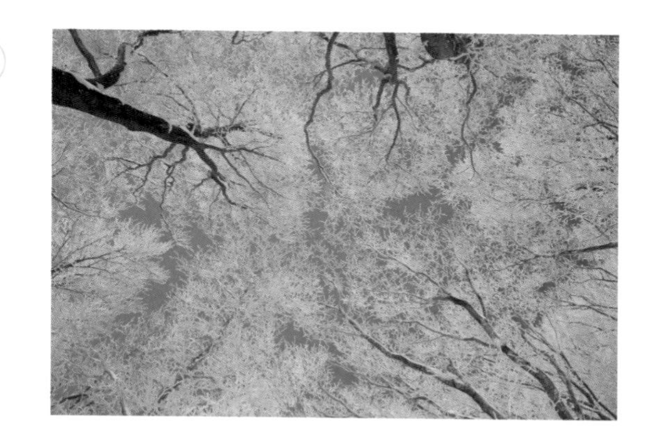

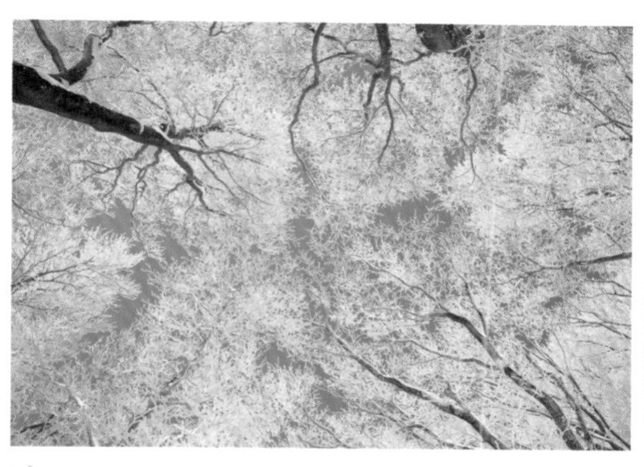

f/8 1/100s ISO100 35mm

提示

拍摄以白色或浅色为主的被摄对象通常都需要设置一定的曝光补偿。按照很多拍摄者的经验，在拍摄白色雪地时，通常需要增加2档的曝光补偿；在拍摄白色花卉时，通常需要增加1档的曝光补偿。

通过这几个实例，具体地解释了白加黑减这个基本的曝光补偿原理。也就是说，但凡偏亮的被摄主体，若想真实、正确地还原其固有的色彩特征和外观细节，就需要增加曝光补偿来实现；反之，如果是偏暗或者色彩饱和度较高的被摄对象，则需要降低曝光补偿以防止画面过曝。这就是“白加黑减”的曝光补偿原则。

“白加黑减”的核心在于测光对象的选择。对白色物体测光时，因其反光率较高，会让相机自动设置较少的曝光量拍摄，从而使画面欠曝。图中对雪地测光并增加了1档曝光补偿，使画面明暗对比鲜明。

f/5.6 1/160s ISO100 50mm

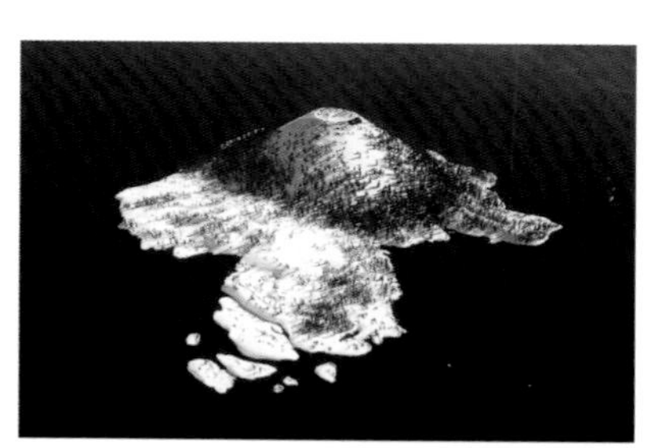

拍摄逆光的主体时，如果想要主体呈现剪影效果，可以降低曝光补偿值；如果想要主体呈现较亮的曝光效果，则需要增加曝光补偿值。使用点测光选择性对亮区或暗区测光，可以获得曝光较为准确的画面效果。

f/8 1/100s ISO100 50mm

包围曝光

尽管现在数码单反相机的测光技术日臻完善，但由于光线条件、被摄主体的千变万化，仍可能会有测光偏差。为了防止因测光失误而错失重要的拍摄画面，数码单反相机多具备自动包围曝光功能。自动包围曝光通常是拍摄3张照片，即正常曝光、减少曝光、增加曝光，其做法是先按正常测光值曝光1张，然后在其基础上减少和增加曝光量各曝光1张，若仍无把握，可设置不同包围增量进行拍摄，按级差为0.3EV、0.7EV、1EV等来调节曝光量。每张照片的曝光量均不相同，从而保证总能有一张符合拍摄者的曝光意图。

红框内的标识代表设置了±0.7EV的自动包围曝光。在实际拍摄时，相机将按照正常测光值拍摄1张、按－0.7EV曝光拍摄1张和按＋0.7EV曝光拍摄1张的方式进行拍摄。如果设置的是连拍，则一次按下快门即拍摄3张；如果是单拍，则需要按下3次快门，才会拍摄完成这个包围曝光组合的照片。当关闭电源或闪光灯闪光就绪时，设置的自动包围曝光值将会自动取消。

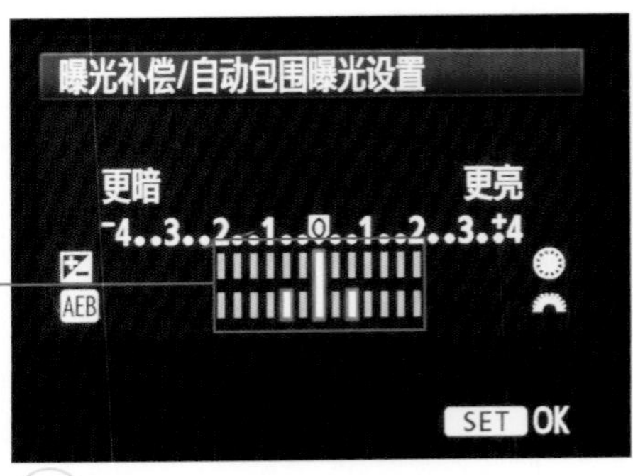

佳能数码单反相机的自动包围曝光设置选项。

使用包围曝光获得画面的正确曝光

+0.7EV

通过对比可以看出，在包围曝光拍摄的3张照片中，增加0.7EV拍摄的照片曝光最合理。在追求画面准确曝光的拍摄中，可以使用相机的自动包围曝光功能帮助获得想要的曝光效果。

f/5.6 1/80s ISO200 60mm

正常曝光

－0.7EV

HDR

HDR是“High-Dynamic Range”的英文缩写，意思是“高动态范围拍摄”。HDR现在已经得到广泛使用，被用来补偿大多数数码成像传感器有限的动态范围。照片的动态范围是指最暗的色彩与最亮的色彩之间的亮度范围，也可以一并表示色调范围。即便使用最先进的数码单反相机，也无法在一次曝光中捕捉很多场景的宽广色调。

具体地说，在明亮日光下的室外场景中，阴影区域到最亮的高亮区域的亮度范围远远超过数码单反相机感光元件的动态范围。如果相机的曝光设定偏向阴影部分，则高亮区域就会过曝，成为没有细节的白色色块。反之，如果相机的曝光设定偏向高亮区域，阴影部分就会变成没有细节的黑色色块。HDR照片整合了同一个场景下的多张照片——最少3张，通常是曝光不足、正常曝光、曝光过度，用以记录最丰富的亮部、中间调、暗部细节，然后通过后期合成，将拥有最丰富细节的亮部、暗部、中间调影像进行合成，就得到了超越任何单拍效果的具有丰富影调和细节的画面。

使用相机的HDR功能拍摄的风光照片，亮部、暗部及中灰部分都拥有丰富的细节，画面大气磅礴，有着摄人心魄的震撼之美。

f/11 1/160s ISO100 24mm

HDR的使用技巧

HDR可以拥有丰富的细节而为画面增色，但是使用相机内置的HDR功能拍摄不如后期用软件合成的效果更好。很多数码单反相机都有自动包围曝光这一功能，可以利用这个功能为HDR提供素材。拍摄时设置±2EV的曝光值进行包围曝光拍摄，这样就得到了－2EV、0EV、＋2EV这3张不同曝光的照片，然后在后期软件Photomatixpro中将这3张照片合成在一起，即可得到一幅拥有丰富细节的HDR图片。

在拍摄HDR素材时要注意以下两点问题。

- 采用相同的焦点，每张素材照片都要确定1个对焦点。
- 使用三脚架稳定支撑相机，确保稳定的同时也可以确保取景画面的一致。

使用Photomatixpro软件将－2EV、0EV、＋2EV这3张照片合成为HDR图片，拥有细节丰富的画面。

f/9 1/60s ISO100 20mm

AE自动曝光锁定

AE锁定也被称为“自动曝光锁”，是指当拍摄测光区域不同于拍摄曝光区域时，或者想要使用相同曝光量进行多张照片拍摄时，用以锁定曝光参数的按键。

测光与对焦是拍摄前最重要的两个环节，实际上测光与对焦往往是协同作战。但很遗憾的是，很多品牌的数码单反相机还没有实现点测光时半按快门的同时能够锁定对焦与曝光，于是AE锁定按键作为一个单独的用来锁定测光结果的按键就出现在了数码单反相机上，并且通常都位于相机右侧大拇指很方便够到的位置。在拍摄时先半按快门测光后，再按下AE锁定键，即可锁定当前的测光值，然后使用这个测光值进行曝光或者重新构图拍摄。

自动曝光锁定按键。测光完成后按下此键可以锁定曝光值，如果要使用相同的曝光，值曝光需要持续按住此键，每次按下此键将锁定当前曝光值，它还能在使用外置闪光灯时作为闪光曝光锁使用。将取景器的中央区域覆盖主体，然后按下此键，即可为主体的特定部分获取正确的闪光曝光。

AE锁定功能的使用

有很多拍摄者习惯于使用中央自动对焦点对画面进行对焦后重新构图。要知道相机的很多测光模式都是对取景器中心区域的亮度进行测光，默认情况下测光系统在按下快门直至拍摄之前一直在不停工作，那么移动取景框重新构图时测光结果必然改变。假设从亮区移动到暗区，则测光结果会有更大偏差，因此，在确定测光区域并执行测光操作后应该按下AE锁定按键锁定测光值，然后移动取景框重新构图，此时的曝光结果才不会出现误差。

f/5.6　1/80s　ISO200　60mm

对小女孩的脸部测光后，按下AE锁定按键锁定曝光重新构图拍摄，小女孩的脸部与背景有很大的亮度差，如果不锁定曝光而重新构图拍摄，则画面必然曝光不准确。很多朋友可能不习惯拍摄时先按曝光锁定按键然后再构图拍摄的操作，这时可以考虑使用与主体所在位置最近的对焦点进行对焦拍摄，这样就不需要改变构图了。但是在佳能多数数码单反相机中，这种操作只能在选择评价测光模式时好用。

红色块为拍摄测光区域，并在测光后对此区域锁定曝光重新构图拍摄。

M档曝光

M档是通过拍摄者自行设置曝光参数进行拍摄的特殊模式。它的使用对象是那些掌握扎实摄影理论知识和拥有丰富实拍经验的摄影人，通过对相机各项参数的自由设置达到想要的拍摄效果。

使用M档曝光进行拍摄有两大优势。

- 可以自由设置拍摄参数实现不同的拍摄效果，如可以设置小光圈、低速度的组合，将流水表现得富有动感；也可以设置大光圈、高速度的组合，虚化背景凝固运动员精彩的射门瞬间等。
- 在相机的自动测光系统不能提供准确的曝光参数时，手动设置曝光参数。相机测光不准确时，手动设置的曝光组合更为可靠，曝光效果稳定、统一，并且不会因为改变构图等操作导致曝光结果产生变化，非常适合拍摄静物或者固定光线条件下的人像等。

M档的劣势主要表现在以下方面。

- 需要拍摄者具有非常丰富的摄影知识，否则无法玩转M档，这对一些初级摄影爱好者来说有一定的难度。
- M档在拍摄时需要时刻根据光线及拍摄角度的改变来设置不同的曝光组合，一定程度上会分散拍摄者的精力，可能会错失精彩画面，因此，不利于新闻、人文、运动摄影等需要抓拍的摄影题材。

拍摄者使用M档拍摄，结合丰富的实际拍摄经验，设置曝光参数，对人物和环境的光线进行充分体现。如果使用的是相机的自动测光系统，则很难达到如此美妙的曝光效果。

f/8 1/160s ISO200 50mm

B门曝光

B门，是“bulb模式”的简称，作用是可以实现长时间曝光。这个曝光时间可以抛开其他拍摄模式最长曝光时间30s的限制，在一些如夜景、焰火、天体等需要长时间曝光的拍摄中采用较多。使用B门时，按下快门开始曝光，松开快门停止曝光。这种设置在拍摄焰火时可以很方便地实现多次曝光以获取绚丽的画面效果。此外，使用B门拍摄闪电也是非常方便的。因为闪电的出现时机不受人为控制，所以无法设置一个准确的曝光时间，而B门模式就可以很好地解决这个问题。按下快门，等待闪电出现以后松开快门就可以完成拍摄。

使用B门拍摄的闪电。通过在一次曝光中记录多次闪电，产生了令人非常震撼的闪电画面。在长时间曝光时使用三脚架，可以让拍摄过程变得轻松，同时可以确保画面拥有较高的清晰度。

f/8 bulb ISO100 100mm

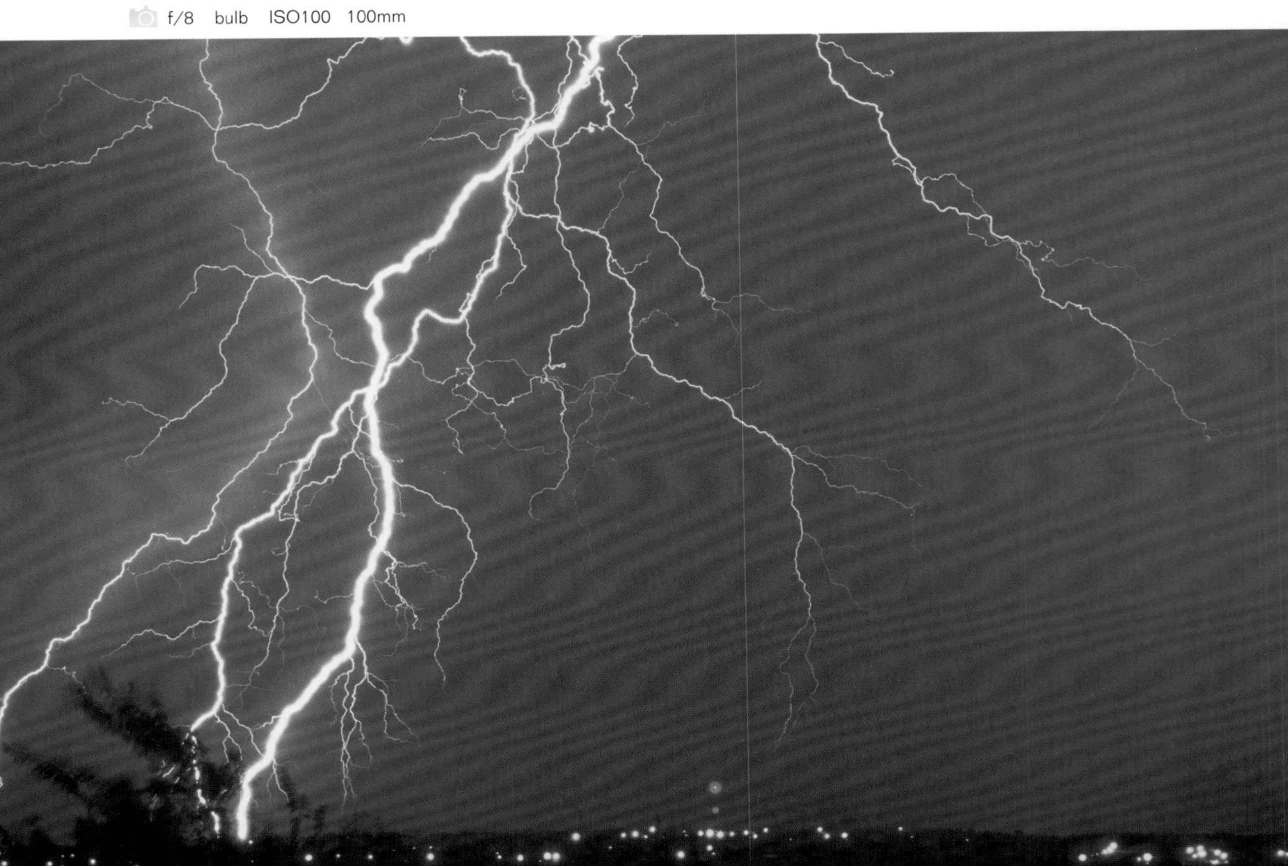

2.8 深入解读白平衡

色彩是图像最基础的视觉元素，对画面效果的影响占有非常重要的分量。准确还原被摄对象的真实色彩，是能否获得完美摄影作品的关键。数码摄影中控制画面色彩还原的相机设置选项是白平衡，因此，设置正确的白平衡对数码摄影来说有着非常重要的意义。

色温

色温是摄影中用于定义光源颜色的一个物理量，是19世纪末由英国物理学家洛德·开尔文所创立。把某个黑体加热到一定温度，其发射的光的颜色与某个光源所发射的光的颜色相同时，这个黑体加热的温度被称为“该光源的颜色温度”，简称“色温”，单位用“K”表示。人眼所看到的光线，是由太阳光的红、橙、黄、绿、青、蓝、紫七色光谱混合而来，正是因为色温的不同，才造就了色彩上的差异。色温是人眼对发光体或白色反光体的感觉，这是物理学、生理学与心理学的综合复杂因素形成的一种感觉，也是因人而异的。

色温在3300K以下时，光色偏红给人以温暖的感觉，故这个区间的色温通常被称为“暖调”。

色温在5000～6000K之间时，颜色最接近于白色，人在此色调下无特别明显的视觉心理反应，故这个区间的色温被称为“中性调”。

色温超过6000K时，光色偏蓝，容易给人以清冷的感觉，故这个区间的色温被称为“冷调”。

人们经过大量的测试验证，为不同的光源设定了相应的色温值，通过设置色温值可以实现对色彩更好的控制与利用。下面来熟悉一些常见光源的色温值。

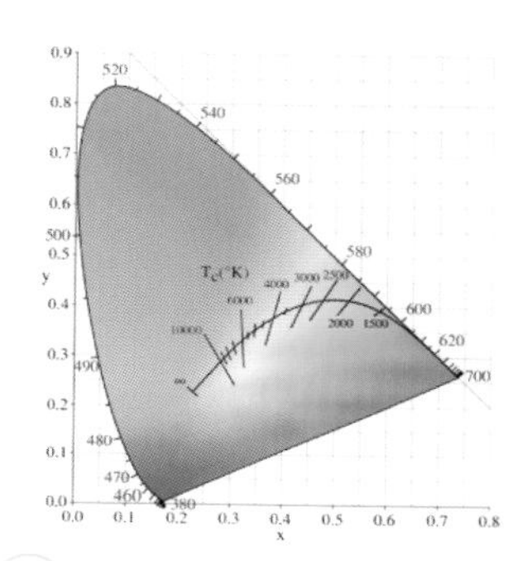

色温区域显示。

光源与色温值一览表

光 源	色温值（K）	说 明
日出时	2000	
日出后或日落前40min	2100～3000	
日出后或日落前1h	4500	
正午日光	5400左右	非常晴朗的天气
普通日光（上午和下午）	5200～5400	8:00～11:00am 1:00～4:00pm 季节不同会有差异
阴天/阴影	6500～8000	
白色荧光灯（日光灯）	4000～7000	根据荧光灯品牌不同，色温也会不同
摄影灯	3400	
钨丝灯	3200	
闪光灯	5600～5800	
夜景路灯	3200左右	与钨丝灯接近

当然，影响色温的因素很多。所谓的色温值也并不是绝对的准确，在实际拍摄时要根据拍摄环境灵活选择。

白平衡

人类的眼睛具有强大的分辨力，在不同的环境中，白色可以被识别为白色，但是相机则不同。当处于不同的拍摄环境中时，相机并不能分辨出当前采用的是何种颜色的光源，这就是我们常见的在室内拍摄人像时画面偏黄的原因，钨丝灯的光源也被相机当成了纯白光源，钨丝灯的低色温造成了画面的偏色，为了解决这个问题，就出现了“白平衡”这个概念。通俗地说，白平衡就是在任何光线环境下，将白色定义为白色的一种技术。数码摄影中的白平衡控制着画面的色彩还原效果，拍摄出的画面颜色是否与景物固有颜色相符就是由白平衡控制的。选择与拍摄环境匹配的白平衡设置直接关系着画面色彩能否正确还原。

白平衡选项	色温值（K）	适用环境
AWB（自动白平衡）		相机根据拍摄环境的光线情况自动设置白平衡，在大多数情况下，都可以获得较为准确的色彩表现
日光	约5200	适用于晴天室外的露天拍摄
阴影	约7000	适用于晴天在建筑、大树等的阴影中进行拍摄
阴天	约6000	适用于阴天或多云的户外露天拍摄
钨丝灯	约3200	适用于在钨丝灯光照条件下的拍摄
白色荧光灯	约4000	适用于在荧光灯光照条件下的拍摄
闪光灯		使用外置闪光灯进行拍摄时选择此模式
用户自定义		用户使用标准灰卡或白卡进行自定义白平衡设置后选择此模式，导入标准数据自定义白平衡获取精确的色彩还原效果
色温		用户从相机预置的2500～10000K间任意选择白平衡值进行拍摄，适用于对光源色温有准确判断力的用户

色温与白平衡

例图拍摄于相同的环境中，但是色彩差别极大。之所以会呈现这样的色彩效果，因素有很多。在不同的时间和天气中进行拍摄会产生色彩的差异，但是在同一时间、同一地点进行拍摄产生色彩迥异的画面效果，那就与相机的白平衡设置有直接的关系。白平衡控制着相机对色彩的再现准确度，而画面之所以会有颜色差异，则是因为色温的不同。

使用荧光灯白平衡拍摄。

通过上面两幅图可以看出，使用不同的白平衡设置进行拍摄，画面的色彩还原各不相同，准确还原真实色彩是数码摄影的基础，但是创造性地利用白平衡的色彩偏移特性，往往也可以获得打破常规的画面效果。

设置白平衡

前文列出了佳能EOS 5D Mark Ⅱ内置的白平衡选项，其对应的色温均是以“约”字开头，这说明在实际拍摄中的环境色温值与相机预置的选项并不绝对匹配，不匹配就会出现偏色的问题，要么偏暖要么偏冷。但是某些时候的拍摄对色彩还原的准确性要求非常之高，如菜品摄影，一盘色香味俱佳的红烧肉被拍成了偏青发紫的颜色，看到图片还以为是病猪肉做的，这当然是不行的。怎么办呢？这时就要自定义白平衡，即手动设置准确的白平衡。

手动设置白平衡的方法非常简单。需要一张标准灰卡，首先设置好相机的各项参数，确保可以获得正常曝光，然后将镜头的对焦模式拨至MF，将灰卡或白卡置于镜头前，确保灰卡完全充满相机的取景器，按下快门拍摄。拍摄完成后，进入相机的【拍摄菜单】，选择【自定义白平衡】选项，按下<SET>键，选中刚刚拍摄的标准灰卡照片，按下<SET>键，在弹出的对话框中选择【确定】选项，即可设置自定义白平衡。

灰卡。

佳能数码单反相机的白平衡设置图。

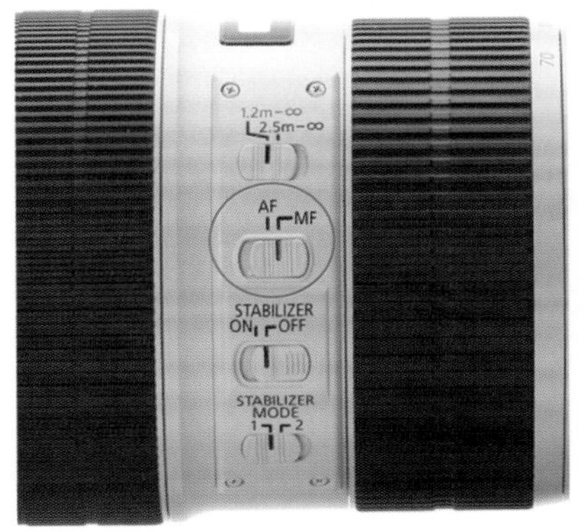

佳能数码单反相机自动对焦为AF，手动对焦为MF。

设置自定义白平衡有几个要点需要注意。

- 需要将镜头的对焦模式拨至MF以确保相机可以进行曝光，如果是AF则无法对灰卡对焦。
- 需要确保相机的拍摄参数能够对灰卡正常曝光，不能过曝或者欠曝。
- 要将灰卡置于和被摄主体相同的光照条件下。如果是拍摄人像则要放在人物脸部；如果是菜品则要放在菜品旁边，以确保获得准确的白平衡数据。

2.9 深入解读闪光灯

虽然自然光是日常拍摄最常用的光源，但是太阳有升有落，没有太阳的时候或者在室内光线太暗的时候怎么办？停止拍摄显然是不可能的，使用人造光源是唯一的办法。闪光灯是最常采用的人造光源，闪光灯的发明让拍摄真正实现了无处不在。闪光灯包括机顶闪光灯和影视闪光灯两大类，了解不同类型闪光灯的功能特点，有助于在非自然光环境中更好地进行摄影创作。

机顶闪光灯

机顶闪光灯分为内置闪光灯和外置闪光灯两类。

数码单反相机的内置闪光灯。入门级和中低端数码单反相机的闪光指数通常为GN12左右，在ISO200、光圈f/2.8时，闪光距离约为6m。

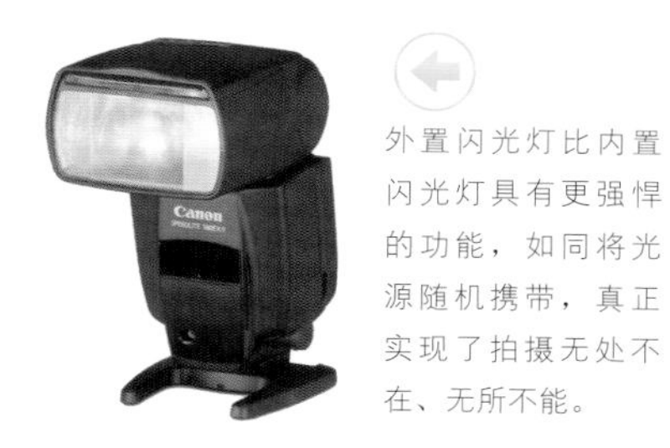
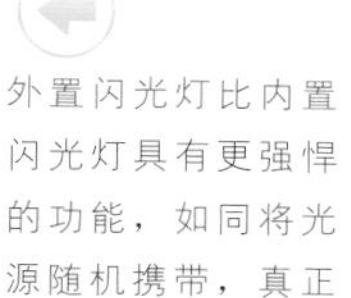

外置闪光灯比内置闪光灯具有更强悍的功能，如同将光源随机携带，真正实现了拍摄无处不在、无所不能。

外置闪光灯是为了更好地进行多种环境下的闪光拍摄而诞生的一种人造光源。相比相机内置的闪光灯，外置闪光灯体积更大，闪光性能更强，功能更丰富，智能化程度更高，光线强度更强，照射距离更远。通常外置闪光灯的最低闪光指数为GN24，比普通的内置闪光灯整整高出1倍，专业外置闪光灯的指数更高。

内置闪光灯用以在弱光环境下拍摄时进行闪光补光。优点是小巧方便，无论是补充闪光，还是以闪光为主光的拍摄，都可以提供非常不错的照明效果；缺点是闪光指数低，照射范围有限，不能满足对光线强度和投射范围要求较高的拍摄。

热靴是相机连接外置闪光灯的装置，通常位于相机的顶部，是一个有着金属凹槽和金属触点的集合体。金属凹槽固定外置闪光灯的底部，就像给闪光灯穿上靴子一样，故此得名。热靴在连接外置闪光灯的同时，还通过金属触点与闪光灯进行通讯，担负着稳定支撑闪光灯和传递信息的作用。

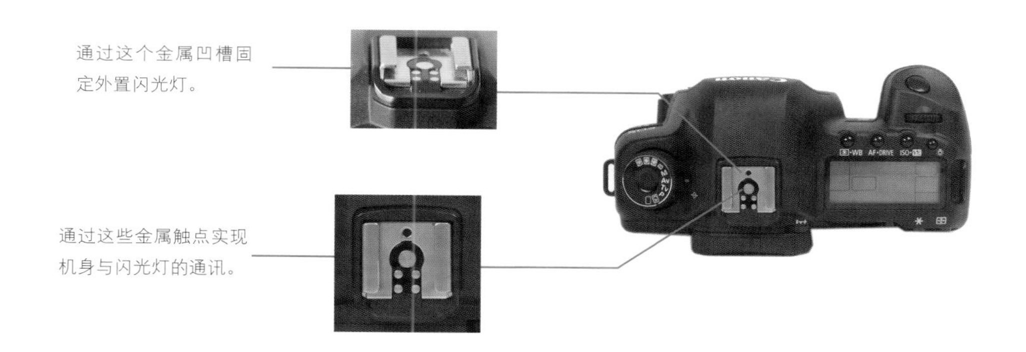

提 示

数码单反相机的热靴不仅可以连接外置闪光灯，还可以连接其他附件，如GPS模块、引闪器、水平仪等。

闪光指数

当相机的感光元件得到合适的曝光量时，相机镜头的f/光圈值与闪光灯到被摄对象之间的距离L这二者的乘积，被称为“闪光指数”，即GN（Guide Number）＝f/×L。

闪光指数代表着闪光灯功率的大小，是判定闪光灯闪光性能的最重要指标。指数高的闪光灯功率越大，闪光距离越远。

闪光灯照射距离的计算

知道闪光指数的大小，可以帮助我们计算闪光距离。计算闪光距离的公式是：闪光指数÷拍摄所用光圈＝闪光照射距离。例如，在ISO100时某闪光灯的指数是GN32，假设拍摄所用的光圈是f/8，那么可以得出闪光灯的最远投射距离是4m。ISO感光度每增加1倍，则闪光灯的闪光指数乘以2的平方根（约1.4）。根据这个公式，可以很方便地掌握闪光距离的计算方法，从而更好地使用闪光灯进行拍摄。

闪光灯的闪光强度会随着投射距离的延长逐步衰减，距离闪光灯越近，接收的闪光量越多。对于不支持TTL闪光的老式闪光灯来说，在拍摄时需要考虑距离会造成闪光量衰减的问题。支持TTL闪光的新款闪光灯，在输出闪光量时测光系统已经考虑了距离因素，因而闪光效果会更加精确。

引闪器

引闪器是安装在相机热靴上，实现对离机闪光灯触发闪光的一个电子装置，由两部分组成，即触发器和接收器。触发器安装于相机，接收器安装于闪光灯，拍摄时按下快门的瞬间触发器发出闪光信号，接收器接收到信号后触发闪光灯闪光。

使用引闪器时，首先分别将触发器和接收器安装于相机和闪光灯，并调整好闪光灯的输出量，在拍摄时通过触发器即可自动引闪外置闪光灯。使用引闪器，可以对一支或者由几支外置闪光灯组建的闪光系统触发闪光，抛开闪光灯连接线的不便，真正做到无线你的无限。

有几个关系到能否正常引闪的问题：一是，注意引闪器的频率要一致；二是，引闪器和闪光灯一样都是需要电池才能驱动；三是，不要在距离过远的范围内使用，如超过10m，另外在室外使用时其灵敏度也会下降。

STEP 01 将外置闪光灯安装到接收器上并锁紧，然后将其固定在拍摄需要的布光位置。

STEP 02 将触发器安装在相机的热靴上并旋紧螺丝固定。

柔光罩

闪光灯直接输出的光线较硬，容易形成生硬的补光效果。为了避免这个问题，可以使用专用的闪光灯柔光罩套在闪光灯灯头的前面，从而起到柔化闪光光线的作用。添加柔光罩后的拍摄，画面明暗过渡会比不使用柔光罩更加自然，画面细节保留的部分会更多。

柔光罩。

使用柔光罩。

调整灯头角度让光线变得柔和

我们已经知道，直射的闪光会让主体呈现出生硬的受光效果。那么除了使用柔光罩外，还有什么方法可以让光线变柔和呢？那就是调整灯头的角度。现在很多专业的外置闪光灯都具有灯头不同范围的俯仰和旋转功能，通过将灯头往上下或左右旋转调整角度，可以实现非正面闪光，让主体接收稍侧角度的漫反射光，从而达到柔和闪光的目的。

灯头上标注有俯仰角度。

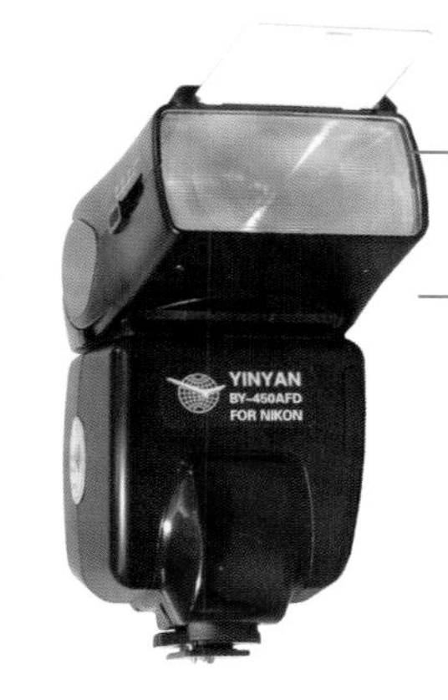

闪光灯内置的挡光板可以起到阻挡向上光线、使其往下投射的作用。

很多灯头都具有上下俯仰调节的功能，高端闪光灯还可以左右调节角度。

防红眼闪光

在闪光灯的闪光模式中有个防红眼闪光模式，是为了避免人物主体在闪光灯照射下产生红眼效果。防红眼闪光的原理，是在正式闪光前通过一系列低照度、高频率的闪光促使人眼的瞳孔收缩，从而避免出现红眼。

因为人眼在弱光下会通过放大瞳孔接收更多光线，类似于相机开大光圈，放大瞳孔后闪光直接投射会在数码单反相机传感器中记录视网膜的充血而形成红眼效果。

使用防红眼闪光模式能有效避免出现红眼现象。

 f/3.2 1/200s ISO100 70mm

慢速同步闪光

大家都知道，拍摄夜景人像需要较慢的快门速度来记录环境光线，如果采用较快的速度，会造成背景一片漆黑。慢速同步闪光模式就是针对夜景人像和弱光环境下的拍摄而开发的一种闪光模式，在相机用慢速快门记录现场光线的同时，内置闪光灯发出闪光照亮被摄主体，于是背景和主体都获得了合适的曝光。

使用慢速同步闪光模式拍摄的夜景人像，主体和背景都获得了合适的曝光，夜景的华丽多姿得到了很好的表现。

f/3.5 1/40s ISO400 50mm

前帘同步闪光

很多朋友也许对前帘同步和后帘同步感到茫然，在之前的章节中已经介绍了数码单反相机的曝光原理，这里再温习一下。通常的曝光顺序是：按下快门→前帘开启→感光元件开始曝光→后帘关闭→完成曝光。前帘同步或后帘同步就是在这个过程中进行工作的，前帘同步时，按下快门前帘打开后，闪光灯立即闪光，此时如果是一辆运动的汽车，相机的闪光在曝光开始就记录下了汽车清晰的影像，但是在随后的曝光时间内汽车继续往前，当后帘落下停止曝光时，清晰成像的汽车前方就会出现它的虚化运动轨迹。

富有动感的前帘同步闪光效果图，正是前帘同步的最好体现。

f/4 1/4s ISO400 50mm

后帘同步闪光

在前文中介绍了前帘同步和后帘同步的原理。使用后帘同步闪光模式时，按下快门后，前帘打开开始曝光时，闪光灯并不闪光，而在后帘关闭前的一瞬间闪光灯才闪光，此时拍摄的运动汽车会呈现一条虚影在后的运动轨迹，因为在闪光之前汽车一直运动且呈现模糊的影像，闪光开启后记录了最后一刻汽车的清晰影像。

后帘同步时同样需要快门速度低于被摄对象的运动速度。

f/4 1/4s ISO400 50mm

提 示

快门速度较低的情况下，最好使用三脚架来帮助稳定相机。后帘同步和前帘同步只是对于运动的被摄对象能产生明显的动感效果，对于静止的被摄对象只起到补光的作用。

自动闪光

对于刚接触摄影的朋友们来说，闪光灯使用的时间把握方面也许还不太熟悉，自动闪光正是为这部分用户设置的一个闪光模式。在此模式下，相机的测光系统会根据拍摄现场光线的亮度情况自主决定何时需要闪光，从而协助用户拍摄出曝光合理的画面。

在"自动闪光"模式下拍摄的人像。虽然拍摄现场环境较暗，但是在"自动闪光"模式的帮助下，人物脸部和身体的曝光仍然很充足。

f/4 1/200s ISO50 85mm

闪光同步

使用闪光灯拍摄有一个问题是，不能随心所欲地选择快门速度。通常普通数码单反相机使用闪光灯时，快门速度都会被限制在1/200s以内，其实这个速度是指相机的最高闪光同步速度。也就是说，低于这个速度使用闪光灯没问题，可以正常拍摄，但是如果快门速度高于这个数值，画面有可能会出现闪光无法照射到的区域，从而产生黑边之类的情况。

使用高速闪光同步拍摄，主体获得合适曝光，但是背景一片漆黑。在夜景拍摄中，快门速度越高，背景的亮度就越暗。

f/4 1/200s ISO100 50mm

使用低速闪光同步拍摄，主体和背景都获得了合适的曝光，夜景人像的感觉被完美地表现出来。

f/3.5 1/40s ISO200 85mm

TTL闪光

TTL是“Through The Lens”的缩写，意思是“经过镜头”。TTL闪光就是指，在正式闪光前闪光灯先发出一束光线照亮拍摄场景，然后根据相机测光系统的测光值决定最终的闪光量。这种闪光模式会综合考虑主体与背景的光照情况，自动输出能够兼顾主体与背景亮度的闪光，从而获取最合适的闪光效果。这种闪光模式的准确率相当高，目前主流的闪光灯一般都支持TTL自动闪光。

使用佳能EX 580闪光灯的i-TTL Ⅱ闪光模式拍摄，主体与背景的亮度得到很好的兼顾，获得了非常完美的夜景人像拍摄效果。

f/1.4 1/25s ISO400 85mm

提 示

佳能的E-TTL Ⅱ闪光：当快门释放的一瞬间，闪光灯会发出一束预闪光，用来监测环境光和计算所需的闪光量，然后闪光灯发出正确的闪光，使环境光和人工闪光达到平衡。在复杂的场合里，如在起作用的与对焦点相连的测光区域外有强反射，也能正确闪光曝光。E-TTL Ⅱ在评价闪光测光的基础上又新增了平均闪光测光。由于采用了新的算法，闪光结果更精确、更稳定。即使被摄对象移动位置，E-TTL Ⅱ自动闪光系统也能有效地避免曝光不足和曝光过度的情况发生。

手动模式闪光

手动闪光即闪光灯的M模式，是指拍摄者综合考虑光圈、ISO感光度、闪光投射距离及环境光线亮度等因素，自行设置一个闪光输出量，如全光、1/2输出、1/4输出、1/8输出、1/16输出等，之后在进行闪光拍摄时闪光灯按照这个设置值进行闪光，即可获得始终如一的闪光输出效果，以更好地确定闪光和环境光的比例，满足不同的拍摄需求。在使用一些不支持TTL闪光的老式闪光灯或自动闪光无法正确工作时，此功能也相当有用。

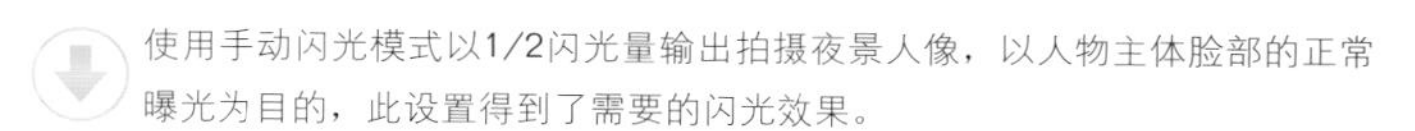

使用手动闪光模式以1/2闪光量输出拍摄夜景人像，以人物主体脸部的正常曝光为目的，此设置得到了需要的闪光效果。

f/4 1/80s ISO 400 85mm

闪光补偿

现在TTL闪光已经成了主流闪光控制模式。不能否认，这个闪光模式确实很强大，但是再精密的设备都不能保证百分之百的准确。使用内置闪光灯拍摄时，因为拍摄环境的不同，有时会发生闪光不准确的情况，可以通过调整闪光补偿来解决这个问题。闪光补偿，就是让闪光灯在闪光时根据设置的补偿量增加或减少闪光输出，以达到拍摄者需要的闪光曝光效果。

使用正常闪光模式拍摄，照片曝光稍显不足。

f/5.6 1/100s ISO400 40mm

增加0.3EV闪光补偿，画面亮度适中，主体曝光合适。

f/5.6 1/100s ISO400 40mm

2.10 深入解读佳能实时取景与高清摄像

实时取景

数码单反相机的发展历程，也是一部浓缩的人类传统观念的改变史。数码相机诞生之初的发展阶段形成了两大阵营，一个阵营是专供普通初级用户使用的卡片机，以小巧、易用、外形美观为特点，基本上以实时取景为主要的取景方式，同时摄像功能也成了标配；另一个阵营则是面向专业摄影师的数码单反相机，这个阵营的成员都是一些有着比卡片机更大的体积、更丰富的功能、更好的画质表现的大家伙，可更换镜头是其最大特色，采用胶片时代的光学取景器进行取景。两大阵营彼此独立发展了几年，卡片机的用户认为数码单反相机又大又笨，数码单反相机的用户觉得卡片机太不专业。

随着科技的发展和人们传统观念的慢慢改变，数码单反相机上逐渐出现了卡片机才有的功能，如即时取景等。2007年发布的佳能EOS 40D数码单反相机是佳能阵营中第一款具备实时取景功能的数码单反相机。即时取景技术使拍摄者不必再为了低角度拍摄而趴在地上，也不必再为了高机位拍摄而盲拍，发挥了切实、便利的作用。时至今日，在佳能的数码单反阵营中，几乎所有成员都已具备了成熟的即时取景技术，而且新推出的佳能EOS 60D、600D、650D都配备了旋转屏，让实时取景更方便。

通过液晶屏进行微距拍摄，可以将每一处细节放大观看，然后进行对焦拍摄。
f/2.8　1/400s　ISO100　60mm

实时取景模式的使用技巧

实时取景模式的好处很多，除了高、低机位拍摄时的便利，在使用手动镜头拍摄时也可以通过使用即时取景的图像放大功能，将取景画面在液晶屏上放大，然后进行精确对焦，大大提升了对焦的精确度。

使用实时取景模式进行精确对焦

左侧的两幅图是实时取景模式下对焦前后的对比图。上图为最终效果图，可以看出，在即时取景模式下，使用放大显示功能将取景画面放大（最大可以放大到10倍），然后转动镜头的对焦环进行精确对焦，可以获得准确、清晰的对焦效果。

高清摄像

随着即时取景技术的成熟，数码单反相机搭载视频录制的功能则水到渠成。相对于普通DV的视频录制，数码单反相机因为拥有更大的感光元件尺寸，可以获得图像质量更高的视频录制效果。佳能数码单反相机的高清视频录制可以获得1920×1080P 30fps的高清画质，已经达到了高清标准。通过机身上的HDMI接口，可以和高清电视连接，欣赏自导自演的高清大片。

一些初次接触高清摄像的朋友可能对1920×1080P 30fps这个高清参数不太熟悉。1920×1080P是指图像的长宽像素，可以理解为静态图片的像素尺寸。实际上，高清摄像功能原本就是由一幅幅静态图像组合而成的，也完全可以从最高质量的视频录制中截取任意画面，其图像尺寸就是1920×1080P；30fps指的是刷新率，表示每秒拍摄30帧画面，中国大陆电视的刷新率是25 fps，只要刷新率高于这个值，就不会出现画面延迟掉帧的情况，观看视频时会比较流畅。因此，使用高清摄像功能拍摄的短片在家用电视上观看，完全可以达到专业摄像机一样的视觉效果。

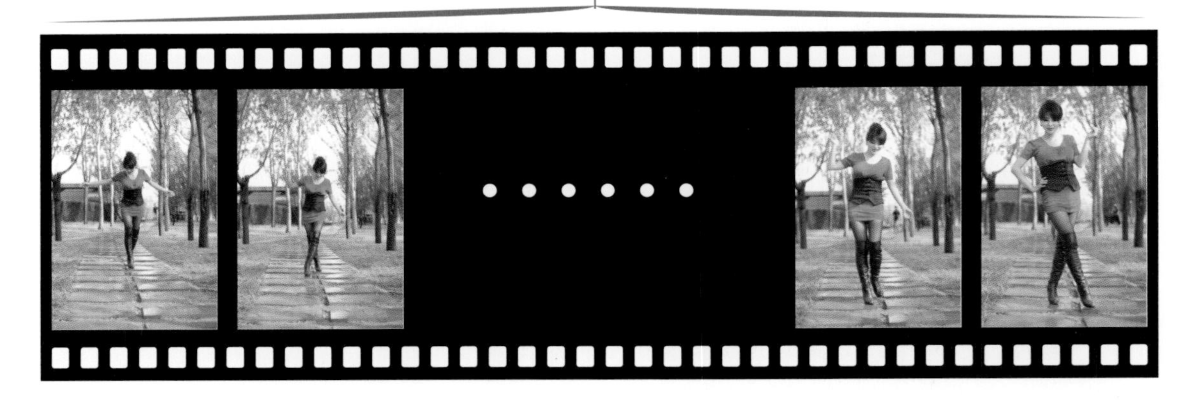

短片拍摄的设置

在了解了佳能数码单反相机强大的高清视频拍摄功能后，是不是跃跃欲试，想要体验一回做导演的感觉呢？那就打开高清视频拍摄功能，开始拍摄属于自己的大片吧！在初始设置中，高清短片拍摄功能默认是关闭的，因此在进行拍摄前，需要进入相机的设置菜单开启短片拍摄功能。开启以后进行短片拍摄时，需要先按下位于取景器左侧的实时取景按钮开启即时取景，然后再按下位于速控转盘中央的<SET>键，开始短片的拍摄。拍摄过程进行中，在画面的右上角会显示一个红色的●并不停闪烁，数据处理指示灯将持续亮起。

进行短片拍摄前，应该把拍摄界面中显示的信息所代表的含义弄懂，这样对于更好地设置相机的各项参数、拍摄出高质量的视频短片是非常有帮助的。下面就一起来看看这些信息所对应的含义吧。

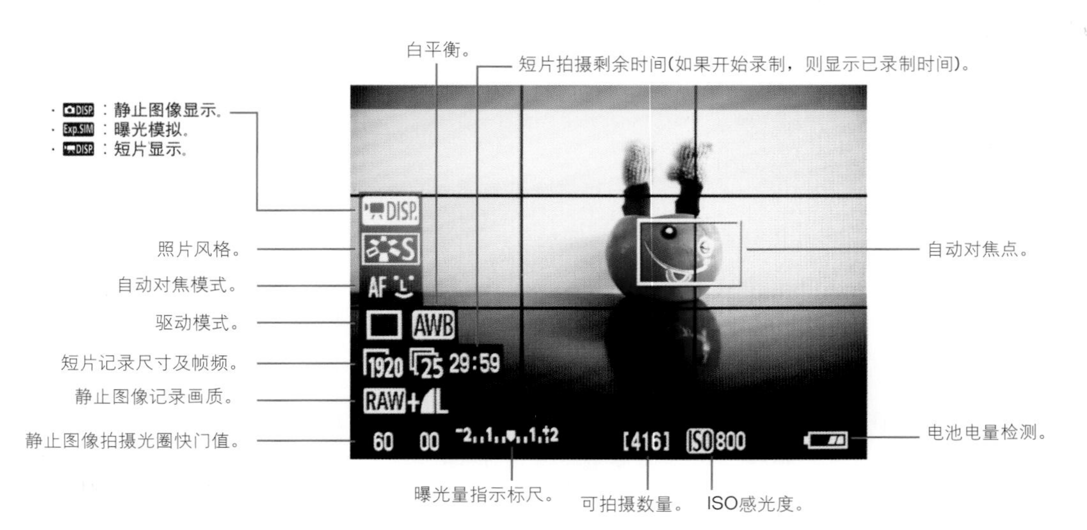

格式

设置短片记录时，首先要明确设置的尺寸越大，文件量就越大。如果存储卡空间足够大，通常应该选择最大尺寸拍摄，这样可以保证将高清摄像功能完全发挥出来。因为进行短片拍摄时瞬间产生的文件量非常大，因此推荐使用高速卡，读写速度不能低于20MB/s，以确保拍摄的文件可以快速存储。如果使用低速存储卡，有可能会导致拍摄无法进行或中断。

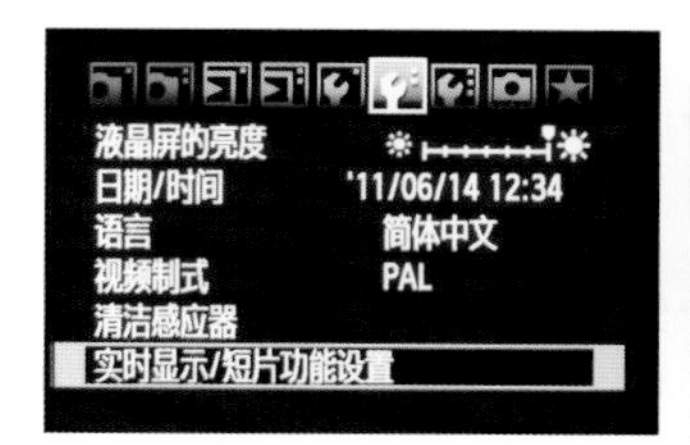

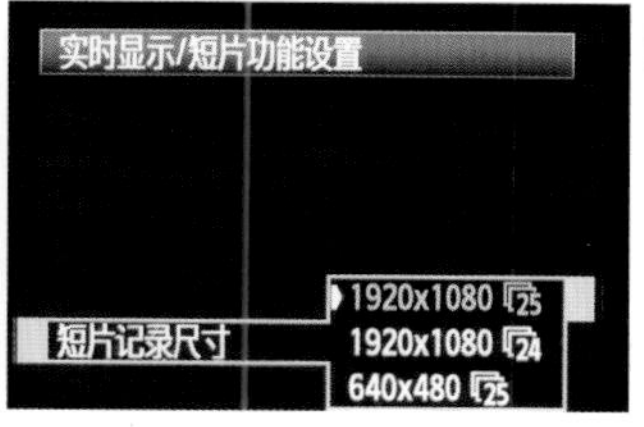

在短片记录尺寸中，共有1920×1080 30fps、1920×1080 25fps、1920×1080 24fps、640×480 30fps、640×480 25fps这5个选项供用户选择（根据所选视频制式的不同而略有不同）。

对焦方式

短片拍摄时的对焦方式有3种，分别是AFQuick：快速模式、AFLive：实时模式和AF☺：实时面部优先模式。

AFQuick：快速模式：使用自动对焦感应器在单次自动对焦模式下对焦，自动对焦方法与取景器拍摄相同。选择好对焦点后，按下AF-ON按钮进行对焦，对焦时取景器关闭，拍摄将中断，合焦后取景画面会再次出现在液晶屏上。

AFLive：实时模式：也是一种自动对焦模式，类似于连续对焦模式，但是对焦灵敏度实在不敢恭维，且对焦时从模糊到清晰的过程会被录制下来。

AF☺：实时面部优先模式：与AFLive：实时模式的对焦方法相同。但在该模式下，相机会自动检测取景画面中的人物面部，检测到人物面部后会在面部覆盖一个<⁚⁚>。如果检测到多张面部，则会显示<⟨ ⟩>，使用<✥>将面部对焦框移动到目标人物脸部，然后按下AF-ON进行对焦。

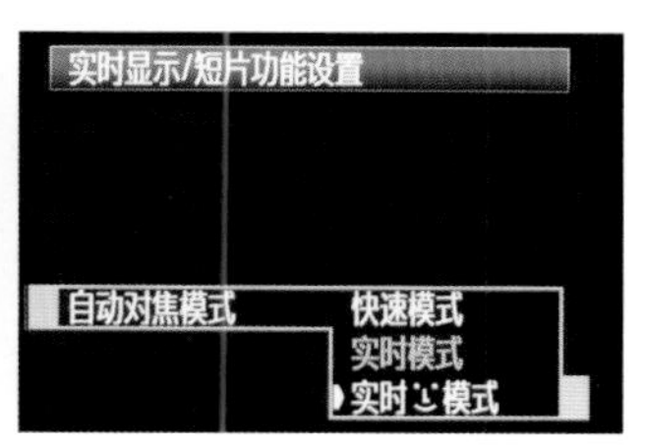

可以在设置菜单中设置自动对焦模式。

短片拍摄推荐使用手动对焦，通过<✥>多功能控制钮选择对焦点并放大显示（可以5倍、10倍放大显示），然后转动镜头对焦环非常轻松地完成对焦，也可以在即时取景状态下按下自动对焦模式按钮进行选择。

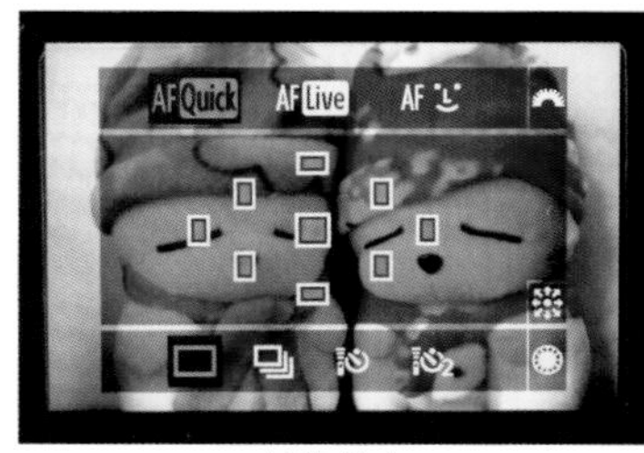

快速模式。

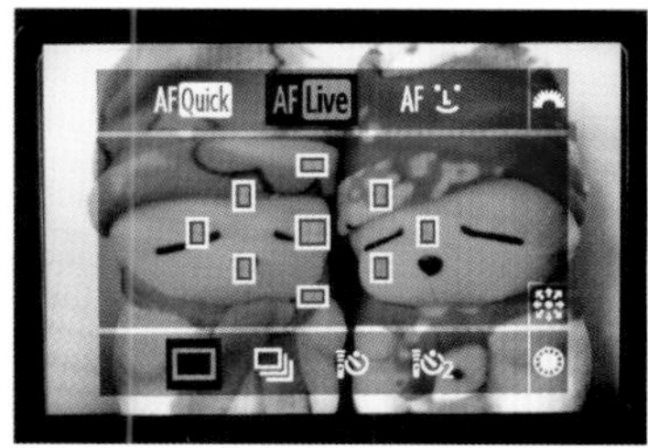

实时模式。

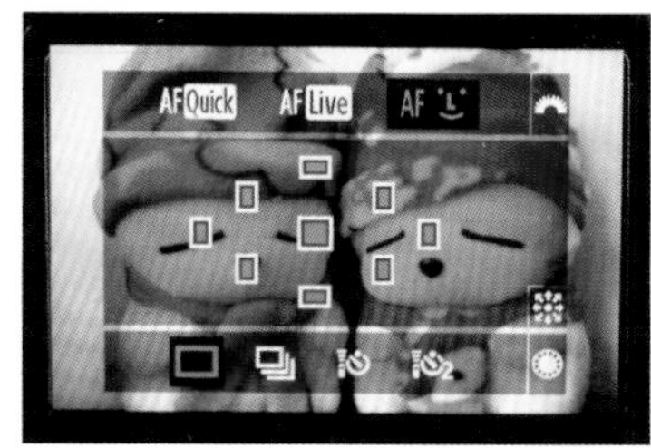

实时面部优先模式。

白平衡

对于短片和静态图片来说，白平衡是一个很重要的设置选项，关乎到画面的色彩倾向。只有色彩与实际拍摄的画面相匹配，才可以更好地表现画面内容，真正令画面赏心悦目。偏色或者色彩不准确的画面会给人不舒服的感觉，而且视频不像静态图片那样，可以很方便地在后期调整色彩，一旦偏色，后期处理的难度会很大，因此，在进行短片拍摄之前，应该设置准确的白平衡。

除了最常用的自动白平衡，还可以根据实际的拍摄环境选择对应的白平衡选项。如果发现相机预置的白平衡选项并不能提供令人满意的色彩还原效果，可以使用自定义白平衡功能设置与拍摄环境色温一致的白平衡，这会使拍摄的画面色彩更趋真实。

照片风格

短片拍摄和静态图片拍摄一样，也是可以设置照片风格的。照片风格在很大意义上决定了画面感觉，尤其是视觉方面的感觉。因此，拍摄视频短片时，可以像拍摄静态照片一样设置与被摄对象匹配的照片风格，以更好地表现拍摄画面。当然，设置与被摄对象不匹配的照片风格也是可以的，而且某些时候这样的画面也会显得更有感觉。

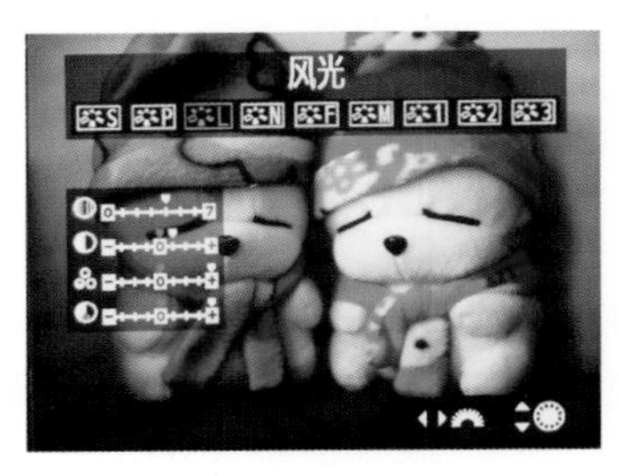

选择风光模式，可以让画面的色彩显得更饱和。如果在阴天的户外拍摄以人物为主的短片，选择此模式可以让画面显得更加通透。

如果对画面效果有更多想法，可以自行调整所选照片风格的默认设置。使用<◎>速控转盘，可以移动到所选风格的设置选项；使用<主拨盘图标>主拨盘，可以对锐度、反差、饱和度、色调进行自定义设置。

网格线

开启网格线显示，可以让拍摄者更好地掌握画面的水平和垂直线。在【实时显示/短片功能设置】菜单中有网格线显示功能，通过开启这个功能，在拍摄时可以通过线条辅助，更好地掌握画面平衡，以防止拍摄出倾斜不正的画面。需要注意的是，这个功能只能在即时取景拍摄模式下使用。

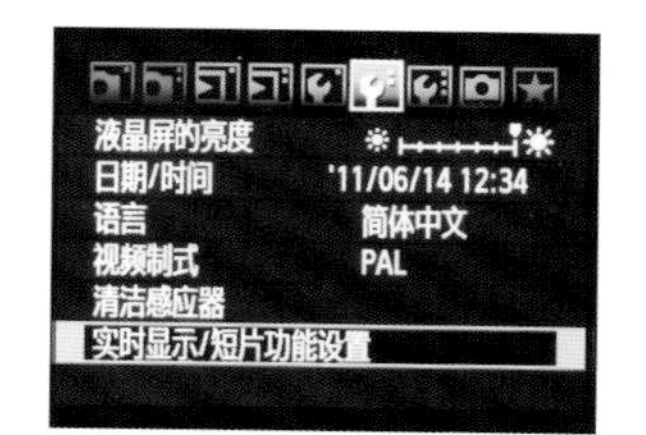

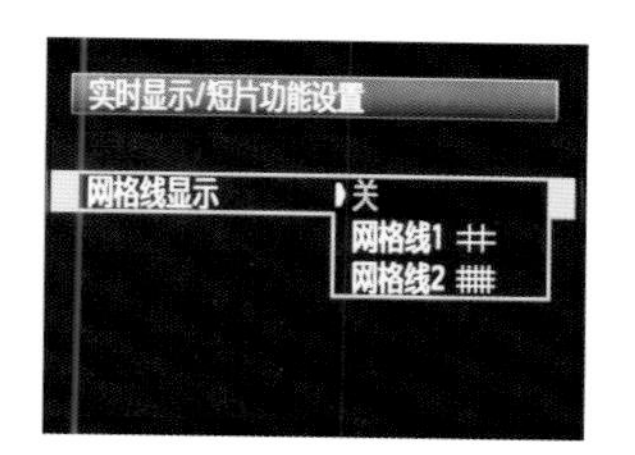

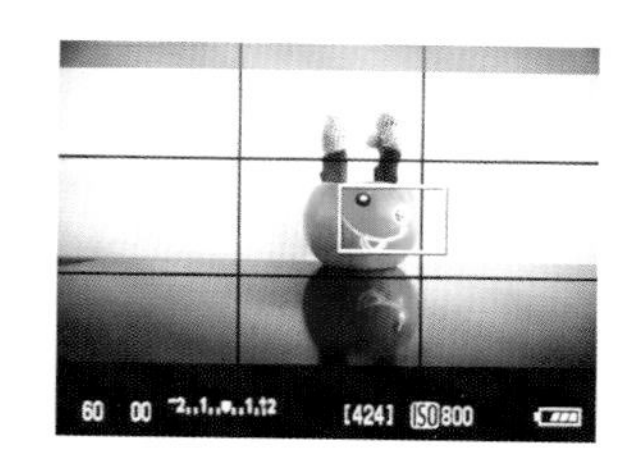

网格线2比网格线1的线条更密集，虽然在确保画面稳定方面能够提供更加精确的参考，但是也不免显得杂乱。通常情况下，选择【网格线1】即可得到较为直观的参照。

ISO感光度

ISO感光度与光圈大小、快门速度是决定画面曝光的三要素。短片拍摄的ISO感光度设置和静态图片拍摄的ISO感光度设置的宗旨是一样的。在光圈、快门可以解决画面亮度问题的情况下，应该通过优先调整光圈、快门进行设置。只有在光圈、快门已经无法达到正常曝光要求的时候，才调整ISO感光度。在即时取景状态下，按下ISO感光度设置按钮可以进行调整。

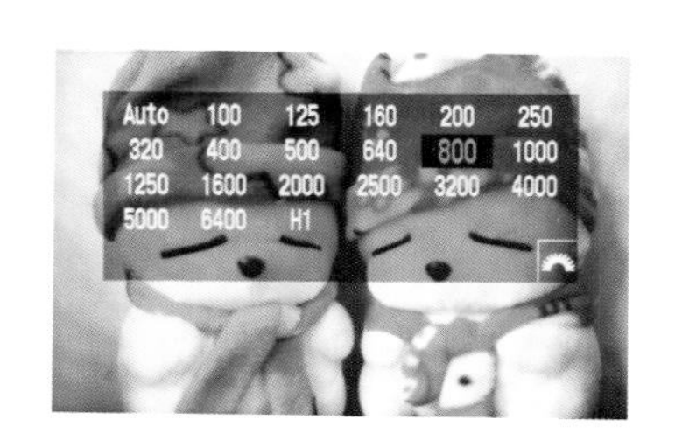

如果在自定义设置【C.Fn Ⅰ-3:ISO感光度扩展】中将扩展设置为【开】时，短片拍摄模式下的ISO感光度可以在100～H1之间自由设定（仅限M档），其他拍摄模式下ISO感光度将会自动设置。

回放

拍摄完一段视频以后，可以通过液晶屏回放查看视频，在数码单反相机上先睹为快。已拍摄的视频短片在单独显示时，画面左上角会有个<SET>标志；如果在静态图像与视频短片混合显示时，视频短片两侧将有电影胶片一样的齿孔显示，以区别短片与静态图像。要播放短片，需要切换到短片单个显示状态，然后按下<SET>键，即会在画面下方出现短片回放面板，转动<◯>速控转盘，选择[▶]播放键，然后按下<SET>键，即可开始播放短片。

视频短片左上角有个<SET>标志。

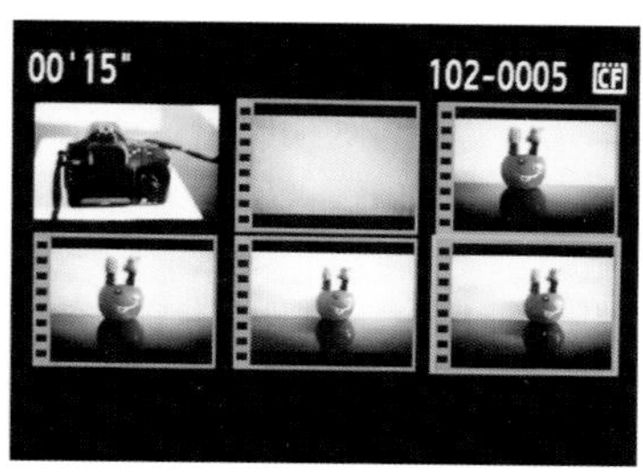

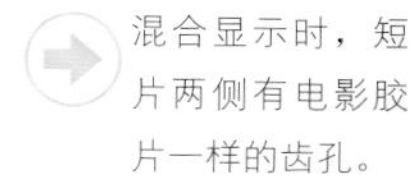

混合显示时，短片两侧有电影胶片一样的齿孔。

转动<◯>速控转盘，选中[▶]播放键，准备开始播放。

按下<SET>键，开始短片播放。

外接显示

佳能数码单反相机拍摄的高清短片，只有在支持高清播放的大屏幕设备上才能将其震撼的高清画质表现出来。家用的高清电视就是一个很好的平台，拍摄了一段高清短片后，马上连接高清电视，一家人围坐在一起，享受自己打造的一场视觉盛宴。

连接之前，需要准备好另购的HTC-100 HDMI连接线，先关闭相机和电视机电源，然后将连接线一端插入相机的HDMI OUT端口，另一端插入电视机的HDMI IN端口，接下来先打开电视机电源，再打开相机电源，按下相机上的回放按钮，找到欲播放的视频短片，按下<SET>键播放，即可在电视机上欣赏高清短片了。通过电视机的遥控器，可以调整短片的音量。

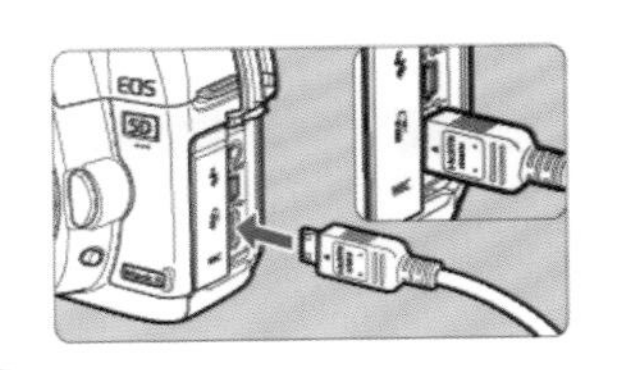

先连接相机的HDMI OUT端口。

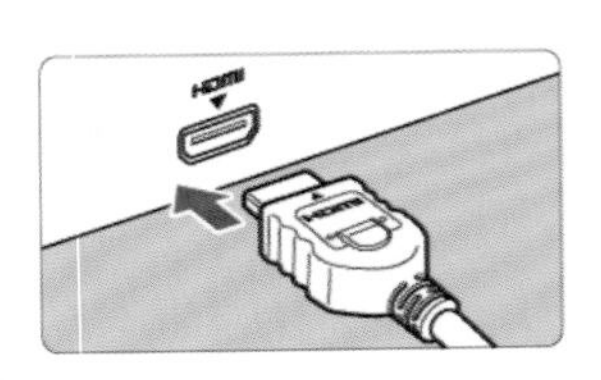

再连接电视机的HDMI IN端口。

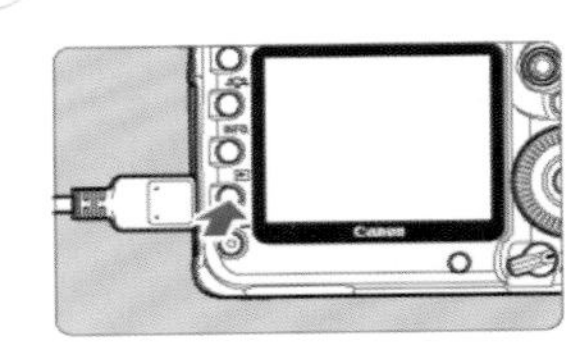

然后打开电视机和相机的电源，按下相机的回放按钮。

如果是传统的不支持HDMI功能的电视机也没有关系，使用相机标配的AV连接线进行连接即可，还可以省下购买HDMI连接线的钱。连接方法是，先关闭相机和电视机的电源，然后将连接线的一端插入相机的A/V OUT端口，另一端插入电视机的AUDIO和VIDEO端口（注意线的颜色要匹配），插入到位后先开启电视机电源，再打开相机电源，按下回放按钮选择欲播放的视频进行播放。

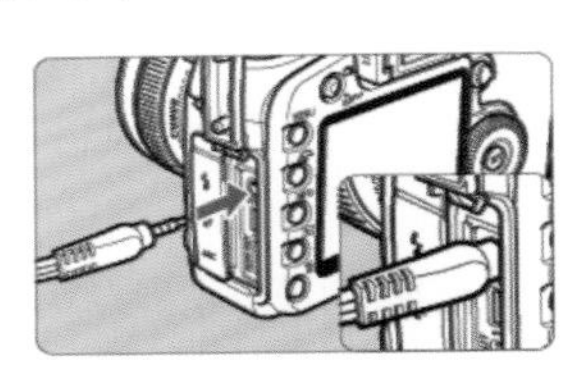

先连接相机的A/V OUT端口。

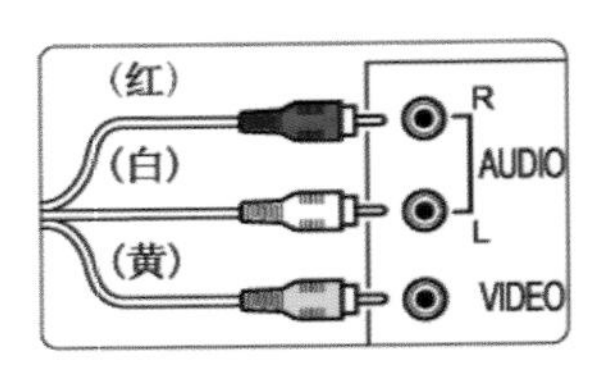

再连接电视机的AUDIO和VIDEO端口。

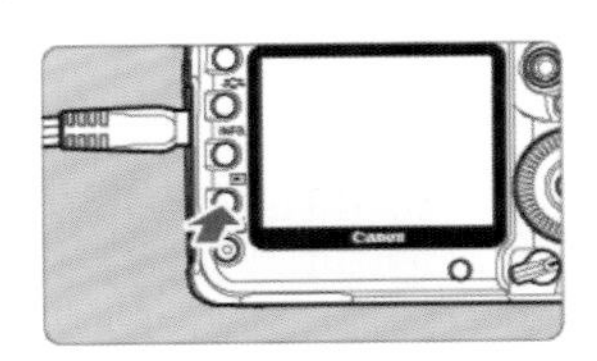

然后打开电视机和相机的电源，按下相机的回放按钮。

提 示

打开电视机后要选择与相机中视频制式设置一致的选项。中国大陆地区的视频制式是PAL。如果选择的制式与短片拍摄时设置的视频制式不匹配，将不能进行播放。

第3章

佳能数码单反相机的参数设定

“工欲善其事，必先利其器”。要更好地使用佳能数码单反相机，在拿到相机之后，最好能先进行一些基础设置。例如，调节屈光度使视野更加清晰、设置日期与时间、格式化存储器、设置照片风格、设置图像画质等。

3.1 功能菜单

屈光度

佳能数码单反相机的取景器带有屈光度调节功能。通过屈光度调节，可以让不同视力的用户都可以通过取景器看到清晰的取景画面，这对于更好地进行拍摄是非常有用的。如果不进行调节，通过取景器看到的画面以及取景器内的信息显示都是模糊的，这会让拍摄者感到迷惑，不能确定是否已经清晰对焦。屈光度调节相当于给拍摄者佩戴了一副眼镜，不过这个视力矫正的范围是有限的。对于部分视力严重不足的用户，可能需要另购专用的E系列屈光度调节镜安装在目镜内，才可以实现不佩戴眼镜进行拍摄的目的。

没有进行屈光度调节前，通过取景器看到的画面模糊不清。即使相机已发出合焦提示音，仍然不太确定是否可以拍摄。

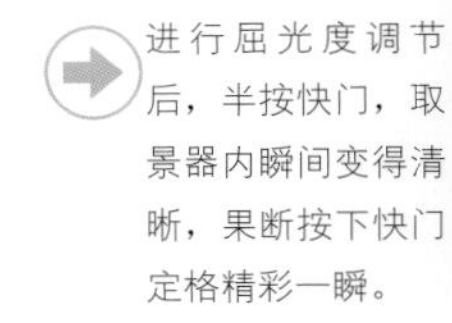

进行屈光度调节后，半按快门，取景器内瞬间变得清晰，果断按下快门定格精彩一瞬。

日期与时间

对于数码摄影来说，相机内的时间设置非常重要。因为每一张照片都会记录下包括时间、日期在内的拍摄元数据，这对于日后的图像管理非常有帮助，可以大大提高影像归档的效率。因此，在使用新购相机进行拍摄之前，应该设置准确的时间和日期，设置的方法非常简单，请参照下面的步骤。

STEP 01 按下【MENU】键进入相机菜单，选择设置页中的【设置菜单】选项，高亮选择【日期/时间】菜单项目。

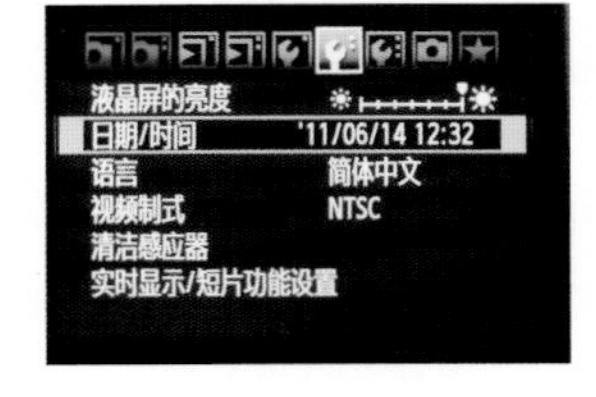

STEP 02 通过<❋>多功能控制钮的左、右方向键选择要调整的参数，按下<SET>键后上下摇动多功能控制钮进行数值调整，设置完成后按下<SET>键即可。

格式化存储卡

当使用新存储卡进行拍摄前，或者将存储卡内的图像已经妥善备份以后，应该在相机上对存储卡进行格式化操作。进行格式化，可以让相机更好地识别存储卡，从而让拍摄更加顺畅，同时也可以解决一些如存储速度变慢、存储卡在电脑上进行格式化后相机不识别的问题。不仅如此，使用格式化命令还可以快速删除卡内照片，比直接删除照片更加彻底。执行格式化存储卡命令，请参照以下步骤。

STEP 01 按下【MENU】键进入相机菜单，选择设置页的【设置菜单】选项，高亮选择【格式化】菜单项目，按下<SET>键。

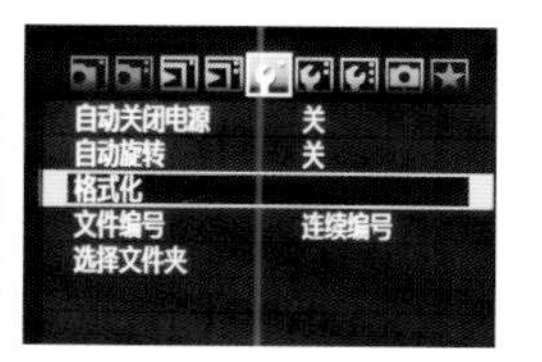

STEP 02 通过<◎>速控转盘选择确定命令，然后按下<SET>键，相机将会执行格式化命令。

图像画质

对于佳能数码单反相机的用户来说，高像素带来的是文件数据量的巨大。一张标准大优JPEG图像的大小约为6MB，如果采用RAW格式拍摄，最大文件量将达到约25MB，这对于存储卡的容量和写入速度都是一个严峻的考验。因此，推荐选择大容量高速度的存储卡来匹配数码单反相机，方可无障碍体验高像素带来的震撼效果。

STEP 01 按下【MENU】键进入相机菜单，选择设置页的【拍摄菜单】选项，高亮选择【画质】菜单项目，按下<SET>键。

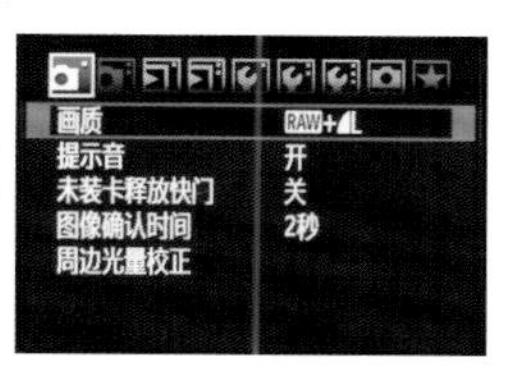

STEP 02 通过<◎>速控转盘可以选择不同的JPEG文件尺寸；通过<主拨盘>主拨盘可以选择不同的RAW尺寸，选择完成后按下<SET>键即可。

照片风格

照片风格是相机厂商预置的图像处理标准，是机内影像处理器进行图像处理与生成时的处理标杆，代表着相机厂商对影像的理解，当然其中也融合了众多专业摄影师多年的影像经验。通过选择与拍摄场景相符的照片风格，可以让照片更加出彩。

STEP 01 按下【MENU】键进入相机菜单，选择设置页的【拍摄菜单】选项，高亮选择【照片风格】菜单项目。

STEP 02 按下<SET>键，可以看到相机预置的照片风格和空白的用户自定义风格。如有需要，可以拷贝一个照片风格并进行自定义设置，以作为属于自己的照片风格。

STEP 03 也可以对选中的照片风格进行个性化调整，以使其更加符合自己对影像的理解。选择【照片风格】选项后，按下INFO按钮，可以进入照片风格设置界面。

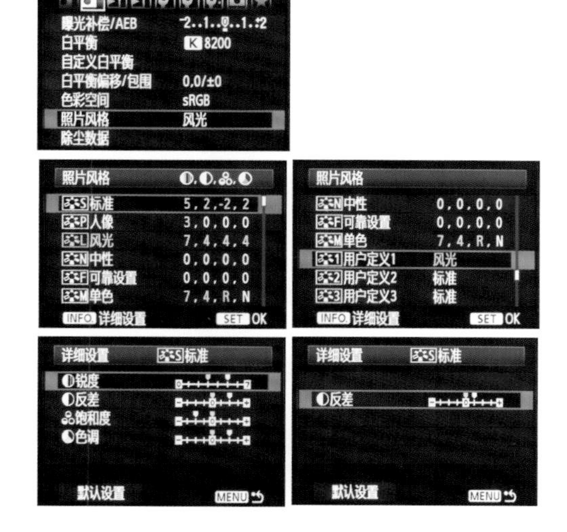

使用人像照片风格拍摄的人像，肤色自然，肤质平滑，很好地表现出了模特的清新特质。

f/3.5 1/320s ISO100 70mm

回放查看照片

数码单反相机最方便的地方莫过于图像的即时预览特性。拍摄完成后，可以立即通过按下回放按钮进行图像查看，照片的曝光效果、构图是否满意，是否符合自己的表现意图，这些问题都可以在预览时直观判断。如果照片效果与拍摄构想不符，可以按下删除按钮将其删除。在需要的情况下还可以立即补拍，这样就可以做到拍摄效果始终可控，比起胶片时代的“两眼一抹黑”，真可以说是“摄影术划时代的进步”。使用佳能数码单反相机拍摄照片以后，会默认在液晶显示屏中显示刚刚拍摄的照片2s以供用户查看照片效果，如果觉得显示时间过短，也可以手工将其调整到认为合适的显示时间。

回放预览照片时，如果对拍摄效果不满意，可以按下【回放】按钮下面的【删除】按钮，然后使用<○>速控转盘和<㊎>键对照片执行删除操作。

高光警告

在回放查看照片时，可能会看到显示屏中有些区域一直以黑、白的循环进行闪烁，这是相机在提示该部分区域存在过曝的情况，也被称为“高光警告”。通常照片中带有部分天空而主体又处于较暗区域时，这种情况会很普遍。当回放照片时画面中出现高光警告区域时，要注意判断是否在合理范围内。当环境存在较大光比时，存在高光溢出是很正常的事情，但是如果画面整体曝光不合理，则要进行调整，相机的曝光补偿就是为此设置的。在P程序自动、Tv快门优先、Av光圈优先等模式下，可以通过曝光补偿来调整画面的整体曝光，以解决画面存在高光警告的问题。

高光警告区域如上图所示。因为是采用自然光拍摄，且被摄主体是高反光瓷器茶壶，因此桌面的过曝是不可避免的。在实际拍摄中，要从对被摄主体的表现上来看待高光警告问题，灵活决定是否需要进行曝光调整。

f/2.8　1/100s　ISO200　40mm

镜头周边光量校正

一部分镜头在广角端用最大光圈拍摄时，因为镜头的光学特性，画面周边会存在失光现象而出现暗角，多数情况下暗角会对画面美感产生影响。因此，佳能数码单反相机加入了镜头周边光量校正功能，使用此功能可以让画面四周和中间都能够呈现亮度统一的效果，这得益于DIGIC Ⅳ图像处理器的强大功能。利用随机软件EOS Utility，还可以给未注册的佳能镜头注册校正数据，从而使JPEG图像在相机上即可自动去除暗角，而RAW图像需要通过随机软件Digital Photo Professional中的【拍摄设置】选项来操作。当然，事物都有两面性，在一些高感光度作品中，适当的暗角还可以强化照片的意境，因此，拍摄者可以根据表现意图灵活确定是否需要使用镜头周边光量校正。

未开启镜头周边光量校正的效果如左上图所示，画面四周有暗角；开启周边光量校正后，暗角消失，效果见右上图，画面显得明快有活力，整体感觉提升不少。

f/3.2　1/1000s　ISO200　70mm

连拍

生活中总有一些美好的瞬间值得留念。使用数码单反相机单张拍摄虽然可以定格精彩瞬间，可是相对来说内容会显得单薄，如果使用连拍效果就会不一样。连拍可以记录连续画面，创造一组带有故事情节的主题摄影。在一些体育比赛中，连续拍摄更可以表现出画面精彩瞬间的来龙去脉，使静态图片表现出动态的感觉，大大提高画面的表现力。同时，连拍还能够确保拍摄效果，在一组连拍照片中总有一张效果是最经典的，而如果采用单拍，是很难把握时机准确拍到最精彩一瞬间的。因此，数码单反相机的连拍速度是衡量相机性能高低的重要指标。因为连拍越快，对图像处理器的要求就越高，意味着处理器需要在极短的时间内处理越大量的数据。例如，佳能EOS 5D Mark Ⅱ有高达3.9张/s的连拍速度，当采用JPEG大优画质进行拍摄时，可以连拍约78张图像，这样的连拍能力可以确保重要画面不被错过，让精彩瞬间可以永久定格。

拍摄篮球运动员的投篮动作时采用连拍，可以将画面表现得生动、有趣。比起单张拍摄，这样的画面更能吸引观众的兴趣，同时也让照片更加耐看。 f/6.3 1/500s ISO100 35mm

自动高度优化

在逆光或光线暗弱的室内拍摄时，有时候照片会明显偏暗且反差较低。针对这种情况，佳能数码单反相机加入了自动亮度优化功能。使用此功能进行拍摄时，如果画面偏暗且反差较低，相机会自动进行优化处理，让画面表现出亮度适中、反差合理的感觉。其实，相机的处理原理即是增加画面的曝光量并加强对比度，根据拍摄参数设置的不同，画面的噪点可能会增多。

没有开启自动亮度优化时，在室内弱光环境中拍摄的照片亮度较低且反差不明显，整体效果很一般。通过开启自动亮度优化功能进行拍摄，同样的拍摄环境，同样的曝光参数，相机生成的文件亮度明显提高且反差合理，照片效果真实自然。 f/5.6 1/125s ISO200 60mm

高光色调优先

我们经常会有这样的拍摄体会，当拍摄明暗反差过大的画面时，如果以暗部为曝光基准，那么亮部尤其是反光性比较强的部分通常都会因过曝而失去层次。佳能 EOS 5D Mark Ⅱ的高光色调优先功能就是为解决这个问题而设置的。通过开启高光色调优先功能，佳能相机的处理器会将高光溢出临界值附近的亮调层次进行柔化处理，使亮调部分的动态范围获得1档左右的扩展，即使超出曝光1档左右的曝光量，亮调部分也不容易出现高光溢出的现象。因此，为保证画面中高光色调完美呈现，建议开启使用高光色调优先功能。

左图未开启高光色调优先功能，天空中的白云部分细节层次丢失严重；右图开启高光色调优先功能，高光部分的层次得到很好的还原，暗部也不受影响。在一些光比较大的拍摄场景中，建议开启高光色调优先功能以解决高光部分过曝、失去细节的问题。

f/6.3 1/160s ISO100 50mm

高光色调优先功能的适应场合如下。

- 逆光场景：逆光条件下，明亮的天空和阴影下的景物光比很大，尤其是阴影部分占据画面大部分时，可以大胆启用此功能。
- 光线较强的场景：晴天中午时分，光照很强很硬，拍摄的画面反差很大，高光很容易过曝。开启此功能，可以挽回部分高光部位的影像层次。
- 做正向曝光补偿时：根据拍摄意图，在自动曝光的基础上增加曝光量进行拍摄时，开启此功能可以避免画面高光区域过曝失去细节。

自动关闭电源

数码单反相机依靠电池提供电力才能进行拍摄，因此，合理利用电量就显得比较重要。通常拍摄并不是一刻不停地进行，在拍摄的间隙如果采用关机的方法省电也是不科学的，因为开关机时会消耗较多的电量，最好的办法就是设置自动关闭电源。自动关闭电源可以避免无谓的电量消耗，这种关闭类似于电脑的休眠，整个系统停止工作但是处于随时唤醒的状态，需要拍摄时半按快门相机可以立即进入拍摄状态。佳能数码单反相机的【自动关闭电源】菜单提供7个选项供用户选择，分别是【1分】、【2分】、【4分】、【8分】、【15分】、【30分】和【关】，用户可以根据拍摄需要设定不同的电源关闭时间。

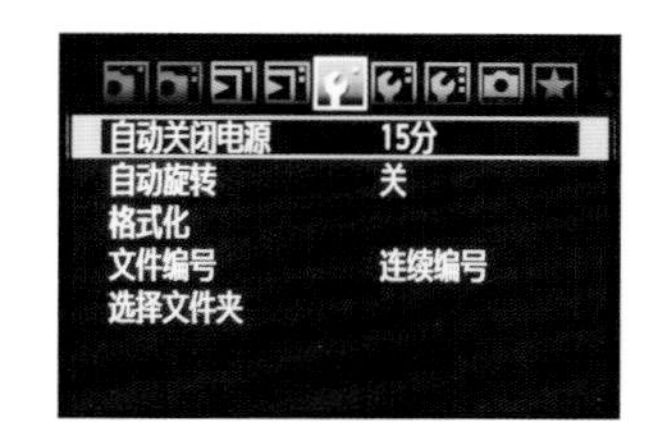

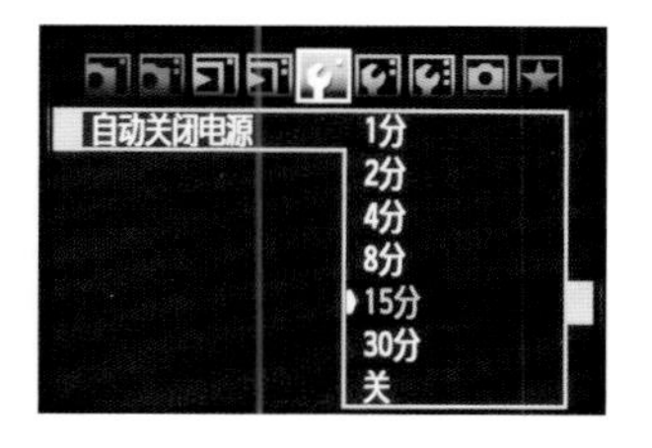

需要注意的是，即使在【自动关闭电源】里选择了【关】选项，在相机连续30min未被操作时，液晶监视器也会自动关闭以节约电量，但是相机电源并不关闭。

色彩空间

色彩空间是指照片中色彩还原的可用色阶，通俗地说，就是包含颜色种类的多少。在数码单反相机上常见的色彩空间选项有两个，一个是sRGB色彩空间，一个是Adobe RGB色彩空间。

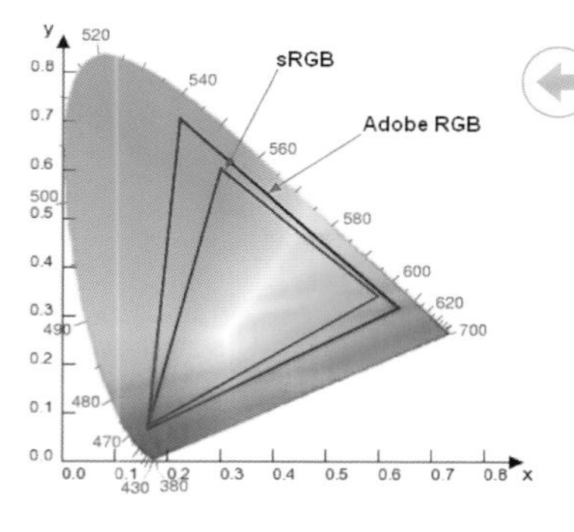

通常sRGB色彩空间的应用比较广泛，适宜应用于不需要修改调整直接打印或播放的拍摄中；而Adobe RGB色彩空间则更多应用于出版和商业印刷。Adobe色彩空间比sRGB色彩空间的色域更广，如果在不支持色彩管理的显示设备或者打印设备中显示或打印用Adobe色彩空间拍摄的图像，色彩可能不如采用sRGB色彩空间拍摄的图像颜色艳丽。

3.2 拍摄模式

简单方便的全自动模式

本部分内容的讲解以佳能EOS 5D Mark Ⅱ为例。

佳能EOS 5D Mark Ⅱ是佳能公司针对高端和专业摄影师设计的数码单反产品，但这不妨碍广大的摄影爱好者使用它来体验拍摄的乐趣。正如EOS系统的理念“快速、易用、高画质”所诠释的那样，任何人都可以通过佳能EOS 5D Mark Ⅱ来获得简单的拍摄乐趣。因此，在佳能EOS 5D Mark Ⅱ的模式拨盘上，设计了供初学者使用的全自动拍摄模式，拍摄者只需要专注于构图取景，有关拍摄的所有设置相机将会自动设定，这是对EOS理念中“易用”的最好表达。

在使用全自动模式进行拍摄时，需要将相机的模式拨盘拨至全自动模式（如上图所示），然后只需要通过取景器或者液晶显示屏进行构图取景，在合适的时机按下快门即可完成拍摄任务。依托佳能EOS 5D Mark Ⅱ强大的自动测光和对焦能力，通常情况下都可获得令人满意的照片。对于那些对相机操作比较陌生或者只想将摄影作为简单的生活娱乐方式的用户来说，这样的模式将会让他们感受到简单拍摄的乐趣。

对于初学摄影的朋友来说，使用全自动模式拍摄是个不错的主意。在人像拍摄中使用全自动模式，当半按快门对拍摄画面进行对焦时，EOS 5D Mark Ⅱ的所有对焦点都参与自动对焦，但通常只对离相机最近的被摄对象对焦。在这些对焦点中，中央对焦点的灵敏度是最高的，当被摄主体静止不动时，半按快门合焦之后可以在取景器内看到合焦确认指示灯●亮起。此时可以平移取景框，将被摄主体置于画面偏左或者偏右的位置，这被称为“重新构图”。采用此方法拍摄的人像照片不会出现呆板无趣的感觉，相反，照片会显得更有生气与活力。

f/8　1/320s　ISO160　35mm

CA创意自动拍摄模式

近年来，随着数码摄影风潮的不断流行与发展，越来越多的人拥有了数码单反相机，并且这其中很多人对如何拍摄更好的照片充满了兴趣。正如前文所述，一些最初只能使用全自动模式的拍摄者随着拍摄经验的累加，会渐渐不满足于采用全自动的傻瓜模式进行拍摄，他们有学习和提高摄影技术的想法。因此，在佳能EOS 5D Mark Ⅱ的模式拨盘上，也为这部分用户设置了一个比傻瓜模式更自主一些的模式——CA创意自动拍摄模式。CA，是“Creative Auto”的简写，翻译过来就是“创意自动”。在自动的基础上，允许用户将自己的一些简单拍摄创意利用相机发挥出来。相对于完全没有干预权的全自动模式，使用这个模式将会培养用户对摄影的基础理念，并逐步向光圈优先、快门优先、M档等更高层次的摄影技术进化。

使用CA创意自动拍摄模式时，相机允许用户进行如让照片更亮或者更暗、让背景更清楚或者更虚化这样的设置。此外，还可以选择照片风格、单拍/连拍等设置。考虑到这部分用户对摄影的专业术语还不够熟悉，佳能EOS 5D Mark Ⅱ的菜单设置也是通俗易懂，从这个细节可以看出，厂商以用户需求为出发点的设计理念，使用户可以获得更加便捷和高效的拍摄体验。

照片的效果，说到底是由拍摄者的创意决定的，相机的设置只是获取照片的手段。因此，拍摄时拍摄者将自己对于影像的理解通过对相机的设置表现出来才是最重要的。背景虚化的人像照片主体会更突出，在创意模式中将索引标记往左移动将使人物背景更加模糊；在拍摄风光时，可以反向移动索引标记，获得背景更清晰的画面，也就是使画面中的景深更大。

f/2.8 1/160s ISO200 30mm

P程序自动曝光模式

P，“program”的简写，也被称为“程序自动曝光”，数码单反相机会在测光后为用户自动设定光圈和快门的曝光组合。对于初学者来说，这种曝光模式使拍摄变得更为便捷，能应对绝大多数题材的拍摄，非常实用。P程序自动曝光模式在提供比较智能的自动拍摄功能的同时，还为用户提供了非常丰富的自主设置空间，如在该模式下允许用户对测光模式、自动对焦模式、曝光补偿、ISO感光度等进行设置，相对于全自动模式和CA创意自动模式，增加了很多拍摄时对画面效果的主观控制权。更可贵的是，即使相机已经设定了光圈和快门组合，拍摄者仍能够利用所谓的程序偏移功能，在维持曝光值不变的情况下，调整光圈和快门的组合以更好地达成拍摄构想。需要注意的是，在选择程序偏移的时候，半按快门的动作不可忽略，如果松开快门，设置的程序偏移将会失效。这是因为一旦松开快门，再次按下快门进行测光、对焦时测光值将可能发生变化，为了确保程序偏移功能可用，要注意在调整偏移时保持半按快门。

P程序自动曝光模式使用起来既有全自动模式的便利，同时也保有手动控制的空间。即使对摄影没有深入学习的人，也可以轻松拍摄出比较满意的照片，这对于摄影的初学者来说是非常适用的，而且可以帮助拍摄者循序渐进，逐步提高摄影水平。

使用P程序自动曝光模式拍摄，通过使用程序偏移功能选择较小的光圈和较慢的快门组合，可以让图片的景深更大，画面美感更强。
f/8　1/125s　ISO00　50mm

Av光圈优先自动曝光模式

Av光圈优先是一种半自动拍摄模式，是指拍摄者手动设定光圈值，相机根据测光结果匹配出一个快门速度完成曝光组合的模式。相对于前面几种自动拍摄模式，光圈优先模式对拍摄者的专业知识要求更多，需要拍摄者熟练掌握如焦距、光圈、快门、曝光补偿等摄影术语的含义，这样才可以使用光圈优先模式拍摄出质量较高的照片。光圈的大小决定着画面的景深，所以通常遇到需要制造景深效果的拍摄时，有经验的摄影师多会采用Av模式，因为只要先将光圈的数值确定，也就意味着确定了画面的景深效果，特别是在人像摄影中被广泛应用，可以使用大光圈来虚化背景突出人物主体，反之，在风光摄影中使用小光圈可以保证远近景物都能够清晰成像，从而获得更大的画面景深。

景深的大小对画面的整体感觉有着很重要的作用。景深是指在画面对焦点前后可以清晰成像的距离，而这个距离的大小与光圈的大小有着密切的关系，光圈越大，景深越小，光圈越小，景深越大。

提 示

需要注意的是“最佳光圈”，也就是成像效果最好的光圈。公认的说法是，将最大光圈缩小两档即是某镜头的最佳光圈，在追求画质的拍摄中可以借鉴这个说法。

大景深是风光摄影中最基本的要求。例图使用光圈优先模式的小光圈进行拍摄，获得了大景深的效果，画面中近景和远景都清晰成像，将风光的美感表现得摄人心魄。

f/11 1/500s ISO100 70mm

Tv快门优先自动曝光模式

照片作为一种静态媒介，它可以表现出动感的效果吗？回答是：可以。那要如何实现呢？通过快门速度来营造。高速快门可以将转瞬即逝的画面清晰定格，而低速快门则可以将主体和背景分别以动和静的形式表现，从而让观众通过静态图片获得动感的感受。Tv快门优先自动曝光同样是一种半自动拍摄模式，是指拍摄者手动设定快门速度，相机根据测光值自动选择合适的光圈进行曝光的模式。快门优先模式最常见的用法有两种，一种是运用高速快门来表现定格影像的视觉效果，另一种则是选择慢速快门来表现影像的动感效果。此模式多用于体育摄影，如赛车、体育比赛等，或是需要慢速快门的弱光摄影。通过对快门速度的主观调节来控制画面中被摄主体的虚实效果。

使用快门优先模式时要考虑相机的光圈值是否能够满足拍摄需求，如果将快门速度设置到1/8000s的话，在一些弱光环境中很可能会导致画面曝光不足，相反，如果要使用30s的快门速度曝光，则需要考虑相机的最小光圈和最低ISO感光度值。通常在正常亮度的环境中，这样的快门速度会带来画面的过度曝光，必要时可以采用另购的ND密度镜进行拍摄。

使用高速快门定格演员跳起的一瞬间，使画面充满力量感。
f/3.2 1/640s
ISO800 120mm

使用慢速快门对汽车追随拍摄，主体清晰背景模糊，画面表现出鲜明的动感，这就是快门优先模式的独特表现力。
f/2.8 1/25s
ISO800 110mm

M手动曝光模式

M手动曝光模式，是指拍摄者可以对光圈、快门以及所有拍摄参数进行任意设置的模式，可以将拍摄者的摄影想法通过相机完美地表现出来，因此深受专业摄影人的喜爱。在这一模式下，拍摄者可以完全根据自己的拍摄意图来设置相机的各项参数，如光圈大小、快门速度、测光模式、对焦模式、感光度、白平衡等，使拍摄出来的影像与表现意图相匹配。M手动曝光模式适合有摄影想法且希望掌控拍摄全局的拍摄者，对于缺乏经验的初学者来说，这种模式很难一下子就掌握。

使用这一模式要先将相机的模式拨盘转到M，然后进行拍摄相关参数的设置。拍摄时，可以通过相机取景器内的曝光指示来判断自主设定的曝光参数是否合适。M手动曝光模式是一个创意摄影模式，通过灵活设置拍摄参数可以获得不同的画面效果，完全取决于拍摄者自身的摄影感觉。一个惯用M档拍摄的拍摄者，一定是一个对光线敏感且有摄影想法的摄影师。

此外，在光线复杂或者昏暗的拍摄环境中，拍摄者结合自己的摄影经验，使用M模式自主设定曝光组合，往往可以获得比Av光圈优先、Tv快门优先、P程序自动等拍摄模式效果更好的照片。

使用M模式，瀑布也可以被表现得如丝绸般顺滑，低速快门模糊流水，表现出山水的宁静优美。

f/16 1/25s ISO100 70mm

B门模式

B门，是“bulb模式”的简称，在前文中已经简单介绍过，其作用是实现长时间曝光。使用B门拍摄，如果觉得长时间按下快门会比较辛苦，可以使用另购的快门线RS-80N3或定时遥控器TC-80N3，按下传输按钮后开始曝光，再次按下则停止曝光，比按下快门长时间曝光要方便多了。

提 示

使用B门拍摄时，因为反光板弹起阻挡光路，取景器内会什么也看不见，因此，通常取景器后都没有任何遮挡，这样就会存在部分光线通过取景器进入相机干扰曝光效果的情况。在进行B门曝光时，应该使用取景器目镜遮光挡片安装在取景器上，以防止杂光进入相机。

如果在夜间拍摄闪电，则可以将快门设置成B门直至关闭，然后静候闪电的出现。也许会在等待的时候一直开着快门，然而当有大量强光时，画面就会在30s内过度曝光。如果是白天的暴风雨，那么比相机测光读数少曝光1～2级可以帮助闪电从背景中突出。设置快门至1/15s或1/30s——这个速度足够捕捉到闪电，而且能保证足够的对比。需要注意的是，在长时间曝光时采用三脚架也可以让拍摄过程变得轻松，同时可以确保画面的稳定和清晰度。

f/8 bulb ISO100 12mm

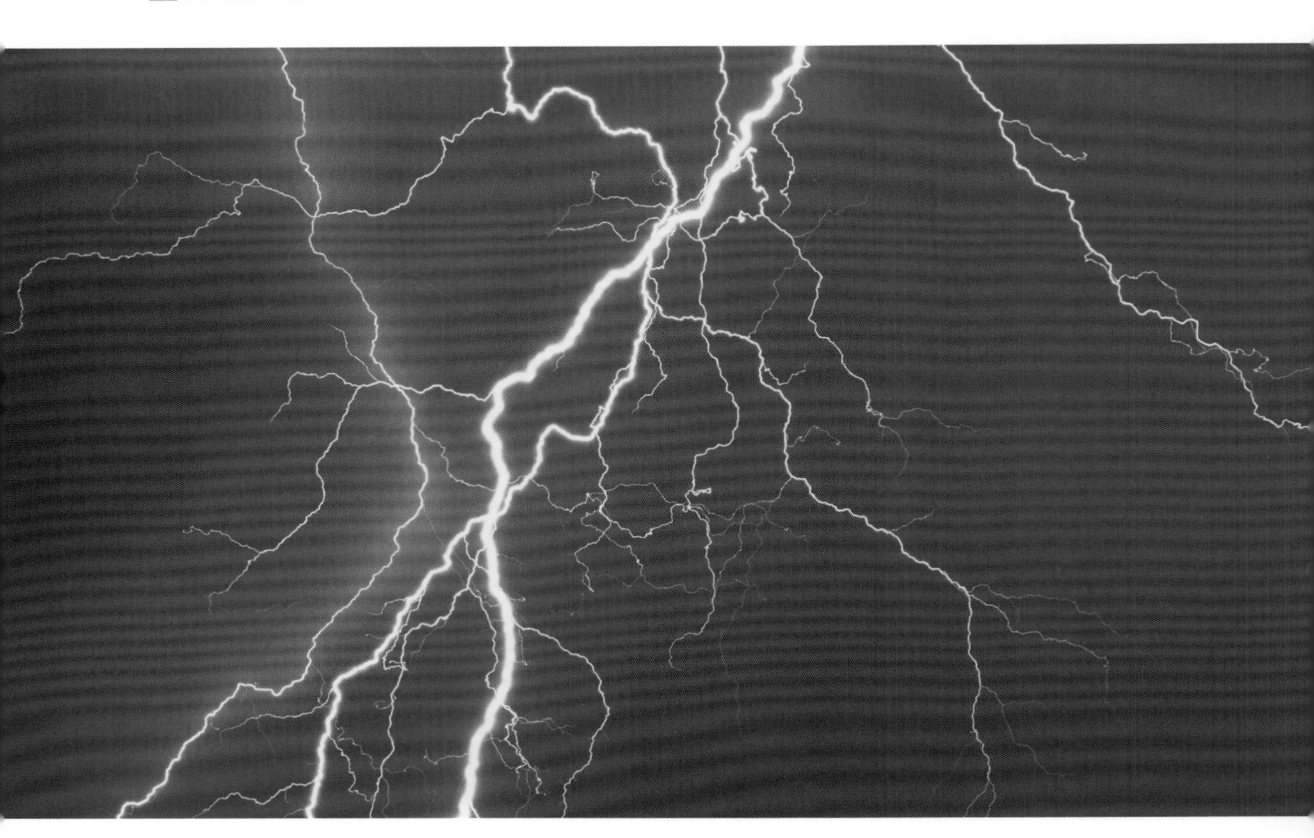

C1、C2、C3相机用户设置

每一个拍摄者都有自己所偏爱或熟悉的拍摄设置，而如果每次进行拍摄时都要检查一遍相机设置是否是自己想要的，这会非常麻烦，也很不利于进行突发事件时的抓拍。因此，在佳能EOS 5D Mark Ⅱ的模式拨盘上有C1、C2、C3这3个自定义相机用户设置，允许用户将自己最常用的设置指定给几个模式，这样在进行拍摄时用户可以根据自己的拍摄需要选择一个自定义设置模式，从而省去大量的设置时间，对于提高拍摄效率是非常有帮助的。如果需要，可以分别给它们指定一个拍摄模式，这将会让拍摄变得更加方便。

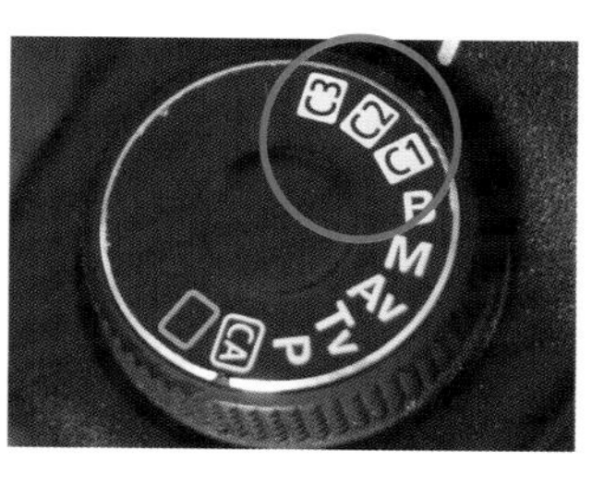

进行设置前，用户可以选择一个拍摄模式并进行所需要的所有设置，如图像画质、自动对焦模式、自动对焦点位置、测光模式、曝光补偿、白平衡等。设置完成后进入相机的设置菜单，选择【相机用户设置】选项，然后选择【注册】选项，找到需要指定给C1、C2、C3的任意一个模式拨盘位置并按下<SET>键，在弹出的确认对话框中选择【确定】选项，并按下<SET>键，即可将设置指定给选择的模式拨盘位置。

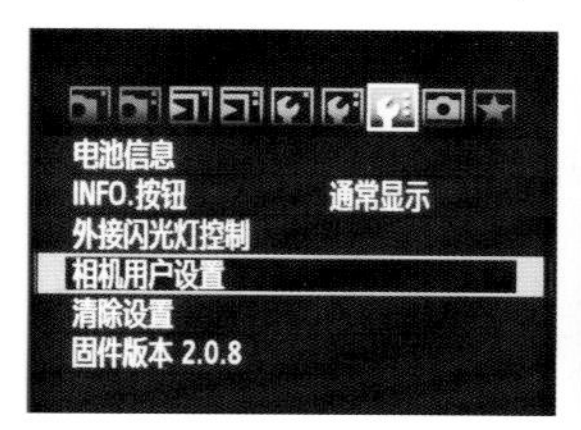

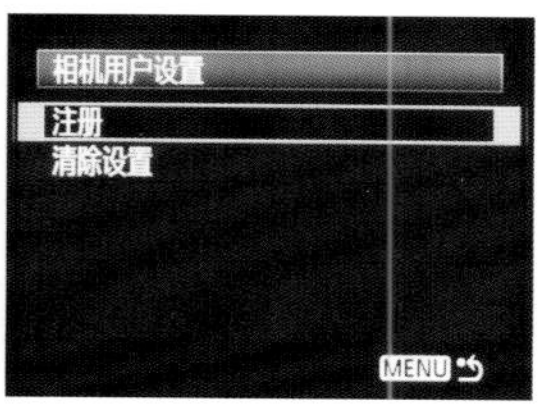

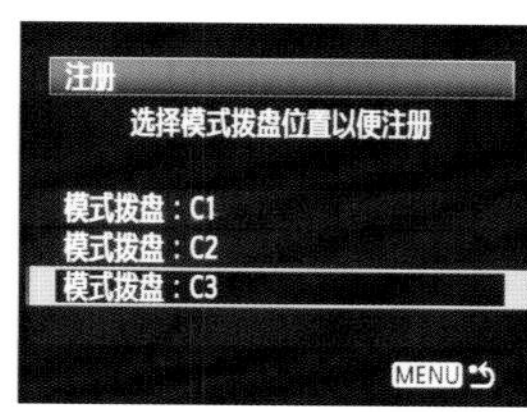

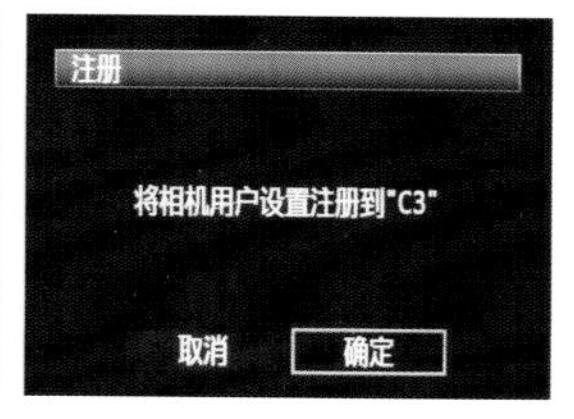

如果想更改C1、C2、C3中的任意设置，只需进行覆盖操作即可，也可以通过菜单中的【清除设置】选项，将对应的模式拨盘恢复到进行注册设置之前的有效默认设置。

使用偏爱设置拍摄的照片。 f/2.8 1/125s ISO640 35mm

3.3 C.Fn设定

人们常说，决定照片效果的永远是相机后面的那个头。意思是，照片的效果取决于拍摄者，而相机只是一个工具。为什么同样的相机在不同的人手里拍摄出的画面却有那么大的差距呢？一方面确实与拍摄者的经验、想法、阅历等有关系，另一方面又和拍摄者对相机的了解有关，比如C.Fn设定。如果能够熟练掌控这个自定义设置中各个选项的特点与功能，必将会对拍摄起到事半功倍的促进作用。

EOS系列的自定义菜单包含4大项、25小项的实用功能。

C.Fn Ⅰ:曝光

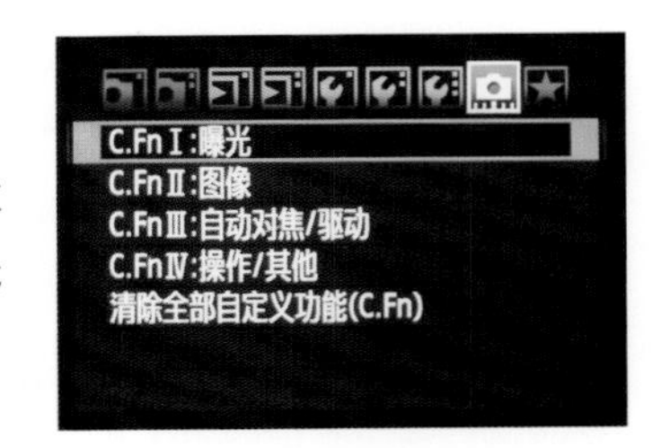

在【C.Fn Ⅰ:曝光】目录下，包含了7项与拍摄画面曝光相关的设置项。通过对这些设置项的自定义设置，可以更好地控制画面的曝光效果。

C.Fn Ⅰ-1:曝光等级增量

在进行快门速度、光圈、曝光补偿、自动包围曝光、闪光曝光补偿的设置时，这个选项决定了是以1/3级还是1/2级为单位调整。更加细分的级差可以更加精确地控制曝光值，但是这也有一个问题，那就是设置的烦琐。例如，曝光差值在1档时，要将快门速度从1/125s调整到1/60s，如果在这里选择的是1/3级，那么需要经过1/125s、1/100s、1/80s、1/60s这4个档位，对于一些稍纵即逝的拍摄场景，可能经过这个设置时间的耽误，拍摄时间早已不复存在了。

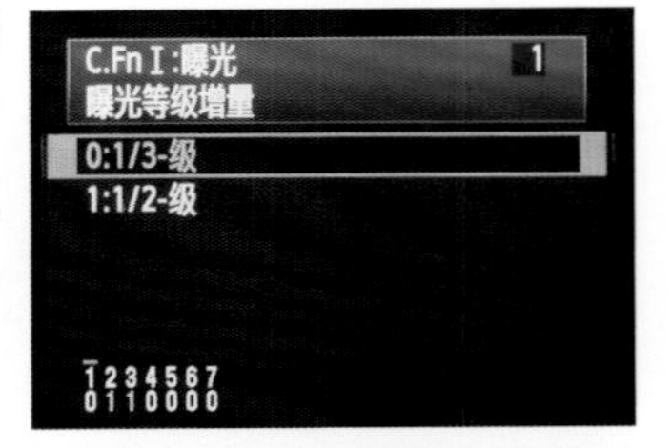

但是在曝光级差较小的情况下，1/3级又可以更加精确地控制曝光，例如广告摄影。因此，拍摄者可以根据自己的主要拍摄题材以及常用的测光模式进行选择。经常使用点测光等精确测光模式的用户，可以考虑使用1/3级；而经常使用评价测光或是局部测光的用户，则可以考虑使用1/2级。

+0.5EV

-0.5EV

+0.3EV

-0.3EV

通过查看例图可以看出，当使用1/2级为调整幅度时，画面亮度变化较大；但是以1/3级为调整幅度时，画面亮度变化较轻微，这在一些追求精确曝光的拍摄中非常有用。

C.Fn Ⅰ-2:ISO感光度设置增量

ISO感光度的设置有两级可选，1/3级和1级。通过前面曝光等级增量的例图对比，我们知道1/3级对于控制画面曝光更为精确，但是也存在烦琐的问题。因此，在这里要强调的是，ISO感光度控制着画面的噪点表现，较低的数值可以确保拥有细腻的画质，而较高的数值则意味着画面噪点的增多。对于追求画质的摄影，如风光摄影、人像摄影等，可以采用1/3级；但如果侧重于舞台摄影或新闻摄影等能否拍下来才是关键的摄影题材时，设置1级较为靠谱，这样可以避免因为烦琐的设置延误拍摄时机。

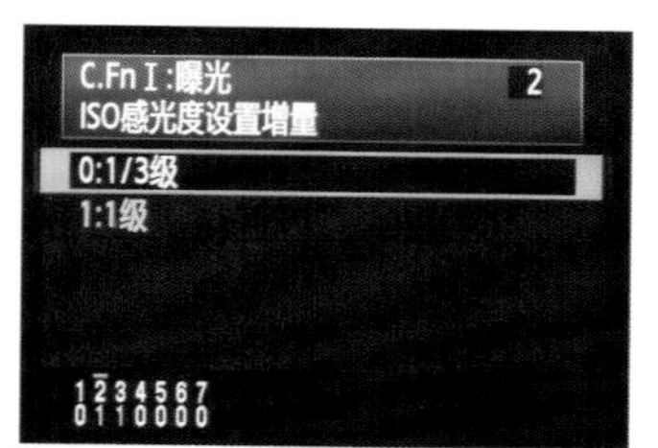

舞台摄影这类拍摄讲究的是先拍下来，再谈画质。因此，设置1级的增量有利于快速设定相机以抢拍到精彩画面。
f/2.8 1/160s ISO800 150mm

C.Fn Ⅰ-3：ISO感光度扩展

EOS系列数码单反相机采用全新开发的CMOS图像感应器以带来极高的画面信噪比，使其可以对图像感应器的ISO感光度进行强大的扩展。选择“开”选项，将会获得L（相当于ISO50）、H1（相当于ISO12800）和H2（相当于ISO25600）3档额外的感光度设置；选择“关”选项，则只能使用相机默认的感光度，即从ISO100～ISO6400。可不要小看这个ISO50，当在白天想要拍摄出丝滑的流水时，ISO50相当于在原来极限值的基础上降低了1档画面曝光，也就意味着如原来只能使用4s的快门速度，现在可以使用8s，这将大大提高流水的丝滑感觉，进而大幅度提升照片的美感。

在白天拍摄流水时，较低的ISO数值非常有用，可以延长曝光时间让水流更加雾化。此外，在长时间曝光时使用较低的ISO感光度，还可以有效减少画面的噪点。

f/11 4s ISO50 24mm

C.Fn Ⅰ-4:包围曝光自动取消

设置该功能为“开”时，如果将相机电源关闭或清除相机设置，自动包围曝光和白平衡包围设置都将被自动取消，闪光灯准备就绪时，自动包围曝光也将会被取消。

设置该功能为“关”时，即使将相机电源关闭，自动包围曝光和白平衡包围曝光的设置值也仍然会保留，闪光灯准备就绪时，自动包围曝光将被取消，但是自动包围曝光量将被保存在相机内存中。

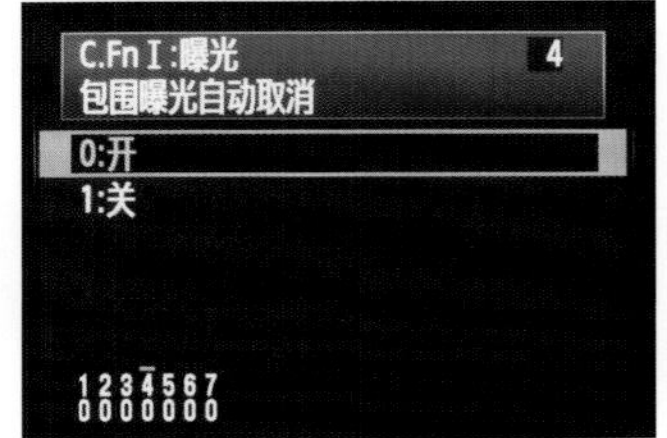

建议将此项设置为“开”，毕竟在实际拍摄中需要进行包围曝光的拍摄并不是太频繁。如果长期保持包围曝光有效，可能会导致正常拍摄的照片出现曝光不足或者曝光过度的情况。

C.Fn Ⅰ-5:包围曝光顺序

该选项决定使用自动包围曝光功能的拍摄顺序和白平衡包围曝光的拍摄顺序。仅仅是拍摄顺序，和照片曝光效果没有关系。

如果选择【0:0,－,＋】选项，则按照标准曝光量、减少曝光量、增加曝光量的顺序拍摄；如果选择【1:－,0,＋】选项，将按照减少曝光量、标准曝光量、增加曝光量的顺序拍摄。建议选择【0:0,－,＋】选项，这样在拍摄完成后看到的第一张照片就是利用相机默认测光值拍摄的，拍摄者可以立即知道相机的测光系统测光是否准确。

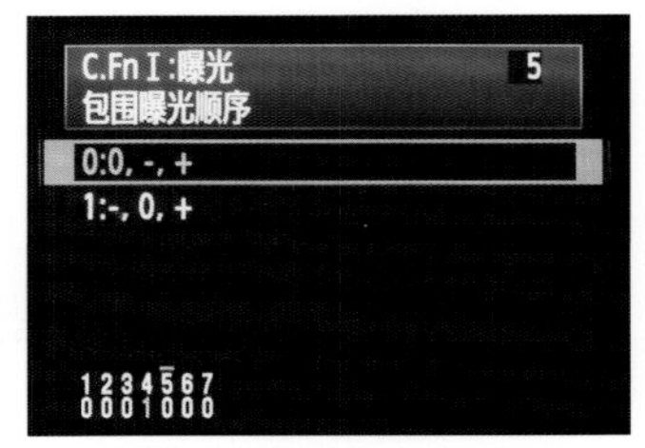

C.Fn Ⅰ-6：安全偏移

这是自定义曝光设定中最有价值的一个选项。开启这个选项后，当使用Tv快门优先模式或者Av光圈优先模式在主体处于明暗不定的环境中进行拍摄时，相机将自动调整曝光设置以获得正确的自动曝光。

例如，当拍摄舞台上的演员时，舞台光线变幻莫测、忽明忽暗。如果采用传统的拍摄方法，可能会导致曝光不准确。选择【1:启动（快门优先/光圈优先）】选项启动后，相机将会自动改变曝光组合，以确保主体获得正确的曝光。这项设置等于提高了相机的智能程度，通过相机监控拍摄场景的光线变化，在拍摄者无法快速调整曝光值以适应光源变化的情况下，由相机通过高速运算为拍摄者设定合适的曝光参数，获取最终画面的正确曝光。对于舞台摄影来说，这个功能相当强大。

对于经常在舞台、发布会现场、酒吧等灯光变换较为频繁的拍摄环境中拍摄的人来说，这个安全偏移功能的实用性非常高，可以大大提高拍摄的成功率。毕竟，相机的自动功能某些时候比人脑反应要快许多。

f/2.8 1/160s ISO400 100mm

C.Fn Ⅰ-7：光圈优先模式下的闪光同步速度

当选择【1:1/200-1/60秒 自动】选项后，在Av光圈优先模式下使用闪光灯拍摄时，能防止在低光照条件下采用低速闪光，对于防止主体模糊和机震很有效。唯一的问题是，虽然主体会通过闪光灯获得适当的曝光，但是背景会显得较暗。

当选择【2:1/200秒（固定）】选项后，闪光同步速度被固定为1/200s。该设置比设置【1:1/200-1/60秒 自动】能够更加有效地防止主体模糊和机震，但是背景会比设置【1:1/200-1/60秒 自动】时显得更暗。

使用光圈优先模式并使用闪光灯拍摄，最常见的拍摄题材是夜景摄影和室内闪光摄影，如婚礼拍摄。建议选择【1:1/200-1/60秒 自动】选项，以尽可能保证主体曝光正常的同时获得合适的背景亮度。当选择【2:1/200秒（固定）】选项后，虽然主体会获得合适的曝光，但是背景会很暗，明暗对比过于生硬，当然，在追求特殊画面效果时也可采用。

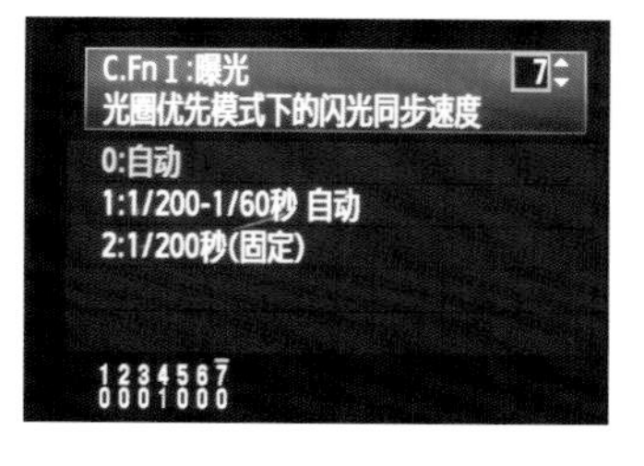

使用1/200s的闪光同步速度，主体曝光合适，但是背景非常暗。如果闪光同步速度再低一些，背景获得的曝光时间就会更长一些，亮度就会增加，画面的明暗对比会稍显柔和。不过，在突出主体为表现意图的拍摄中，较高的闪光同步速度也是分离主体与背景的好办法，在实际拍摄中可以根据表现意图灵活掌握。

f/2.8　1/200s　ISO1000　85mm

C.Fn Ⅱ:图像

在此目录下，包含了4个与增强图像质量相关的设置项。通过合理设置这些选项，可以获得更加精致的画面效果。

C.Fn Ⅰ:曝光
C.Fn Ⅱ:图像
C.Fn Ⅲ:自动对焦/驱动
C.Fn Ⅳ:操作/其他
清除全部自定义功能(C.Fn)

C.Fn Ⅱ-1:长时间曝光降噪功能

【1:自动】：对于1s或更长时间的曝光，如果检测到长时间曝光产生的噪点，相机会自动执行降噪，在大多数情况下有效。

【2:开】：对所有超过1s曝光时间的拍摄都进行降噪处理，该设置对【1:自动】选项无法检测到或降低的画面噪点可能有效。

对于佳能EOS 5D Mark Ⅱ来说，进行普通拍摄的最长曝光时间是30s；如果使用B门，拍摄时间就不确定了。开启降噪固然会降低画面的噪点，但是随之而来的是图像处理时间的加倍，也就是说，如果使用了30s的曝光时间，拍摄完成后，相机可能还需要30s来进行降噪处理，这期间如果有精彩画面出现，有可能无法进行拍摄。因此，拍摄者需要根据自己的拍摄题材和性质决定是否开启降噪。

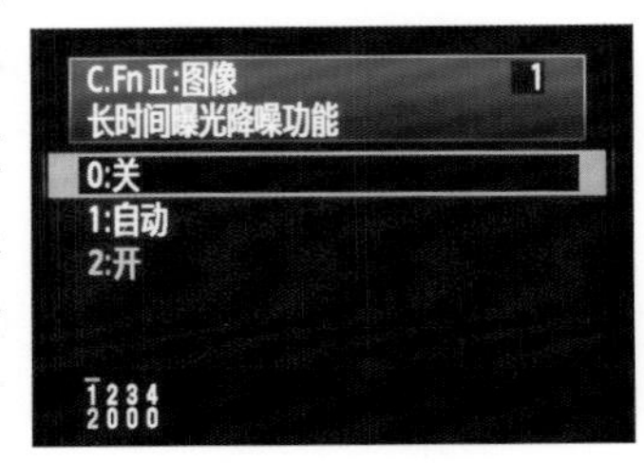

使用4s的曝光时间，但并未开启降噪，之所以这样做是基于拍摄题材的选择。拍摄落日时，更多的是为了表现画面气氛，表现一种落日余晖下宁静悠远的意境之美，噪点并不会破坏这种感觉，相反，还能为画面增添一种厚重感。在实际拍摄时，可以根据表现意图灵活选择是否开启降噪，但是需要提醒的是，越长的曝光时间，画面噪点会越多。如果是不需要抓拍的拍摄题材，长时间曝光建议开启降噪功能，否则画质会下降得很厉害。

f/16 4s ISO50 25mm

C.Fn Ⅱ –2:高ISO感光度降噪功能

开启此功能会降低图像中产生的噪点。虽然降噪功能会应用于所有感光度，但是对于高感光度特别有效。在使用较低感光度时，阴影区域的噪点会进一步降低。选择【0:标准】选项时，将会进行基本的降噪处理；选择【1:弱】选项时，降噪幅度较小；选择【2:强】选项时，降噪幅度较大，同时最大连拍数量会大幅降低。需要注意的是，降噪处理在降低噪点数量的同时，会降低画面的反差和锐度，用户需要确认自己是否可以接受这种反差与锐度的降低效果。

C.Fn Ⅱ:图像 2
高ISO感光度降噪功能
0:标准
1:弱
2:强
3:关闭
1234
2000

与长时间曝光降噪一样，开启高ISO感光度降噪除了会延长图像的处理时间以外，还会大幅度消耗电量，在野外拍摄时要引起注意。其实类似长时间曝光降噪和高感光度降噪这类处理，完全可以在后期通过佳能软件或Photoshop软件进行，简单、方便，甚至比机内处理更加有效，还不会耽误拍摄时机，同时也节省了相机电量。

关闭降噪功能后，使用ISO 1600拍摄的画面效果。
f/11 1/160s
ISO1600 35mm

使用Photoshop进行画面降噪处理后的效果。
f/11 1/160s ISO1600 35mm

C.Fn Ⅱ–3:高光色调优先

通常拍摄的数码照片的高光部分会表现为纯白而缺少细节。开启高光色调优先以后，感光元件的动态范围将从标准的18%灰度扩展到明亮的高光，从而使灰度到高光部分的过渡更加平滑。也就是说，高光部分不会再死白一片，而具有一定程度的细节，但随之而来的是画面锐度有所降低。

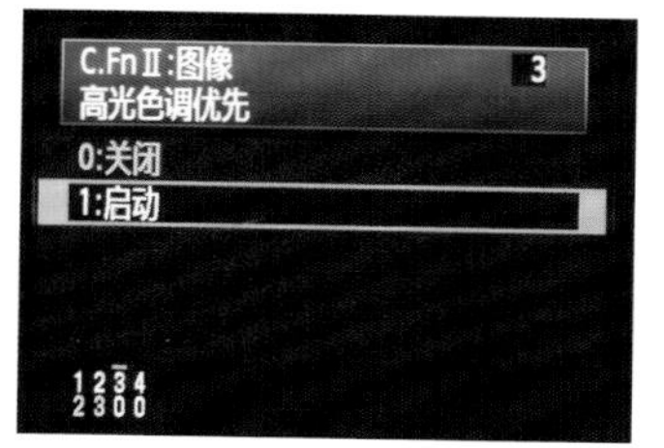

拍摄人像时建议开启此功能，使人物皮肤获得柔和的效果；而拍摄风光时，如果画面中有天空、白云等元素，也建议开启高光色调优先，这样可以让亮部的细节更加丰富，增强照片的美感。如果画面中没有明显的高光区域则建议关闭此功能，以使画面拥有正常的锐度和反差。

C.Fn Ⅱ–4:自动亮度优化

当拍摄的画面亮度较暗或者反差较低时，如果选择了除【3:关闭】以外的选项，亮度和反差将会被自动校正，以避免拍摄的照片产生灰暗、无层次的效果。

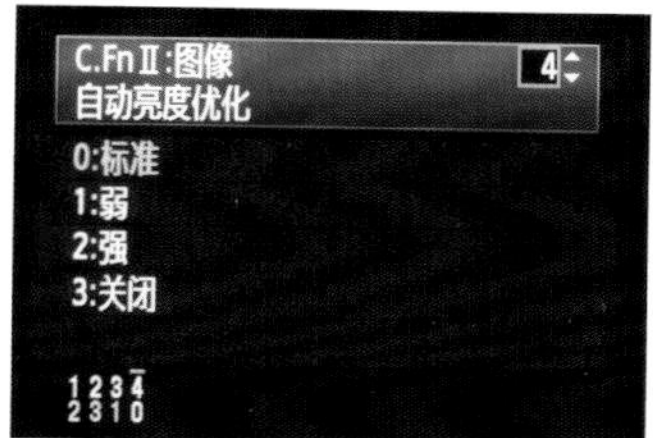

使用RAW格式拍摄时，在随机软件Digital Photo Professional中可以应用此设置功能。但如果选择的是M档或者B门曝光，此功能将不会起作用。根据拍摄条件的不同，应用自动亮度优化设置后，画面的噪点可能会增多。在全自动和创意自动模式下，此功能将被默认设置为【0:标准】。

C.Fn Ⅲ:自动对焦/驱动

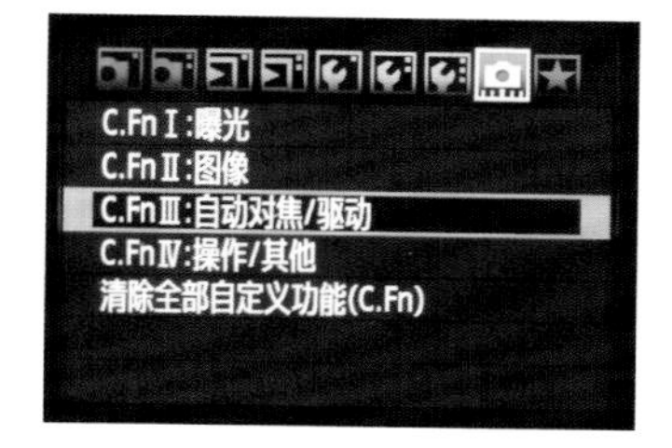

在此目录下，包含了8个与自动对焦相关的设置项。对焦能力一直是衡量相机性能高低的重要依据，通过对这8小项功能的合理配置，将会提高使用佳能EOS 5D Mark Ⅱ进行拍摄时对焦的准确度，从而提升对焦感受。

C.Fn Ⅲ–1:不能进行自动对焦时的镜头驱动

本选项的功能在于，当使用自动对焦进行拍摄时，如果相机无法自动对焦，这里的设置将决定相机是停止对焦搜索还是继续进行对焦搜索。在一些特殊情况下，相机的自动对焦功能会失效，如拍摄笼中的动物，对焦点跨越了护栏和动物，这时候就无法自动对焦。如果选择的是【0:对焦搜索开】选项，那么相机将会持续转动对焦环，一直尝试对焦；如果选择了【1:对焦搜索关】选项，那么相机执行一次自动对焦后发现无法合焦，即停止尝试、不再自动对焦，这时候拍摄者就需要根据需要调整焦点或转换为手动对焦。

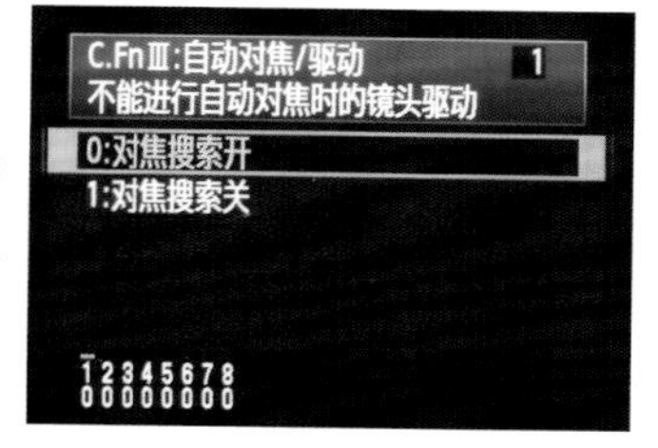

当使用极易脱焦的远摄镜头时，建议选择【1:对焦搜索关】选项，以避免再次对焦时完全脱焦；但是使用短焦镜头拍摄时，建议选择【0:对焦搜索开】选项，这样当某一个焦点无法合焦时，相机会保持对焦搜索状态，在取景画面稍有变化时，相机有可能自动对焦成功，这将提高拍摄对焦的成功率。

C.Fn Ⅲ-2:镜头自动对焦停止按钮功能

此项功能主要针对有IS防抖功能的超远摄镜头，只有这样的镜头上才有自动对焦停止按钮。

【1:开始自动对焦】：只有按下自动对焦停止按钮时，相机才会进行自动对焦。

【2:自动曝光锁】：按下该按钮可以锁定自动曝光，当需要对焦并在照片的不同部分测光时，此功能非常方便。

【3:AF点:手动->自动/自动->中央】：在手动选择自动对焦点模式中，只有持续按下自动对焦停止按钮时，才会立即切换到自动选择自动对焦点；在人工智能伺服自动对焦模式下，当无法继续用手动选择的自动对焦点追踪主体时，此功能十分方便；在自动选择自动对焦点模式中，只有持续按下自动对焦停止按钮，才会选择中央自动对焦点。

【4:ONE SHOT⇄AI SERVO】：在单次自动对焦模式下，只有持续按下自动对焦停止按钮，相机才能切换为人工智能伺服自动对焦模式；在人工智能伺服自动对焦模式下，只有持续按下自动对焦停止按钮，相机才能切换为单次自动对焦模式；当被摄主体不断运动和停止运动时，需要用户频繁地在单次自动对焦和人工智能伺服自动对焦模式之间切换时，此功能非常方便。

【5:开启图像稳定器】：将镜头的图像稳定器开关设为【ON】后，只要按下自动对焦停止按钮，就可以启动图像稳定器。对于该设置，半按快门按钮时不会启动图像稳定器。

佳能EF 500mm f/4L IS Ⅱ USM镜头的自动对焦停止按钮。

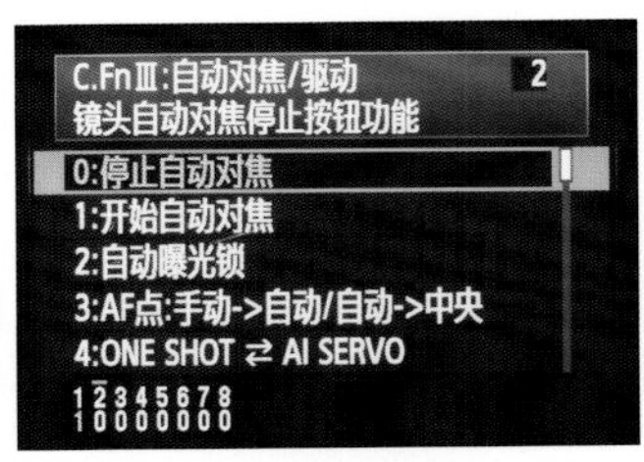

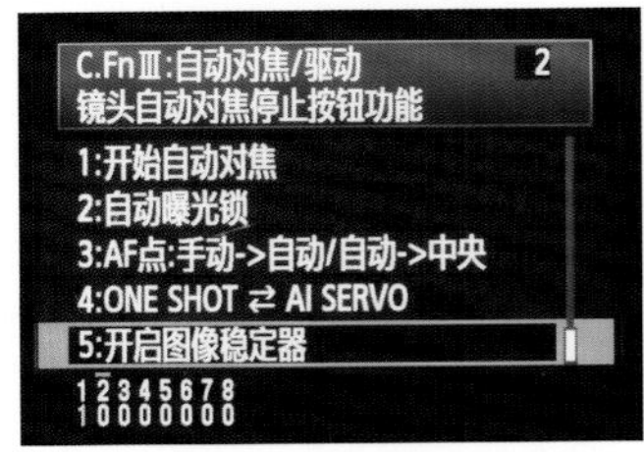

C.Fn Ⅲ-3：自动对焦点选择方法

【0:常规】：选择该设置后，按下<⊞>按键，然后使用<◎>速控转盘、<主拨盘>主拨盘或者<✲>多功能控制钮均可选择自动对焦点。此设置的关键步骤在于，需要先按下<⊞>按键，在实际操作中不够便捷。

【1:使用多功能控制钮直接选择】：选择该设置后，无需按下<⊞>按键，通过<✲>多功能控制钮即可选择自动对焦点，而按下<⊞>按键则可以设置为自动选择自动对焦点。该设置可以实现眼睛不离开取景器的情况下选择自动对焦点，在实际拍摄中会相当方便。

C.FnⅢ:自动对焦/驱动 3
自动对焦点选择方法
0:常规
1:使用多功能控制钮直接选择
2:使用速控转盘直接选择
12345678
10000000

【2:使用速控转盘直接选择】：选择该设置后，无需按下<⊞>按键，通过<◎>速控转盘即可选择自动对焦点，该设置可实现眼睛不离开取景器的情况下选择自动对焦点，当按下<⊞>按键并转动<☼>主拨盘可以设置曝光补偿。

C.Fn Ⅲ–4：叠加显示

“叠加显示”这个表述实在是太不准确了，通俗地说，就是自动对焦点是否点亮。

【0:开启】：开启此功能后，当进行拍摄对焦时，合焦的自动对焦点将会闪烁红光，以提示拍摄者焦点所在的位置，对于提高对焦精度很有必要。

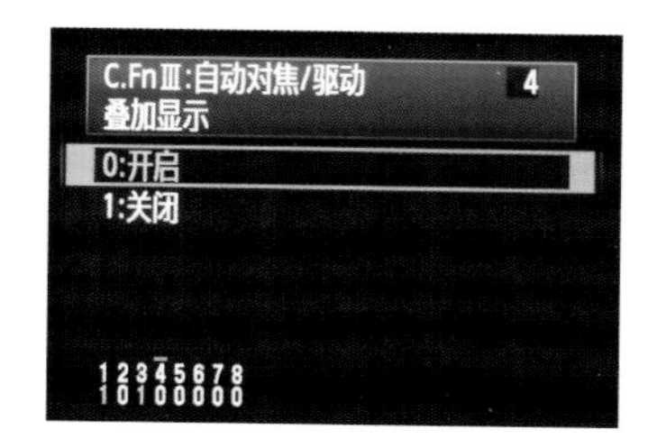

【1:关闭】：选择此设置后，取景器中的自动对焦点不会点亮。如果不希望看到自动对焦点时，可以关闭此设置，但是当拍摄时选择了自动对焦点时，对焦点仍会亮起。

C.Fn Ⅲ–5:自动对焦辅助光闪光

该功能针对安装了外置EOS专用闪光灯时，自动对焦辅助光是否点亮而设置。

【0:启动】：选择该设置后，当拍摄环境亮度不高、相机自动对焦不易工作时，自动对焦辅助光将点亮以帮助快速完成对焦。

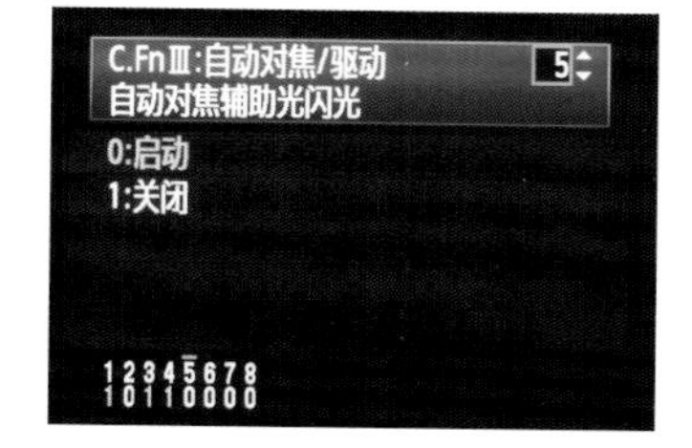

【1:关闭】：选择该设置后，相机自动对焦功能无法对焦时，自动对焦辅助光也不会点亮。

如果外置闪光灯的自动对焦辅助闪光功能关闭，即使这里设置了启动，也不会发出辅助光。

C.Fn Ⅲ–6:反光镜预升

通常在按下相机快门按钮后，反光镜将弹起，与此同时，相机快门打开，感光元件开始曝光，曝光完成后，反光镜落下，这是正常的曝光过程。当使用反光镜预升设置以后，按下快门按钮后反光镜弹起，但是快门并不打开，只有再次按下快门按钮，快门才打开并进行感光元件曝光。这样做的好处是，避免反光镜弹起时相机产生的机震导致照片模糊，在追求相机稳定的拍摄中非常有用。

选择【0:关闭】选项，反光镜预升功能将不起作用；选择【1:启动】选项，当彻底按下快门按钮后，反光镜将预升以避免机震。需要注意的是，使用反光镜预升功能后，不能将相机镜头对准强光源如天气晴朗时的沙滩、雪地甚至太阳等，因为这样有可能会烧毁快门帘幕。在光源较强的环境中拍摄，按下快门升起反光镜后，要立即再次按下快门按钮拍摄，以防强光源损坏快门。远摄和微距摄影时，机震对画面的清晰度影响最为明显，这类题材的拍摄中反光镜预升功能使用较多。

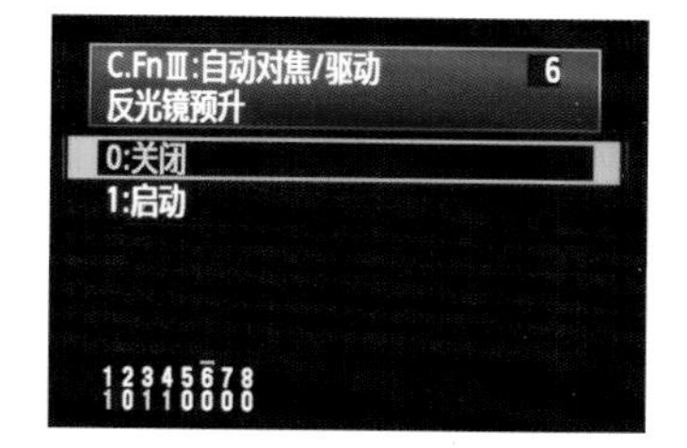

在进行微距拍摄和远射拍摄时，轻微的机震都可能导致图像模糊。为了将震动对画面的影响降低到最小限度，三脚架的使用是必须的；其次，最好采用延时拍摄并搭配反光镜预升功能，这样可以最大限度地避免相机震动。例图采用上述方法拍摄，获得了纤毫毕现的图像效果。

f/2.8 1/250s ISO100 100mm

提 示

需要注意的是，反光镜抬起后，取景器内会变得漆黑，无法再进行取景构图和对焦。因此，在按下快门按钮前，需要确认构图和对焦效果，然后再进行拍摄。

C.Fn Ⅲ-7：自动对焦点区域扩展

虽然EOS系列只有9个自动对焦点，但是在其最灵敏的中央对焦点周围，还有6个辅助对焦点。虽然不会显示，但是在必要时，这6个辅助对焦点可以和中央自动对焦点协同工作，以确保在采用AI SERVO人工智能伺服自动对焦模式对运动物体追踪对焦时的对焦精度。

当选择【0:关闭】选项时，这6个辅助对焦点不会工作，对焦难度会加大。

当选择【1:启动】选项时，可以辅助中心对焦点更好地进行拍摄对焦。

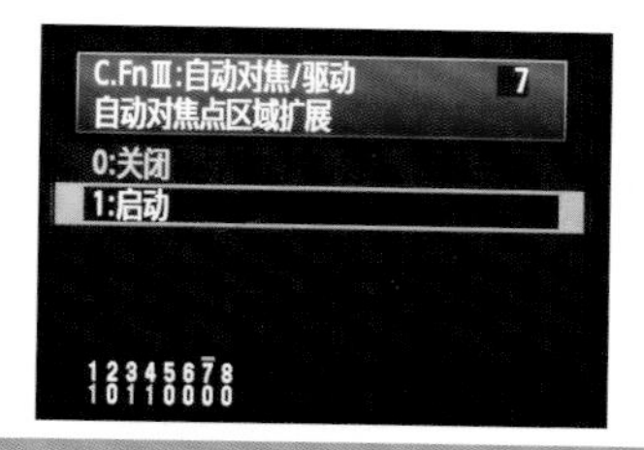

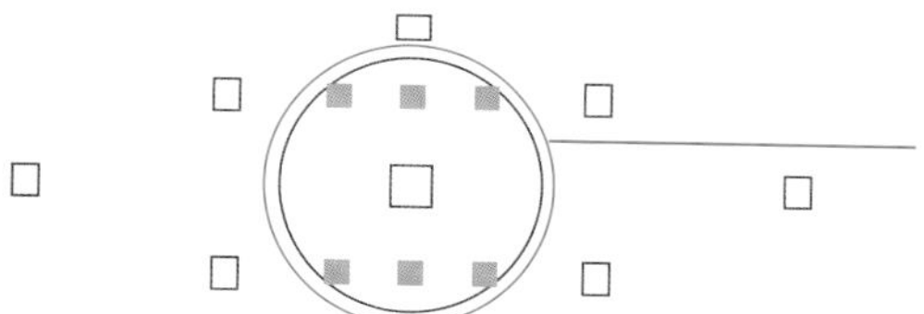

红圈内的6个灰色正方形就是辅助对焦点。即使被摄主体脱离中央自动对焦点，一旦被这6个辅助对焦点之一覆盖，相机仍可继续追踪对焦。

拍摄体育运动、鸟类/野生动物时，自动对焦点区域扩展功能非常实用。因为在这类题材的拍摄中，追踪对焦是常用的对焦方法，通过扩展辅助对焦点将会大大提高拍摄的成功率。

f/8 1/500s ISO100 200mm

C.Fn Ⅲ-8：自动对焦微调

很多时候会听到“佳能相机爱跑焦”这个说法。且不论说得有没有道理，佳能EOS 5D Mark Ⅱ自定义菜单中加入自动对焦微调功能却是非常实用的。如果拍摄者认为自己的相机有跑焦问题，那么可以通过这个设置进行调整。

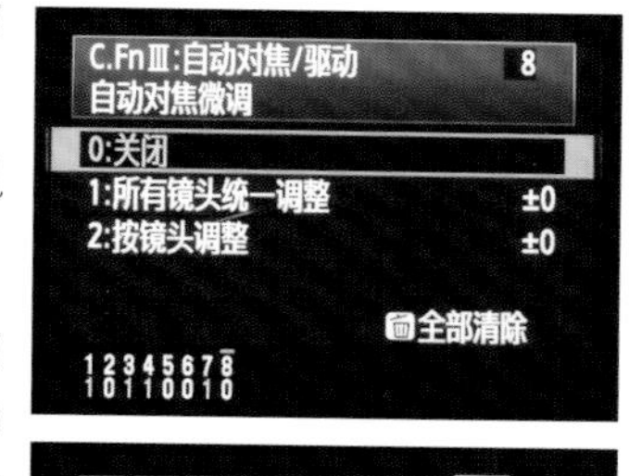

当选择【1:所有镜头统一调整】选项时，无论安装什么镜头，相机都将对自动对焦点的位置进行微调。

当选择【2:按镜头调整】选项时，则可以分别对安装的镜头进行微调。对焦点可以在正负20级内向前或者向后调整，且最多可以存储20支镜头的微调数据。当安装上注册过微调信息的镜头时，其对焦点会相应偏移。

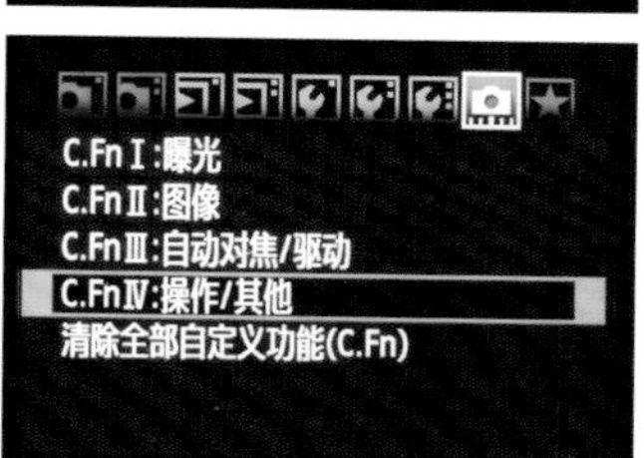

通常情况下，建议选择【0:关闭】选项。如果一定要调整，建议选择【2:按镜头调整】选项，可以在实际拍摄中进行调整并及时检查调整后的对焦效果。

C.Fn Ⅳ：操作/其他

在此项设置中，包含了其他一些有助于提高拍摄效率的菜单选项，共有6项。

C.Fn Ⅳ-1:快门按钮/自动对焦启动按钮

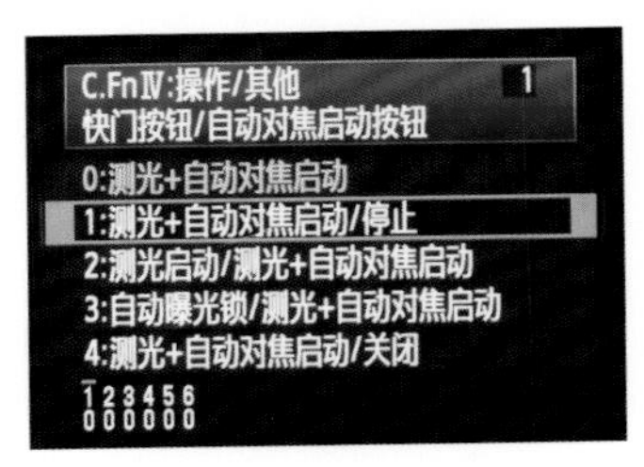

【1:测光＋自动对焦启动/停止】：自动对焦时，可以按下<AF-ON>按钮停止自动对焦。

【2:测光启动/测光＋自动对焦启动】：对不断反复运动和停止的主体有效。在人工智能伺服自动对焦模式下，可以按下<AF-ON>按钮启动或停止人工智能伺服自动对焦操作，曝光参数在照片拍摄瞬间设置，这样能为关键瞬间准备好最佳的对焦和曝光。

【3:自动曝光锁/测光＋自动对焦启动】：当需要对焦并在照片的不同部分进行测光时，此功能非常方便。按下<AF-ON>按钮进行测光和自动对焦，半按快门获得自动曝光锁定。

【4:测光＋自动对焦启动/关闭】：<AF-ON>按钮将不起作用。

建议以体育摄影、动物摄影为主的用户选择【2:测光启动/测光＋自动对焦启动】选项，可以确保画面的对焦和曝光精度；建议以风光摄影、人文摄影为主的用户选择【3:自动曝光锁/测光＋自动对焦启动】选项，因为这个选项最符合相机的传统拍摄方式。

使用人工智能伺服自动对焦模式对主体追踪拍摄时，选择【2:测光启动/测光＋自动对焦启动】选项。按下快门按钮的瞬间，相机根据被摄对象的亮度情况设定曝光组合值并进行对焦，可以确保对焦的精度和曝光的准确。

f/8 1/1250s ISO160 120mm

C.Fn Ⅳ–2:自动对焦启动/自动曝光锁定钮切换

此功能主要是为了照顾部分拍摄者的使用习惯而设。用户可以根据自己的使用习惯，通过选择【1:启动】选项，将<AF-ON>按钮和<*/Q>按钮的功能互换，此时按下<AF-ON>按钮，会显示图像索引或缩小图像显示，而按下<*/Q>则会变成自动对焦启动按钮。

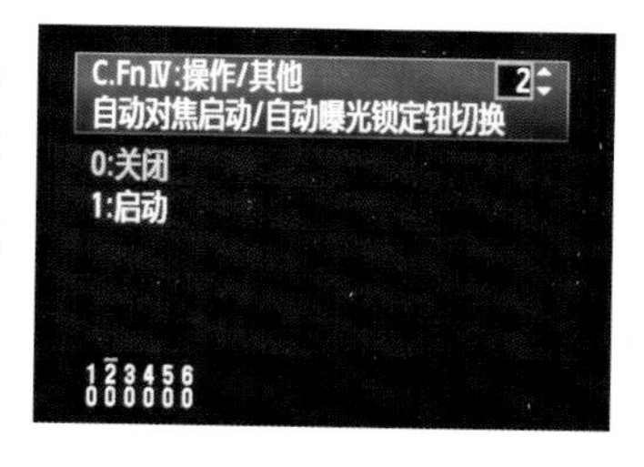

C.Fn Ⅳ–3：分配SET按钮

可以为速控转盘中央的<SET>键指定一项常用功能，以实现在拍摄状态下快速设置相机的目的。

【1:图像画质】：按下<SET>键，在液晶监视器中显示图像记录画质设置菜单，转动<>主拨盘或<>速控转盘设置所需的图像记录画质，然后按下<SET>键。

【2:照片风格】：按下<SET>键，在液晶监视器中显示照片风格选择屏幕，转动<>主拨盘或<>速控转盘设置所需的照片风格，然后按下<SET>键。

【3:显示菜单】：赋予<SET>键与<MENU>按钮相同的功能，即按下<SET>键可以显示相机菜单。

【4:重播图像】：赋予<SET>与<▶>键相同的功能，即按下<SET>键可以查看刚刚拍摄的图像或视频。

【5:速控屏幕】：按下<SET>键时显示速控屏幕，使用<>多功能控制钮进行选择，然后转动<>主拨盘或者<>速控转盘进行设定。

【6:记录短片（实时显示）】：如果将[**实时显示/短片功能设置**]菜单设置为启动短片拍摄，则当相机处于拍摄状态时，按下<SET>键即可以开始短片拍摄。

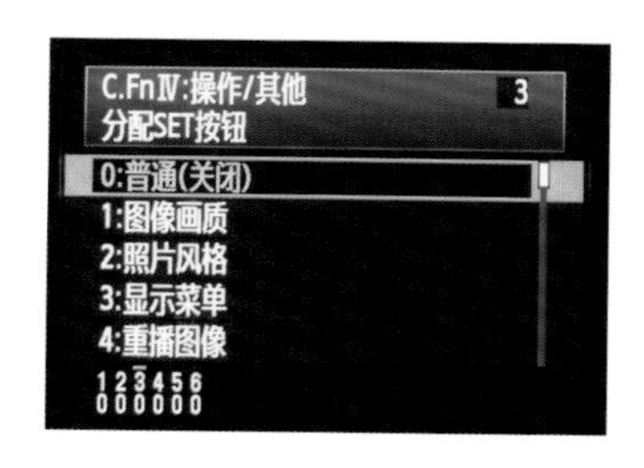

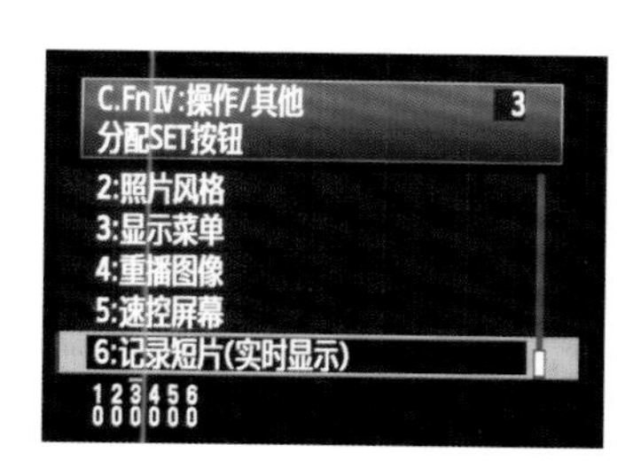

C.Fn Ⅳ–4：TV/AV设置时的转盘转向

【1:反方向】：可以颠倒设置快门和光圈值时转盘的转向。在手动曝光模式下，<>主拨盘和<>速控转盘的转向将会颠倒。在其他拍摄模式下，<>主拨盘将会颠倒，<>速控转盘的转向与在手动曝光模式下及设置曝光补偿时相同。

【0:一般】：<>主拨盘和<>速控转盘的转向维持相机默认设置的方向。

这个功能的设置完全是为了照顾一部分用户的使用习惯。

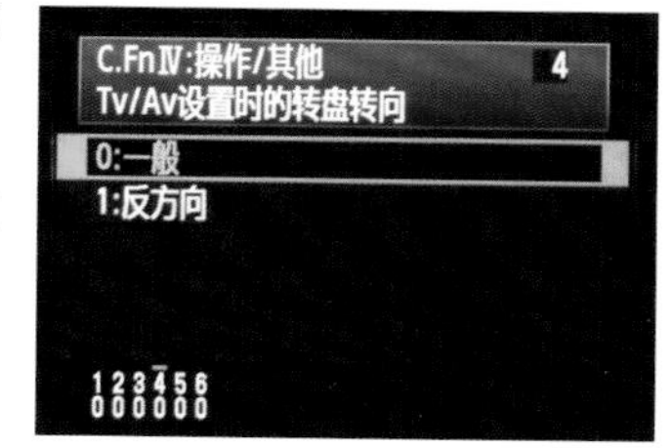

C.Fn Ⅳ-5:对焦屏

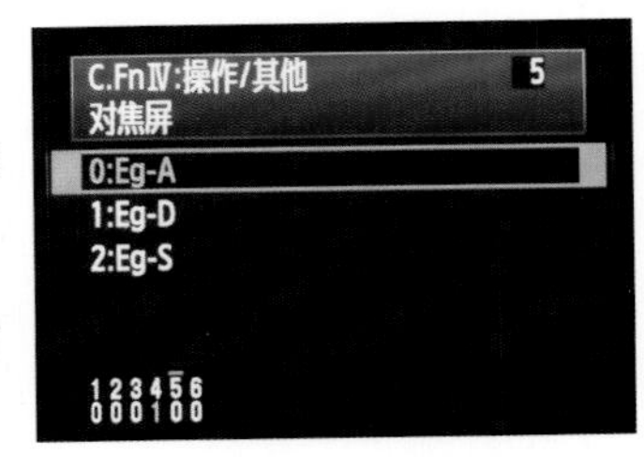

如果更换对焦屏，改变该设置以匹配对焦屏类型，从而获得正确曝光。

【0:Eg-A】：标准精度磨砂。佳能EOS 5D Mark Ⅱ附带的标准对焦屏提供良好的取景器亮度并易于手动对焦。

【1:Eg-D】：带方格的精确磨砂。这是带有网格线的Eg-A，它便于对准水平线或竖直线。在风光摄影中可以更好地掌握水平线，在建筑摄影中可以更好地掌握垂直线。

【2:Eg-S】：超精度磨砂。该对焦屏使手动对焦比Eg-A更容易，非常适合热衷于手动对焦的用户使用。

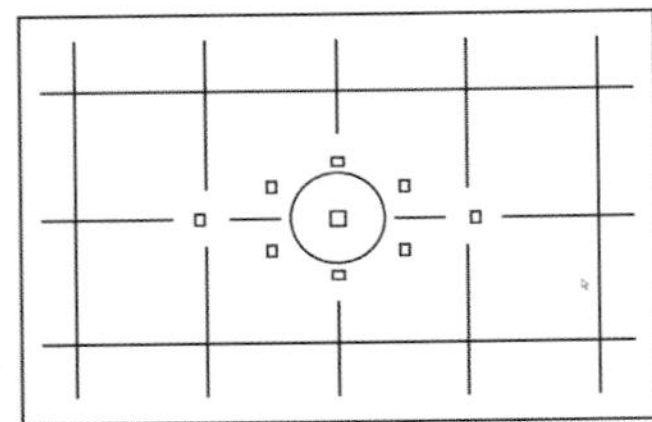

Eg-D对焦屏，是带有网格线的Eg-A，适合难以掌握画面水平的用户。

对于手动对焦爱好者，购买Eg-s 超精度磨砂对焦屏更换标配的Eg-A，会获得更好的对焦感受。

C.Fn Ⅳ-6:增加原始校验数据

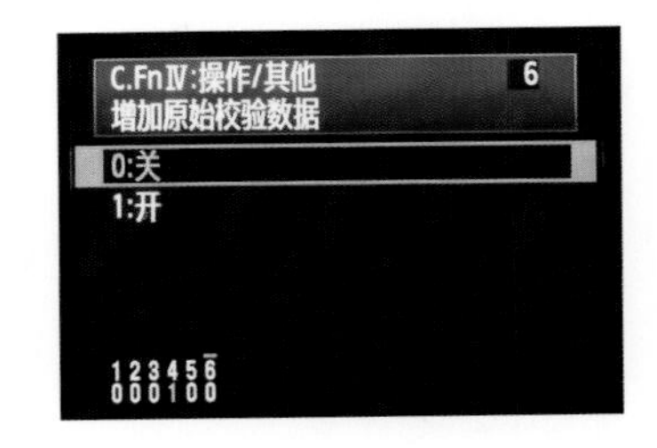

开启该功能后，校验图像是否为原始数据的信息将被添加到图像中。在显示添加了校验数据的图像的拍摄信息时，将会显示<🔒>标志。要检验图像是否为原始图像，需要使用原始数据安全套装OSK-E3（这个套装是要另外购买的）。这个功能更多的作用在于证明图像是原始拍摄出来的，而非后期处理所得。建议选择【1:开】选项，如果某天摄影作品获得了大奖却被别人当成是后期处理得来的，那可冤到家了。

清除全部自定义功能

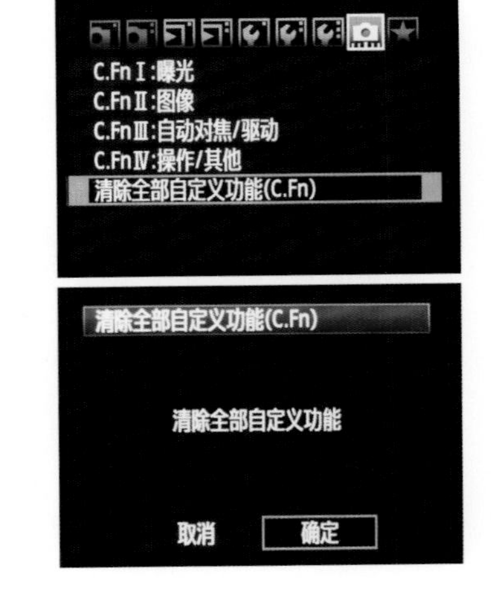

如果想将所有的自定义设置功能恢复到原始状态，不必一个一个将数值改为0。只需要选择此命令，即可快速恢复自定义功能至默认状态。需要注意的是，即使清除了全部自定义功能，【C.Fn Ⅳ-5:对焦屏】的设置也保持不变，如果更换了对焦屏，要注意进入设置菜单确认当前设置是否和对焦屏匹配。

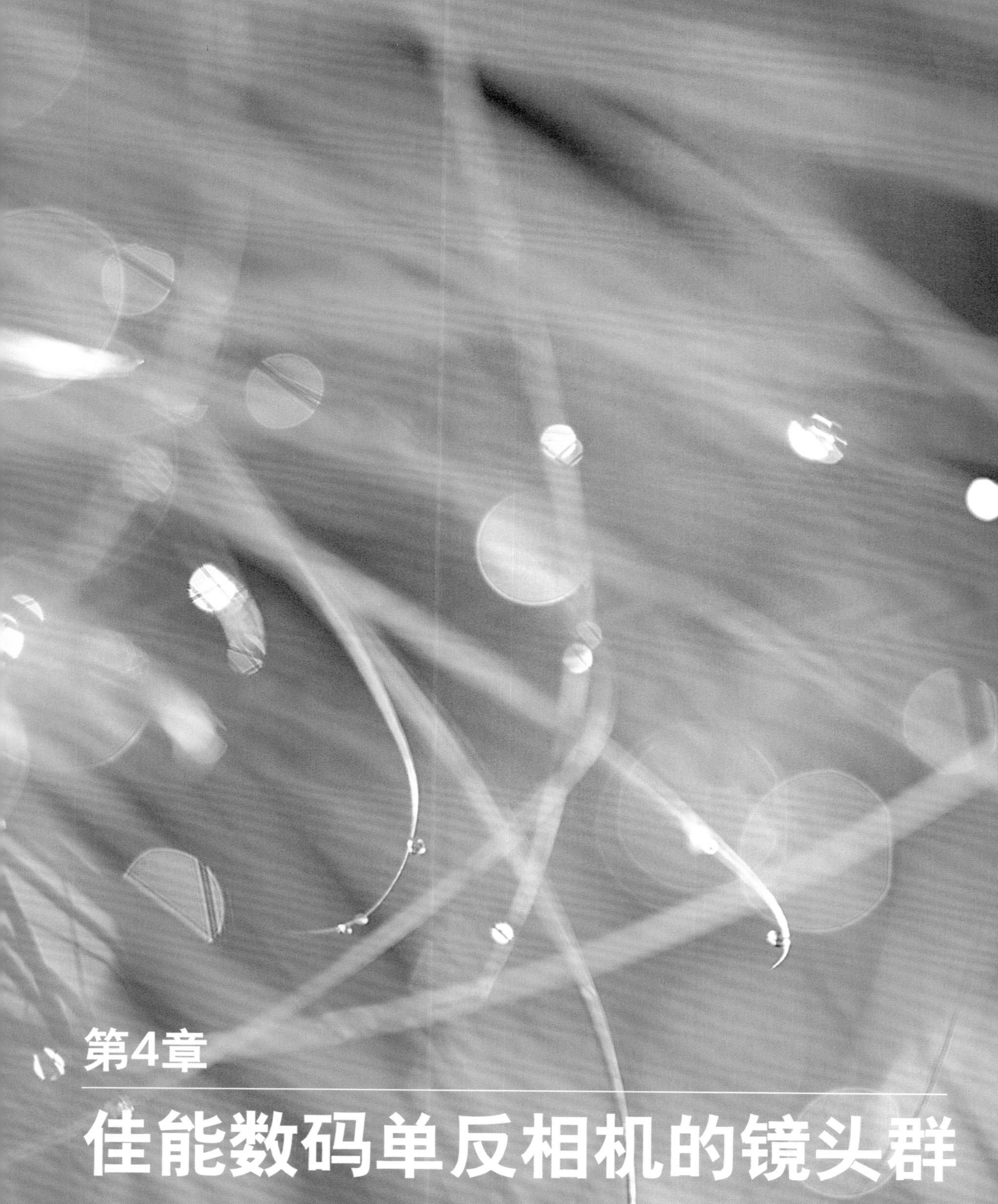

第4章

佳能数码单反相机的镜头群

对于很多初学者来说，购买数码单反相机的时候往往关注的是相机本身而忽略了镜头的重要性。其实，一款好的相机一定要有合适的镜头与之相配才算是相得益彰。目前市场上的镜头种类繁多，那么如何为佳能数码单反相机选择合适的镜头呢？

4.1 镜头焦距与视角的关系

要想明白镜头焦距与视角的关系，首先需要了解什么是焦距。相机的镜头是一组透镜，当平行于主光轴的光线穿过透镜时，会汇聚到一点上，这个点被称为“焦点”。焦点到透镜中心的距离，被称为“焦距”。明白了焦距的定义，再来看不同的镜头焦距与视角的关系。在下面例图中，当镜头的焦距越长时，视角越小；当镜头的焦距越短时，视角越大。例如，利用16mm鱼眼镜头，甚至可以看到180° 范围的景物；而利用300mm的远摄镜头，则只能看到8° 范围的景物，它的主要用途是远距离拍摄容易受惊的动物或体育摄影。

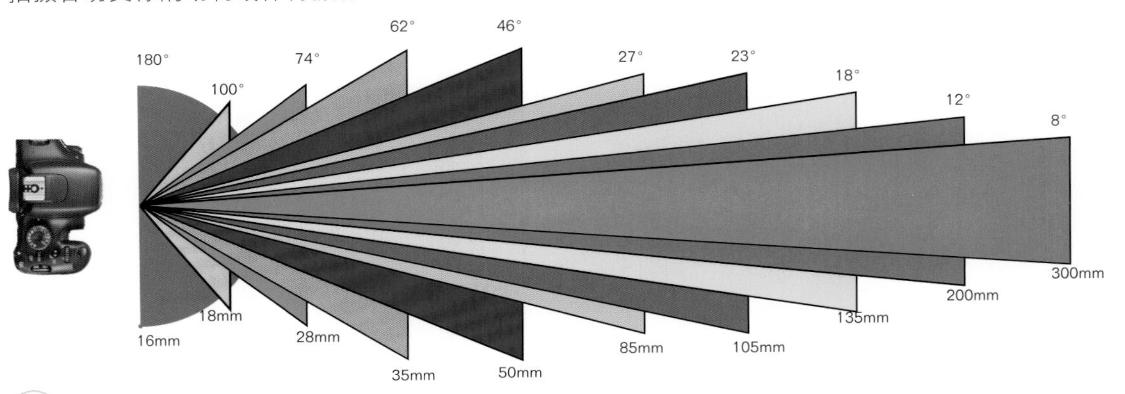

镜头焦距与视角示意图（上排数字为镜头视角，下排数字为镜头焦距）。

4.2 镜头的类别划分

镜头是数码单反相机非常重要的组成部分。镜头素质的高低在某种程度上来说将直接决定画面的画质效果。丰富的镜头群是佳能EOS系统最为有力的支撑，无论是高端的红圈L头，还是低端的入门级镜头，以及介于这两者之间的拥有稳定光学素质的众多镜头，不同层次的用户都可以在EOS镜头群中找到适合自己的产品，体验简单摄影的乐趣。

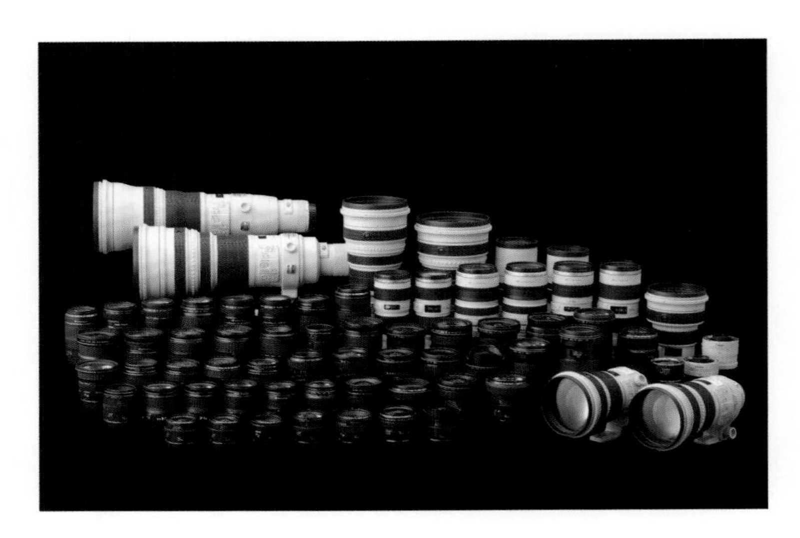

定焦镜头

定焦镜头，是指焦距固定的镜头。这类镜头的最大特点是光学结构简单稳定，更低的像差和光线折损率使这类镜头通常拥有极佳的成像质量，所谓的“定焦无弱旅”指的就是这个意思。此外，因为焦距的固定，光圈可以做得更大，在背景虚化方面有着变焦镜头所不能比拟的先天优势。唯一的问题是，拍摄不够方便，如果要改变拍摄视角，唯一的办法就是拍摄者自行移动，“变焦基本靠走”说的就是定焦镜头。

佳能EF 35mm f/1.4L USM

佳能EF 85mm f/1.2L Ⅱ USM

变焦镜头

变焦镜头，是指焦距在一定范围内可变的镜头。按照变焦倍率区分，可以分为标准变焦（通常指变焦倍率在3倍以内的镜头）和大变焦倍率镜头。例如，佳能EF-S 18-200mm f/3.5-5.6 IS 镜头，有着高达11倍的光学变焦，是号称“一镜走天下”的镜头。变焦镜头虽然有着定焦镜头所不具备的方便改变拍摄视角的优势，但是以牺牲成像质量为代价换来的。即使顶级的变焦镜头，其成像质量也和同级别的定焦镜头有明显差距。而且，变焦倍率越大，成像质量的下降越明显，尤其是那种“一镜走天下”的大变焦倍率镜头，通常来说，除了方便以外，在画质上用户不要有太高期望。

佳能EF 16-35mm f/2.8L Ⅱ USM

佳能EF 24-70mm f/2.8L USM

鱼眼镜头

鱼眼镜头前端镜片像鱼眼一样凸出，视角和鱼眼相仿，在极限状态下甚至可以看到180°范围的景物。鱼眼镜头有着如此强大的视角，随之而来的就是强烈的畸变。众所周知，焦距越短，视角越大，因光学原理产生的变形也就越强烈。鱼眼镜头在接近被摄对象拍摄时能造成非常强烈的透视效果，强调被摄对象近大远小的对比，使所摄画面具有一种震撼人心的感染力。也正是这种强烈的视觉效果，为那些富于想像力和勇于挑战的拍摄者提供了展示个人创造力的机会。

佳能EF 14mm f/2.8L Ⅱ USM

佳能EF 8-15mm f/4L USM

广角镜头

广角镜头，通常是指焦距在50mm以内的镜头，常见的有16-35mm、17-40mm变焦镜头，也包括24mm、28mm、35mm的定焦镜头。这类镜头因为焦距较短的原因，视角和景深通常都较大，可以在画面中囊括更多景物，同时其较大的景深还可以确保画面拥有较好的清晰度，被广泛应用于风光摄影、人文摄影等题材。

佳能EF 16-35mm f/2.8L Ⅱ USM

佳能EF 14mm f/2.8L Ⅱ USM

标准镜头

标准镜头，通常是指焦距为50mm的镜头。50mm镜头的视角与人类眼睛的视角基本一致，这就是其被称为“标准镜头”的原因。正是因为与人眼视角接近，用标准镜头拍摄的画面会使人们感觉更亲切，没有明显的变形。从另一个角度来说，由于标准镜头的画面效果与人眼视觉效果十分相似，故用标准镜头拍摄的画面效果又是十分普通的，甚至可以说是十分“平淡”的，它很难获得广角镜头或远摄镜头那种渲染画面的戏剧性效果。因此，标准镜头通常使用在普通风景、普通人像、最常见的纪念照、抓拍等摄影场合。

佳能EF 50mm f/1.2L USM

佳能EF 50mm f/1.8 Ⅱ

中焦镜头

中焦镜头，通常是指焦距处于50～100mm之间的镜头，如85mm定焦、100mm微距以及部分处于这个焦段的变焦镜头（如24-70mm镜头）。中焦镜头通常被用来拍摄人像，尤其是85mm定焦镜头是人像摄影的最佳焦段。因为中焦镜头在拍摄人像时透视感最为适中，且与被摄对象的距离合适，既没有广角镜头的迫近感、让被摄对象感到压抑，又没有远摄镜头的遥远距离感、不利于沟通，因此，中焦镜头在人像摄影领域广受追捧。

佳能EF 24-70mm f/2.8L USM

佳能EF 85mm f/1.2L Ⅱ USM

长焦镜头

长焦镜头，通常是指焦距超过150mm以上的镜头，也被称为“远摄镜头”，如佳能EF 200mm f/2.8L Ⅱ USM。这类镜头的最大特点是，视角较小，景深较浅，适合拍摄较远距离的景物，人像、动物、体育摄影等领域常见其身影。长焦镜头对背景的虚化能力是其他焦段镜头所难以企及的，主体和背景虚实对比强烈，主体清晰、背景虚化，从而可以更好地突出主体。但是，长焦镜头所表现出来的画面是不符合实际物理规律的，是一种抽象的、超越人类本能感官的画面效果，因此往往具有更强的视觉冲击力。

佳能EF 70-200mm f/2.8L IS Ⅱ USM

佳能EF 200mm f/2L IS USM

APS画幅镜头

佳能镜头群中EF-S系列的镜头均是为拥有APS画幅感光元件的数码单反相机研发的，如EF-S 18-55mm、EF-S 18-135mm、EF-S 18-200mm等。这类镜头多售价低廉，成像效果一般，因为不是未来摄影发展的主要方向，所以不太可能获得厂商的重视。但近年来随着入门级和中端APS-C画幅数码单反相机的蓬勃发展，厂商也发布了几款性能还算不错的APS-C画幅镜头，如佳能EF-S 17-55mm f/2.8 IS USM 、佳能EF-S 10-22mm f/3.5-4.5 USM等。

佳能EF-S 17-55mm f/2.8 IS USM

佳能EF-S 10-22mm f/3.5-4.5 USM

全画幅镜头

佳能镜头群中的EF系列镜头，即全画幅镜头，如佳能EF 24-70mm f/2.8L USM、 佳能EF 70-200mm f/2.8L IS Ⅱ USM、佳能EF 85mm f/1.2 L Ⅱ USM等。这类镜头的特点是，针对全画幅感光元件设计，匹配全画幅机身时不存在焦距转换倍率的折损问题。

佳能EF 24-70mm f/2.8L USM

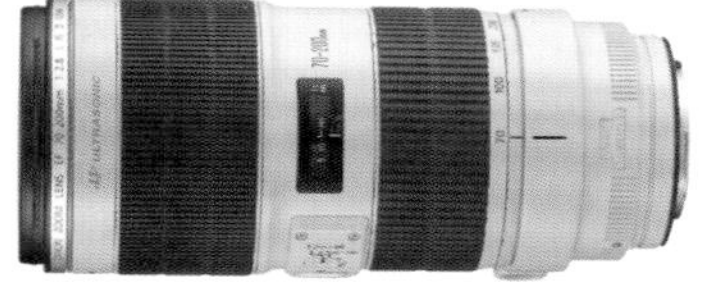

佳能EF 70-200mm f/2.8L IS Ⅱ USM

4.3 镜头的相关知识

镜头性能测试MTF

MTF，是英文“Modulation Transfer Function”的缩写，意思是调制传递函数。MTF是目前镜头反差和分辨力最科学的表示方法，各家厂商通过发布MTF曲线图来向用户展示镜头的理论性能指标。

MTF测试使用的是黑白逐渐过渡的线条标板，通过镜头对其进行拍摄，将拍摄所得的影像与实物线条标板进行对比。如果完全一致，则其MTF值为100%，这是理想中的最佳镜头，实际上是不存在的；如果反差为一半，则MTF值为50%；0值代表反差完全丧失，黑白线条被还原为单一的灰色；当数值超过80%（20lp/mm下，空间频率值，可理解为分辨率），则已极佳；当数值低于30%，则即使在4in×6in扩印照片下，影像质量仍然较差。测试分径向（虚线）和纬向（实线）两种方向，如果两者相差较大，说明镜头存在较严重的像散。

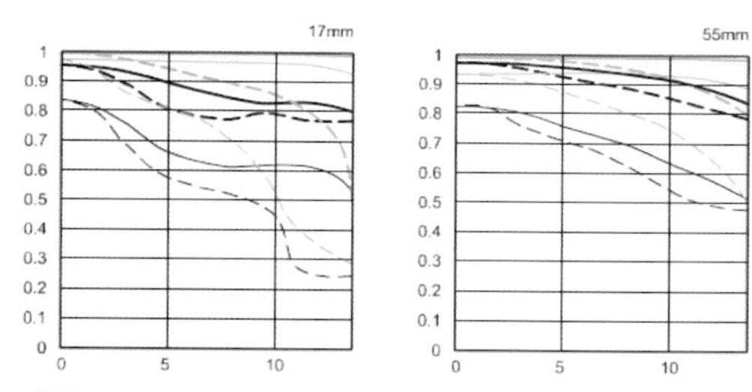

佳能EF-S 17-55mm f/2.8 IS USM 镜头的MTF图

空间周波数	开放		f/8	
	S	M	S	M
10lp/mm	———	----	———	----
30lp/mm	———	----	———	----

一幅MTF图通常由4条或者8条曲线表示。对于变焦镜头，通常有两幅MTF图，以分别表示其在广角端和长焦端的成像素质；定焦镜头则只有一幅MTF图，同时为了显示镜头在最大光圈和最佳光圈（通常是f/8）时的成像素质差异，也会用两条不同的线进行说明。

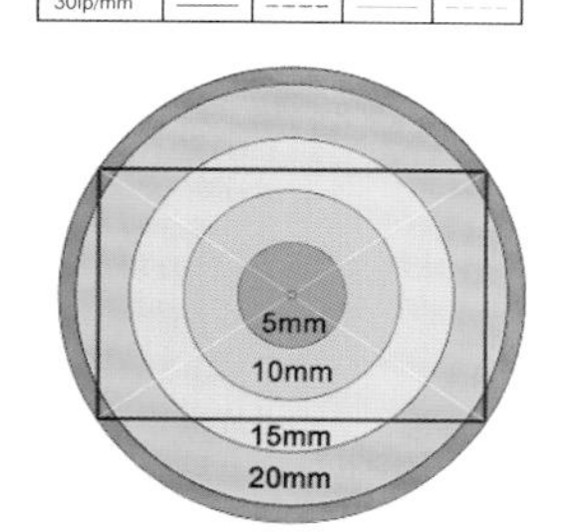

图表中的水平轴，由0～20，代表从35mm影像中心点沿着对角线到画幅角位的距离，大约是21.5mm。图表的垂直轴代表镜头在记录这两种不同方向、不同粗细线条时所显示的精确度；特性图中的粗线代表镜头的反差表现，细线代表镜头的分辨力表现，实线表示纬向同心圆的数值，虚线表示径向放射线的数值。简单来说，MTF图中的线条越平越好，数值越高越好。线条越平，说明镜头边缘和焦点中心的成像越一致；数值越高，说明镜头的反差和分辨力越高。

佳能镜头名称解读

EF：“Electronic Focus”的缩写，即“电子对焦”，是佳能EOS系统的卡口名称。此卡口的镜头可以使用在佳能全画幅和APS画幅数码单反相机的机身上。

EF-S：佳能专门为其 APS-C 画幅数码单反相机设计的电子镜头，只能够应用在 APS-C 画幅的佳能数码单反相机上，其显著特点是在接口处有一个白色方形用于对准机身卡位。

600mm：表示镜头的焦距是600mm。如果是变焦镜头，则表示为一个数值区间，如24-70mm。

f/4L：表示该镜头有最大为f/4的恒定光圈。有些则表示为f/3.5-5.6，表示镜头光圈是非恒定的，在广角端的最大光圈是f/3.5，但是在长焦端则为f/5.6。L，是英文“Luxury”的缩写，即“奢侈、华贵”，其经典标志是镜头前端的红色圆圈，每一款红圈镜头均采用了昂贵的、光学素质极佳的天然萤石镜片，以提高镜头的成像素质。

IS：佳能的光学影像稳定系统“Image Stabilizer”的简称，用来防止因震动带来的影像模糊。有些镜头后面会有“Ⅱ”，表示是升级的二代产品。

USM：表示该镜头内置超声波马达，对焦更加快捷迅速。

佳能EF 70-200mm f/2.8L IS Ⅱ USM

4.4 性能卓越的原厂镜头

佳能EF 16-35mm f/2.8L Ⅱ USM

参考售价：1.06万元

镜头结构

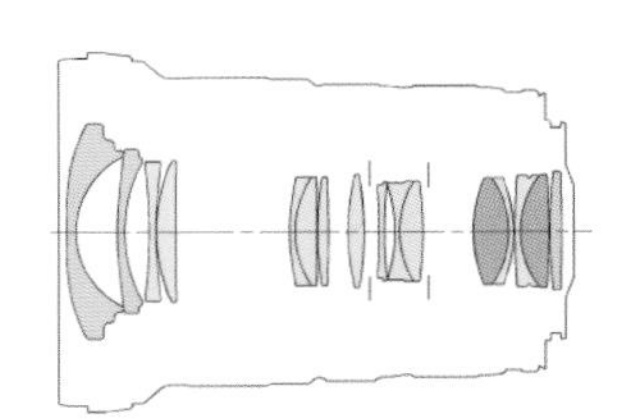

●非球面镜片 ●UD超低色散镜片

规格

焦距：16～35mm

视角：108° 10～63°

最大光圈：恒定f/2.8

光圈叶片：9片圆形光圈

最近对焦距离：0.28m

镜头结构：12组16片

最大放大倍率：0.22倍

滤镜口径：82mm

镜头尺寸：88.5mm×111.6mm

重量：635g

镜头特色

采用了两片UD超低色散镜片及3片非球面镜片，优化的镜片镀膜和镜片位置可有效抑制鬼影和眩光；圆形光圈带来的出色焦外成像令人迷恋；环形超声波马达、高速CPU和优化的自动对焦算法使对焦更加安静、快速、精准；实时全手动对焦更扩展了对焦的自由度；镜身有着出色的防水滴、防尘性能；光学镜片全部采用无铅玻璃，并装备了全新开发的82mm口径保护滤镜。

MTF图

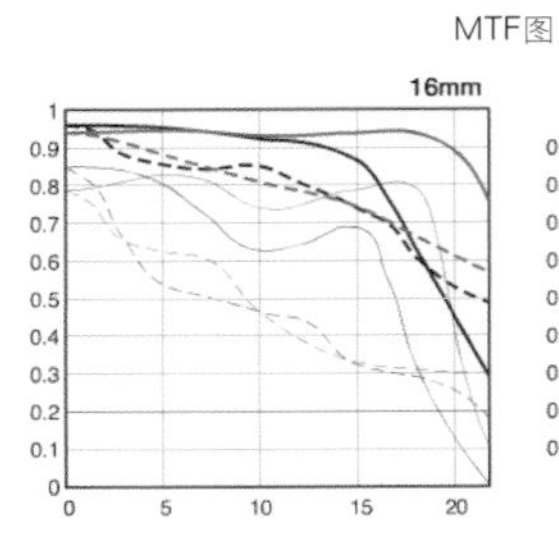

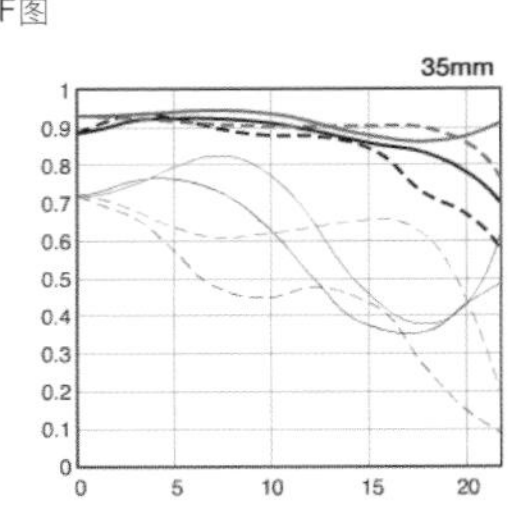

f/32 1/125s ISO800 65mm

佳能EF 24-70mm f/2.8L USM

参考售价：1.2万元

镜头结构

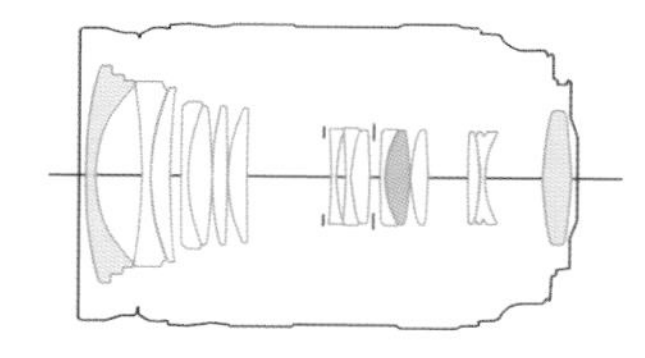

● 非球面镜片
● UD超低色散镜片

规格
焦距：24～70mm
视角：84° ～34°
最大光圈：恒定f/2.8
最小光圈：f/22
最近对焦距离：0.38m
镜头结构：13组16片
最大放大倍率：0.29倍
滤镜口径：77mm
镜头尺寸：83.2mm×123.5mm
重量：950g

镜头特色

镜头采用两片非球面镜片，以及超低色散UD镜片和优化的镜头镀膜，在全焦距范围内均可达到极高的成像质量；依托内置的USM超声波马达，可以实现更快的自动对焦速度；同时还具备良好的防尘、防潮性能。

MTF图

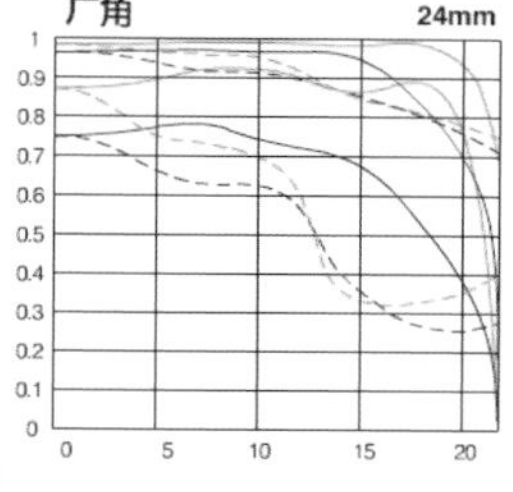

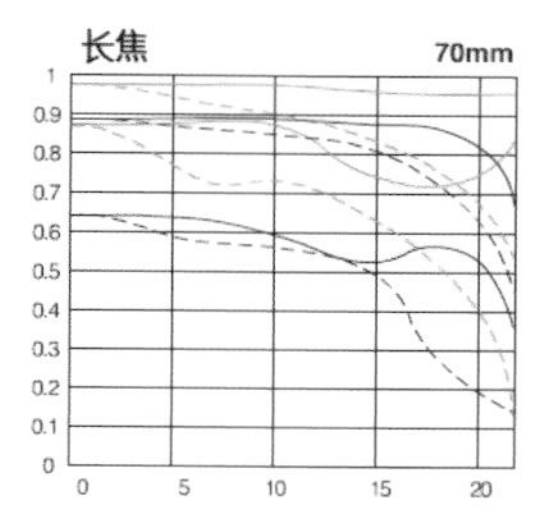

f/32 1/125s ISO400 65mm

佳能EF 70-200mm f/2.8L IS Ⅱ USM

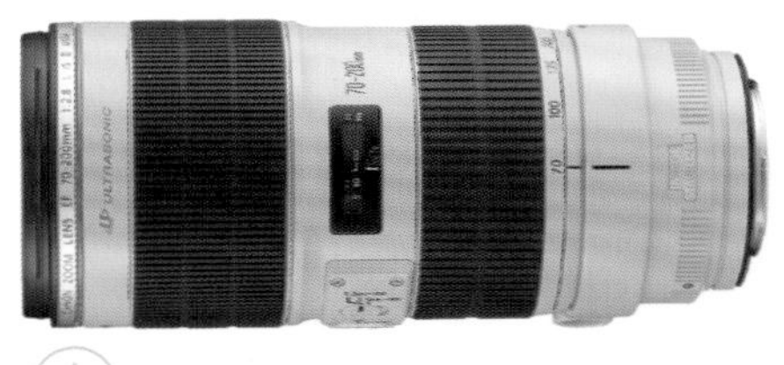

参考售价：1.55万元

镜头结构

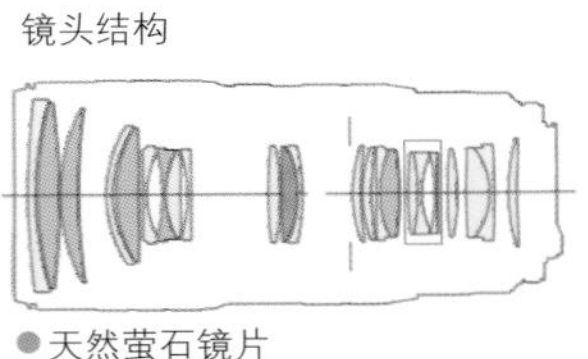

● 天然萤石镜片
● UD超低色散镜片
□ IS防抖镜片组

规格
焦距：70～200mm
视角：34° ～12°
最大光圈：恒定f/2.8
光圈叶片数：8片圆形光圈
最近对焦距离：约1.2m
镜头结构：19组23片
最大放大倍率：约0.21倍
滤镜口径：77mm
镜头尺寸：88.8mm×199mm
重量：1490g

镜头特色

镜头采用了5片UD镜片和1片萤石镜片，对色像差进行了良好补偿；镜头的全焦段均具有与L级别镜头相称的高分辨率和对比度，在体育摄影、人像摄影、风光摄影等各个领域有广泛的应用；自动对焦有安静迅速的USM驱动，能够帮助用户准确捕捉快门时机；此外，在镜头对焦镜片组配置的UD镜片，可以对对焦时容易出现的倍率色像差进行良好补偿；采用优化的镜片结构以及超级光谱镀膜，使数码单反相机中易出现的眩光与鬼影得以最大限度的抑制；经过强化的手抖动补偿机构，可带来相当于约4级快门速度的手抖动补偿效果。

MTF图

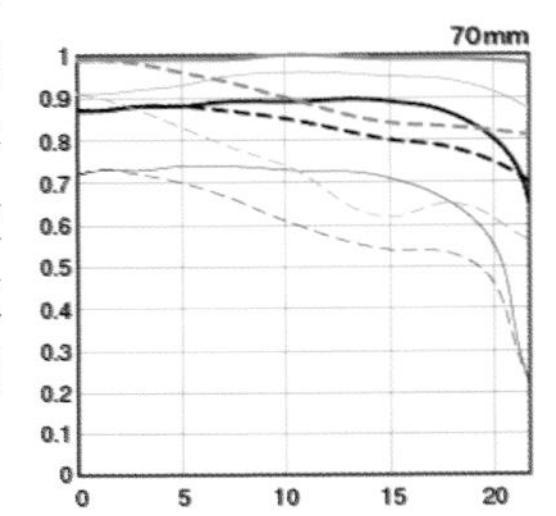

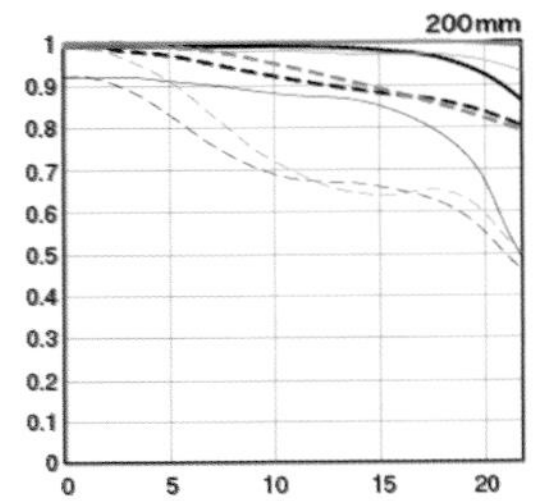

f/9　1/125s　ISO100　200mm

佳能EF 14mm f/2.8L Ⅱ USM

参考售价：1.5万元

镜头结构

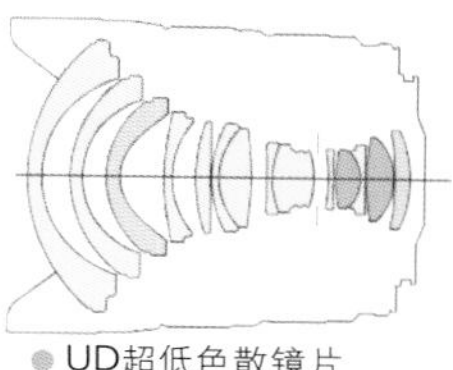

● UD超低色散镜片
● 非球面镜片

规格
焦距：14mm
视角(水平·垂直·对角线)：
104°·81°·114°
最大光圈：恒定f/2.8
最近对焦距离：0.2m
镜头结构：11组14片
最大放大倍率：0.15倍
滤镜口径：后插式明胶滤镜
镜头尺寸：80mm×94mm
重量：645g

镜头特色

佳能EF14mm f/2.8L Ⅱ USM具有优异的光学素质，自动对焦速度更快，超广角镜头易出现的变形、边角暗角等现象都得到了有效改善；通过优化配置镜片位置和采用优化的镜片镀膜，鬼影和眩光也得到有效抑制；镜头采用圆形光圈，带来出色的背景虚化效果，可全时手动对焦，并具有出色的防水滴防尘性能；该镜头采用11组14片的光学结构，其中包括两片UD超低色散镜片和两片非球面镜片；支持全时手动调焦，以帮助拍摄者更好地控制画面的景深效果。

MTF图

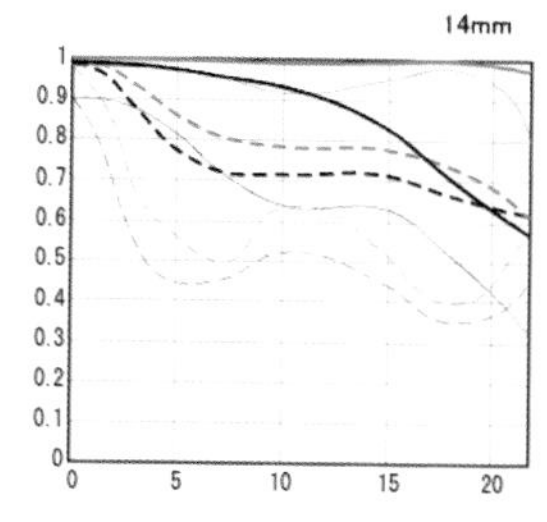

f/8 1/200s ISO100 36mm

佳能TS-E 24mm f/3.5L Ⅱ 移轴

参考售价：1.35万元

镜头结构

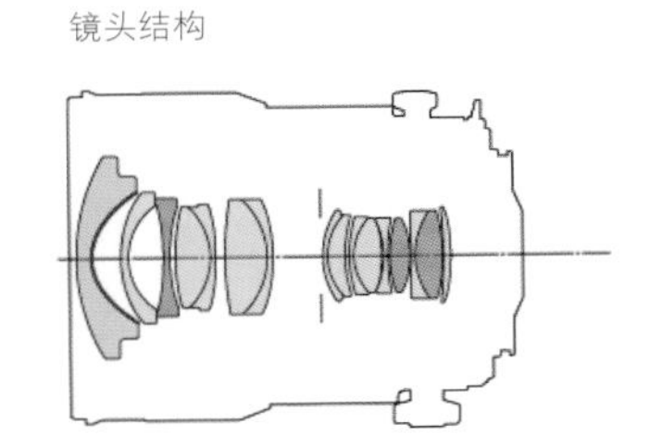

规格

镜头焦距：24mm

镜头结构：11组16片

光圈叶片：8片（圆形光圈）

最近对焦距离：约0.21m

滤镜直径：82mm

最大直径及长度：约 Φ 88.5×106.9mm

重量：约780g

镜头特点

MTF图

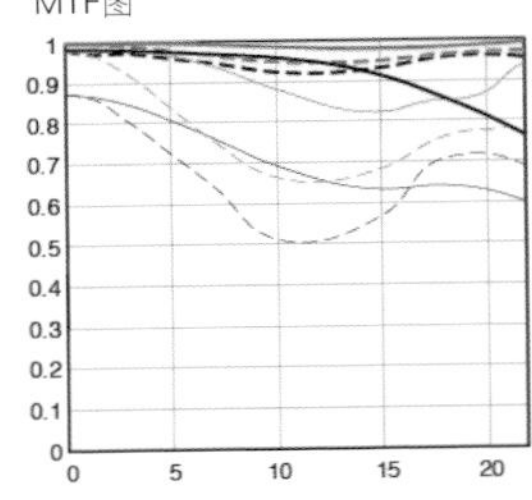

视角宽广且能使用多种移轴机构的L级广角移轴镜头；可实现足够的移轴量，倾角为约±8.5°，偏移量为约±12mm；适于建筑摄影、室内摄影和风光摄影等（拍摄建筑等题材时，使用此镜头从低位拍摄，建筑的上部不会变窄，整体成像十分清晰；而拍摄风光等题材时，使用此镜头不但能让树木笔直呈现，还能将天空加入到画面中）；此镜头搭载了移轴旋转功能，倾斜和移动方向的变化范围为约0°～90°，实现了复合移轴摄影；为提高倾斜/移动旋钮的操作便利性，相关旋钮均采用了大型化设计；约67.2mm的成像圈直径，使各种移轴量得以充分使用，进而实现对透视效果的准确补偿和对焦平面的有效控制；11组16片的镜头结构中，第1片镜片采用了大口径的玻璃模铸非球面镜片，内侧是SWC亚波长结构镀膜，可抑制鬼影和眩光；此外，还采用了3片UD（超低色散）镜片，可有效抑制倍率色像差。

f/7.1　1/640s　ISO100　24mm

佳能EF 35mm f/1.4L USM

参考售价：1.12万元

镜头结构

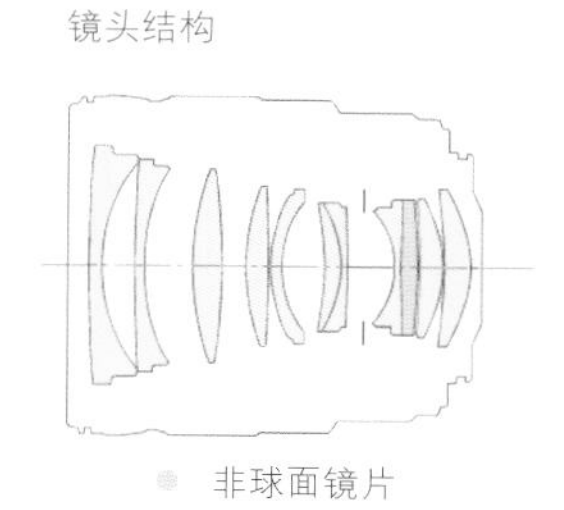

非球面镜片

规格

焦距：35mm

视角(水平·垂直·对角线)：54°·38°·63°

最大光圈：恒定f/1.4

最近对焦距离：0.3m

镜头结构：9组11片

最大放大倍率：0.18倍

滤镜口径：72mm

镜头尺寸：79mm×86mm

重量：580g

镜头特色

镜头中包含1片非球面镜片，可以校正像差；浮动系统可以在整个对焦范围内保证很高的成像质量；后对焦和环形超声波马达令对焦更快、更安静，还可以进行全时手动对焦；镜头的第9片镜片是研磨抛光的非球面透镜，即使是在f/1.4的大光圈下，镜头也有极好的成像质量；有效地校正了在广角镜头中特别影响成像的畸变和大光圈镜头容易产生的球面像差；精确地补偿了中短距离对焦段的像差波动，保证了0.3m到无限远整个范围内的出色像质；自动对焦驱动采用环型超声波马达，与后对焦结合起来，提供了宁静、迅捷的自动对焦操作；由于镜头长度不变，对焦时前组也不旋转，可以使用如环型偏振镜和明胶滤镜架之类的附件；当然，镜头也可以实现实时手动对焦功能。

MTF图

35mm

f/2.8 1/3200s ISO200 35mm

佳能EF 50mm f/1.2L USM

参考售价：1.06万元

镜头结构

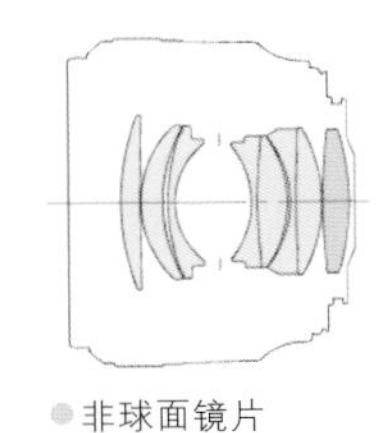

●非球面镜片

规格
焦距：50mm
视角：46°
最大光圈：f/1.2
最小光圈：f/16
最近对焦距离：0.45m
镜头结构：6组8片
最大放大倍率：0.15倍
滤镜口径：72mm
镜头尺寸：65.5mm×85.8mm
重量：590g

镜头特色

佳能EF 50mm f/1.2 超大光圈标准定焦L镜头，采用大口径高精度非球面镜片，带来出色的成像素质；光学结构是6组8枚镜片，其中包括1枚非球面镜片；优化的超级光谱镀膜技术和镜片位置，有效地抑制鬼影和眩光，8片圆形光圈可以获得非常柔和的焦外成像；环形超声波马达使对焦安静、快速，并且支持全时手动对焦，新的密封处理获得更有效的防尘和防水滴效果；镜头的光学部分均使用环保的无铅玻璃材料。

MTF图

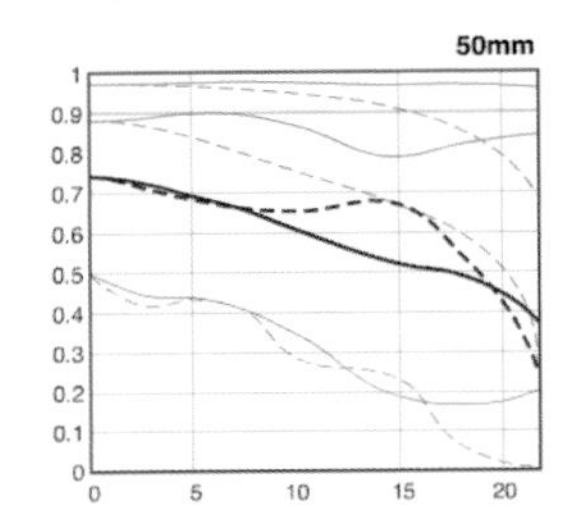

f/1.8　1/2500s　ISO400　50mm

佳能EF 85mm f/1.2L Ⅱ USM

参考售价：1.52万元

镜头结构

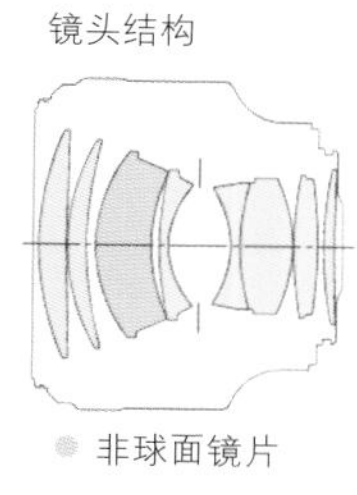

非球面镜片

MTF图

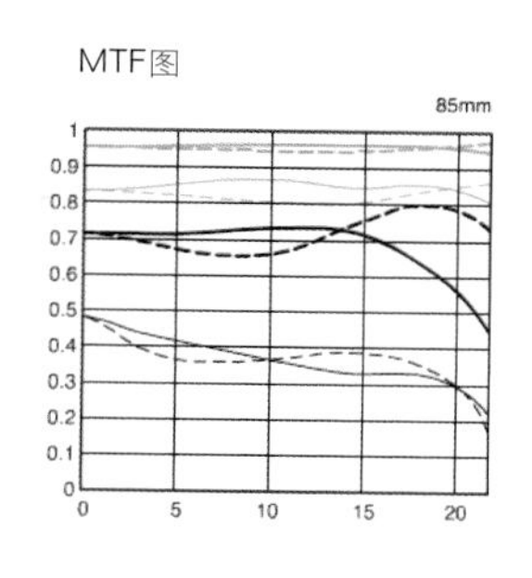

规格

焦距：85mm

视角：28.5°

最大光圈：f/1.2

光圈叶片数：8片

最近对焦距离：0.95m

镜头结构：7组8片

最大放大倍率：0.11倍

滤镜口径：72mm

镜头尺寸：84mm×91.5mm

重量：1025g

镜头特色

该镜头是佳能人像镜头的杰出代表，有着f/1.2的超大光圈，俗称“大眼睛”，号称人像和婚纱摄影的镜皇，是一支非常出色的中远摄定焦人像镜头；采用1片大口径精确研磨非球面镜片和8片圆形光圈设计，即便是在最大光圈下，依然可以保持出色的反差和解析力，焦外成像油润平滑，背景虚化更加完美；重达1025g的重量，让其手感极其出色，颇显档次。

作为EF 85mm f/1.2L的升级版，环形超声波马达、高速CPU和改进对焦算法的加入，带来了更快速准确的自动对焦效果，支持全时手动对焦并提供距离信息，这对其综合性能的提升有着至关重要的意义。

该镜头中心部分成像清晰锐利，焦外柔和，堪称完美之作；无需后期处理，即可获得色彩饱和、锐利清晰的人像佳作，无愧于“人像镜皇”之美名。

f/5 1/200s ISO200 85mm

佳能EF 100mm f/2.8L IS USM 微距

参考售价：0.6万元

镜头结构

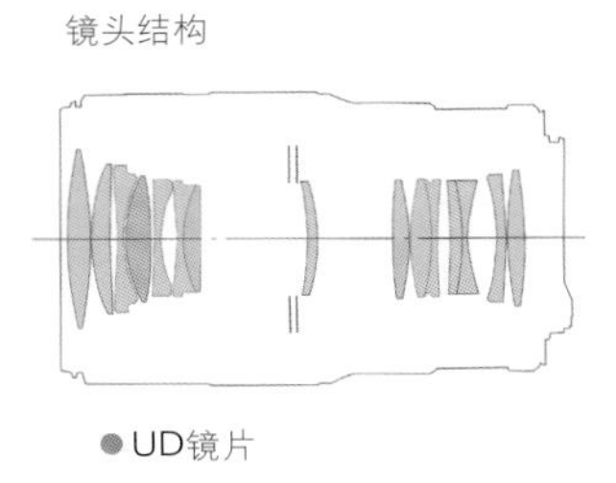

● UD镜片

规格
焦距：100mm
APS-C画幅：约160mm
镜头结构：12组15片
光圈叶片：9片
最近对焦距离：0.3m
最大放大倍率：1倍
滤镜口径：67mm
镜头尺寸：77.7mm×123mm
重量：625g

镜头特点

MTF图

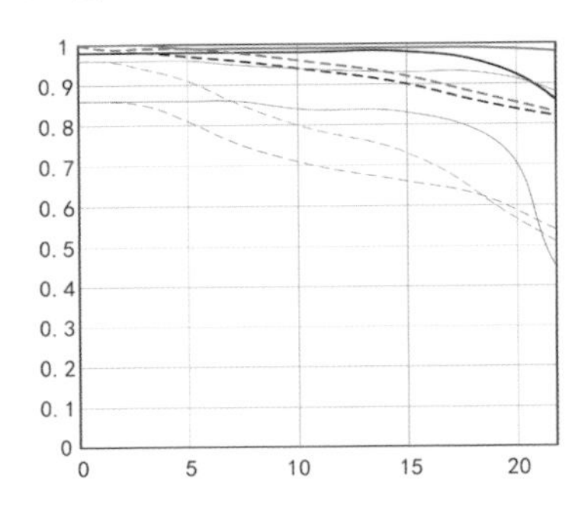

双重IS影像稳定器，能够对在微距摄影等近距离拍摄时产生很大影响的平移抖动进行补偿，并能与一般情况下发生的倾斜抖动配合，发挥较强的手抖动补偿效果；镜头结构为12组15片，其中包含了1片对色像差有良好补偿效果的UD镜片；优化的镜片配置和镀膜，可以有效地抑制鬼影和眩光的产生；为了得到美丽的虚化效果，镜头采用了圆形光圈；并且搭载了能够迅速宁静地进行对焦的环形USM超声波马达，可实现全时手动对焦。

f/14　1/125s　ISO100　100mm

佳能EF 135mm f/2L USM

参考售价：0.75万元

镜头结构

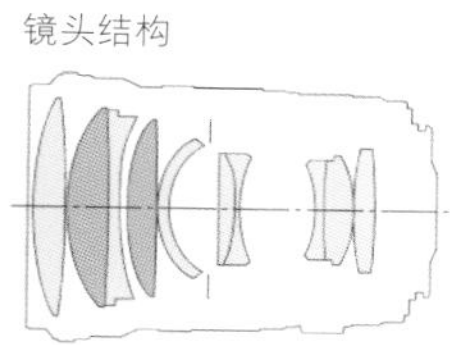

● UD超低色散镜片

规格

焦距：135mm

视角：18°

最大光圈：f/2

光圈叶片数：8片

最近对焦距离：0.9m

镜头结构：8组10片

最大放大倍率：0.19倍

滤镜口径：72mm

镜头尺寸：82.5mm×112mm

重量：750g

MTF图

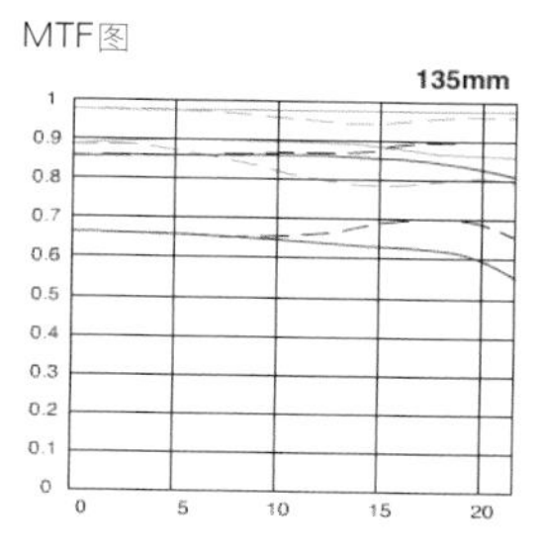

镜头特色

这款镜头做工精致，手感厚重扎实；采用8组10片的镜头结构，并加入了两片UD超低色散镜片，成像表现清晰锐利、色彩鲜明；8片的光圈结构使焦外虚化自然柔和，只是油润感比85mm 1.2稍差，不过因其135mm的焦距比85mm要长，也能获得一定的长焦虚化优势；最重要的是，其价格只有85mm 1.2的1/2，因此这款镜头有着非常高的性价比，是值得拥有的一款L级红圈镜头。

f/2 1/250s ISO1600 135mm

佳能EF 200mm f/2L IS USM

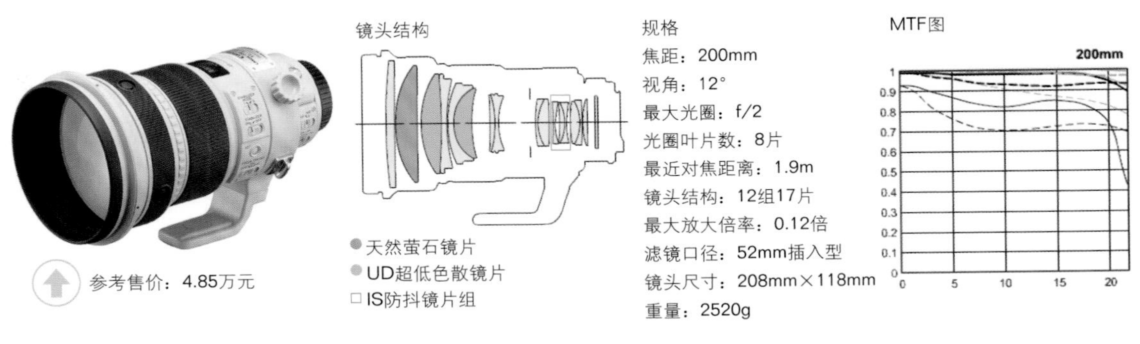

规格
焦距：200mm
视角：12°
最大光圈：f/2
光圈叶片数：8片
最近对焦距离：1.9m
镜头结构：12组17片
最大放大倍率：0.12倍
滤镜口径：52mm插入型
镜头尺寸：208mm×118mm
重量：2520g

镜头特色

佳能EF 200mm f/2L IS USM采用了17片12组的缜密光学结构，在其片组成员中还包括1片无色差天然萤石玻璃镜片，以及两片UD超低色散镜片；该镜头重2520g，体积为128mm×208mm，最近对焦距离为1.9m。值得提及的是，其前辈镜头佳能EF 200mm f/1.8L USM的光学构成为12片10组，体重3000g，焦点最近可控位置是2.5m。通过对比可见，佳能EF 200mm f/2L IS USM在光学构成、轻量化指标以及最近对焦距离等关键技术方面的扎实进步。

f/2 1/800s ISO1600 200mm

佳能EF 300mm f/2.8L IS USM

参考售价：4.74万元

镜头结构

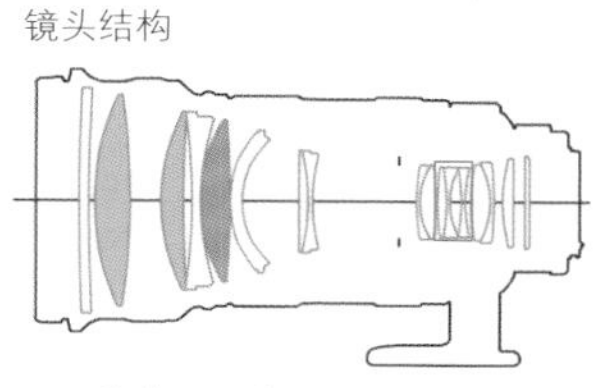

● 天然萤石镜片
● UD超低色散镜片
□ IS防抖镜片组

MTF图

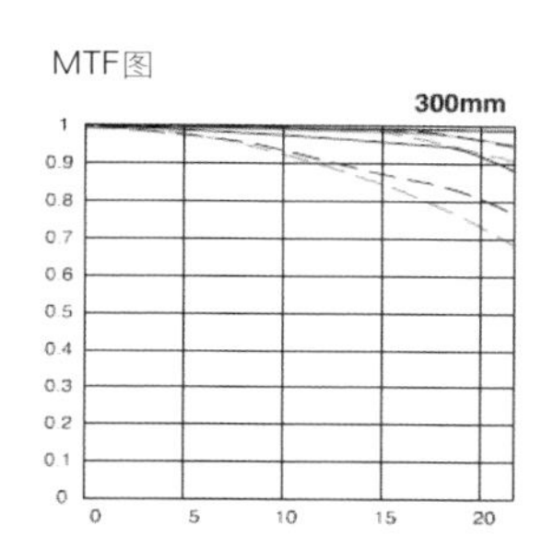

镜头特色

镜头采用了1片天然萤石镜片，能够对色像差起到很好的抑制效果，从而确保画面拥有极佳的色彩还原和清晰度；优化的镜片配置和镀膜，很大程度地抑制了眩光和鬼影的发生；手抖动补偿机构，通过补偿光学元件的低摩擦构造等，提高了手抖动补偿效果，并大幅实现了相对轻量化；对焦模式追加了在拍摄短片时能发挥威力的高效对焦模式，拍摄时转动对焦调节环即可以一定速度平滑移动对焦位置；容易附着污垢的最前端和最后端镜片采用了具有优秀防油、防水性能的防污氟镀膜，能有效减少污垢附着。

规格
焦距：300mm
视角：8.15°
最大光圈：f/2.8
最小光圈：f/32
最近对焦距离：2.5m
镜头结构：13组17片
最大放大倍率：0.13倍
滤镜口径：52mm插入型
镜头尺寸：128mm×252mm
重量：2550g

f/6.3　1/2500s　ISO400　200mm

4.5 超高性价比的原厂镜头

佳能EF 17-40mm f/4L USM

参考售价：5050元

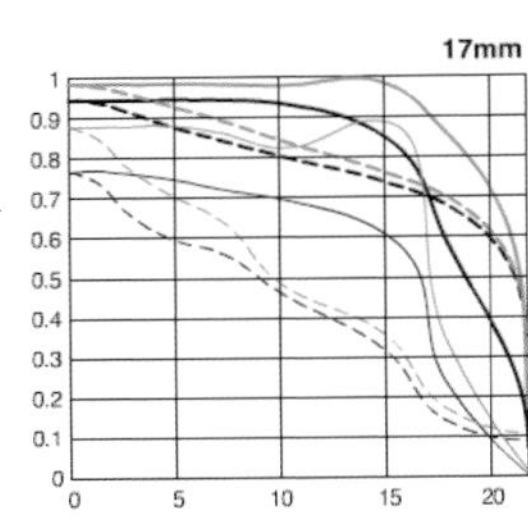

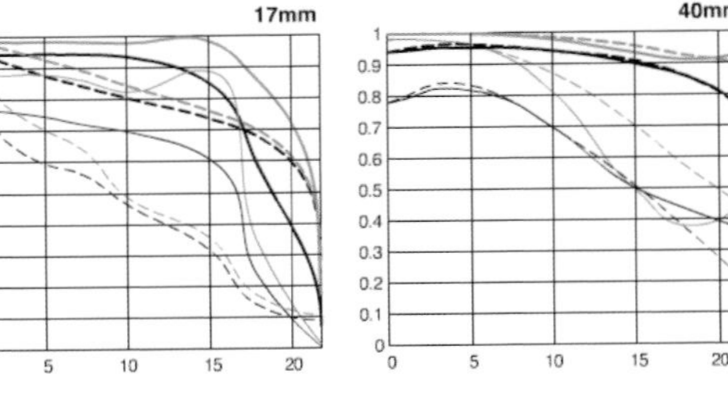

镜头特色

这款镜头的光学结构为12片9组，镜片组成员中包括了1片UD低色散镜片和两片非球面镜片。虽然最大光圈是f/4而不是f/2.8，但这款镜头在最大光圈下的畸变控制和像场均匀度都是一流的，在17～40mm焦程内的所有焦距位置上，其润色能力和反差控制都给人留下了美好印象。这款镜头保持了良好的通透感和难得的全程均衡度，其明快的影调和丰沛的细节描写力都展示了专业光学产品应有的素质。

规格
焦距：17～40mm
视角：57.3° ～104°
最大光圈：恒定f/4
光圈叶片数：7片
最近对焦距离：0.28m
镜头结构：9组12片
最大放大倍率：0.24倍
滤镜口径：77mm
镜头尺寸：83.5mm×96.8mm
重量：475g

f/8　1/160s　ISO200　35mm

佳能EF 24-105mm f/4L IS USM

 参考售价：6500元

镜头结构

非球面镜片

UD超低色散镜片

规格

焦距：24～105mm

视角：23.2°～84°

最大光圈：恒定f/4

光圈叶片数：8片

最近对焦距离：0.45m

镜头结构：13组18片

最大放大倍率：0.23倍

滤镜口径：77mm

镜头尺寸：83.5mm×107mm

重量：670g

镜头特色

镜头采用13组18片的结构设计，拥有1片UD超低色散镜片和3片非球面镜片，可以有效地降低色散的产生，实现全焦段内的较高画质表现；全新IS光学防抖技术的采用，可以获得约降低3档快门速度的抖动补偿效果；多层超级光谱镀膜以及优化的镜片摆放位置，可以有效地抑制鬼影和眩光；采用圆形光圈，可以获得漂亮的焦外效果，支持全时手动对焦，并具有良好的防尘、防潮性能。

MTF图

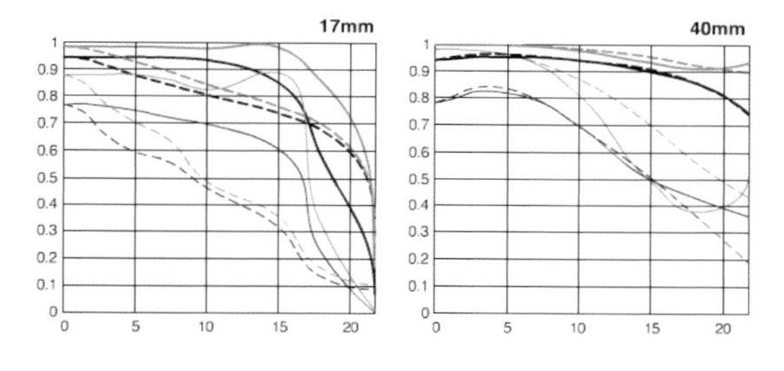

 f/7.1 1/160s ISO800 145mm

佳能EF 70-200mm f/4L IS USM

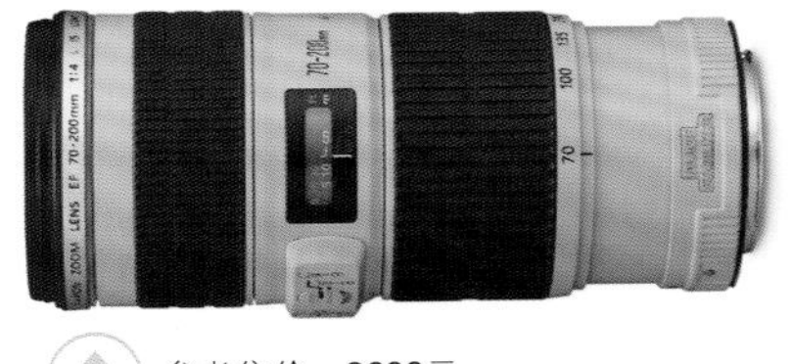

参考售价：8600元

MTF图

70mm

200mm

镜头结构

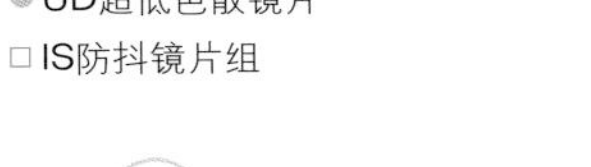

● 天然萤石镜片
● UD超低色散镜片
□ IS防抖镜片组

规格
焦距：70～200mm
视角：12° ～34°
最大光圈：恒定f/4
光圈叶片数：8片
最近对焦距离：1.2m
镜头结构：15组20片
最大放大倍率：0.21倍
滤镜口径：77mm
镜头尺寸：76mm×172mm
重量：760g

f/1.4　1/80s　ISO400　85mm

镜头特色

采用萤石和超低色散镜片，带来了出色的成像素质，IS光学影像稳定器效果相当于提高4档快门速度的抖动补偿；优化的镜片镀膜和镜片位置，有效地抑制鬼影和眩光，出色的防尘、防水滴性能，大大拓展了镜头的可用性；圆形光圈带来出色的焦外成像，环形超声波马达使对焦安静、快速，并支持全时手动对焦，光学系统全部采用无铅玻璃；高素质的成像，光学稳定系统以及较轻的重量，使其成为体育、人像、动物摄影的绝佳搭档。

佳能EF 50mm f/1.8 Ⅱ

参考售价：700元

镜头结构

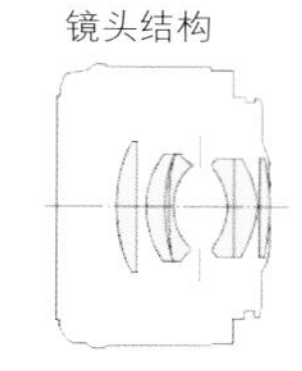

MTF图

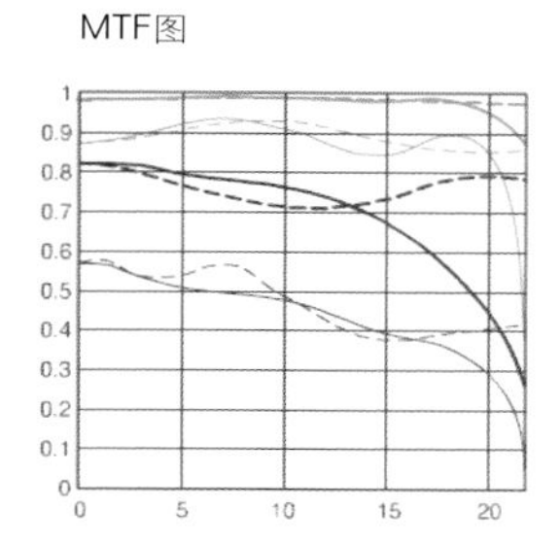

镜头特色

经典的高斯型镜片，设计6片5组的光学结构，简洁但不简单；在最大光圈f/1.8时成像稍“肉”，但是收小1档光圈后，画面锐度明显上升，焦点部分成像清晰、锐利，焦外虚化比较柔和；大光圈在弱光下非常实用，仅仅130g的重量，使其非常适合作为普通挂机头使用。

规格
焦距：50mm
视角：46°
最大光圈：f/1.8
光圈叶片数：8片
最近对焦距离：0.45m
镜头结构：5组6片
最大放大倍率：0.15倍
滤镜口径：52mm
镜头尺寸：68.2mm×41mm
重量：130g

 f/1.6 1/250s ISO640 85mm

佳能EF 85mm f/1.8 USM

参考售价：2800元

镜头结构

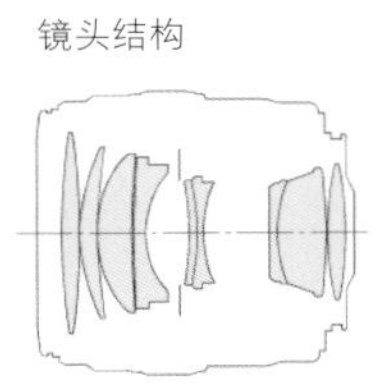

MTF图

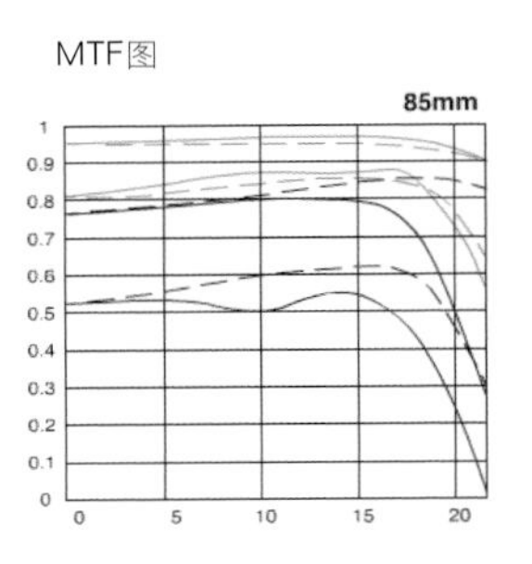

镜头特色

佳能给这款平民人像镜头加入了USM超声波马达，同时支持全时手动对焦，由于采用成熟的内对焦/后对焦技术，前镜片组于对焦时不会转动，故不会影响滤光镜的使用；在任何光圈下都可以获得清晰明锐的成像效果，只有425g的重量也让拍摄者在拍摄时不会为器材所累。实际拍摄时，建议收小1档光圈，画面表现会相当令人满意。

规格
焦距：85mm
视角：28.3°
最大光圈：恒定f/1.8
光圈叶片数：8片
最近对焦距离：0.85m
镜头结构：7组9片
最大放大倍率：0.13倍
滤镜口径：58mm
镜头尺寸：75mm×71.5mm
重量：425g

f/2　1/500s　ISO200　85mm

佳能EF 300mm f/4L IS USM

参考售价：1.55万元

镜头结构

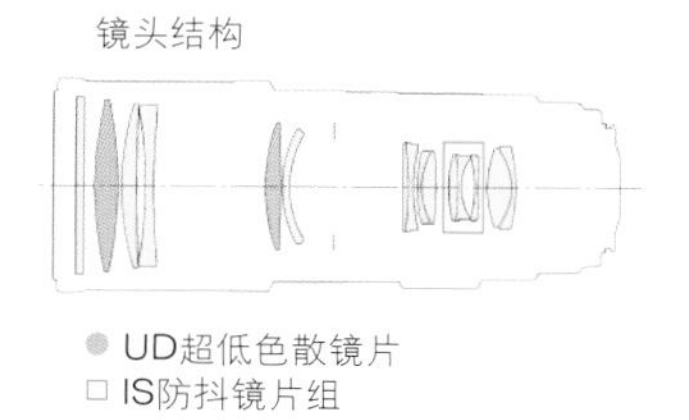

● UD超低色散镜片
□ IS防抖镜片组

MTF图

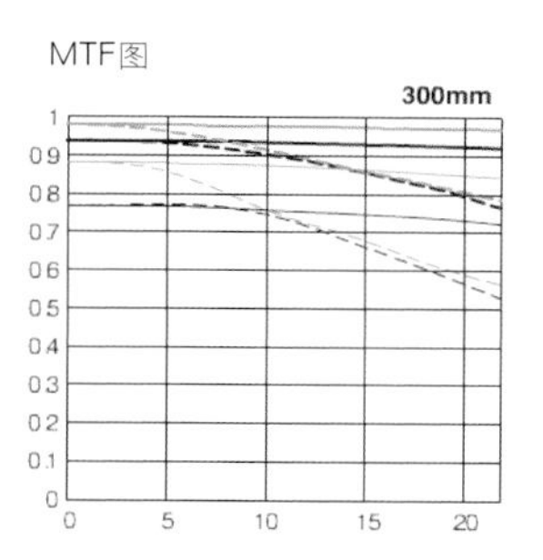

镜头特色

在优异的光学表现与良好的性价比之间，此款镜头找到了一个合理的契合点；其解析能力一流，画面纯净度也极高，整体光学素质绝对无愧于“专业”二字；专业级别的光学品质，再加上轻便舒适的操控能力以及相对友好的身价，此款镜头在佳能的白色炮阵中属于具有良好性价比的实用之选、务实之选。

规格
焦距：300mm
视角：8.15°
最大光圈：恒定f/4
光圈叶片数：8片
最近对焦距离：1.5m
镜头结构：11组15片
最大放大倍率：0.24倍
滤镜口径：77mm
镜头尺寸：221mm×90mm
重量：1190g

f/6.3 1/2500s ISO400 200mm

4.6 物美价廉的副厂镜头

适马12-24mm f/4.5-5.6 EX DG ASP HSM

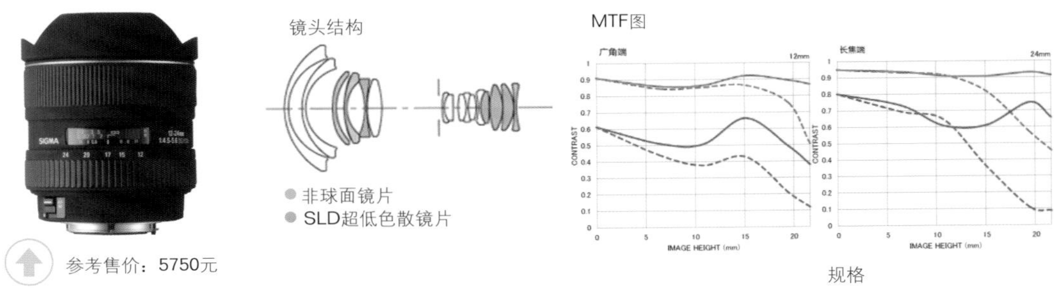

参考售价：5750元

镜头特色

镜组内含的4片SLD超低色散镜片和3组非球面镜片在消除超广角镜头常见色散、像差、变形等现象的同时，提供令人惊叹的广角画面效果；IF内对焦、内变焦系统可以确保镜体长度保持不变，袖珍轻巧；HSM超音波马达，让拍摄对焦迅捷流畅、宁静准确，并兼容全时手动对焦；标配一体成型的花瓣遮光罩，有效防止杂光干扰，并附有套筒以便使用偏光镜；全焦段最近对焦距离仅28mm，实用的超广角变焦焦段，让拍摄者拥有更大和更自由的创意发挥空间。

规格
焦距：12～24mm
视角：84.1° ～122°
最大光圈：f/4.5～f/5.6
光圈叶片数：6片
最近对焦距离：0.28m
镜头结构：12组16片
最大放大倍率：0.14倍
滤镜口径：87mm(后置)
镜头尺寸：102.5mm×87mm
重量：600g

f/2.8 1/125s ISO640 22mm

适马24-70mm f/2.8 IF EX DG HSM

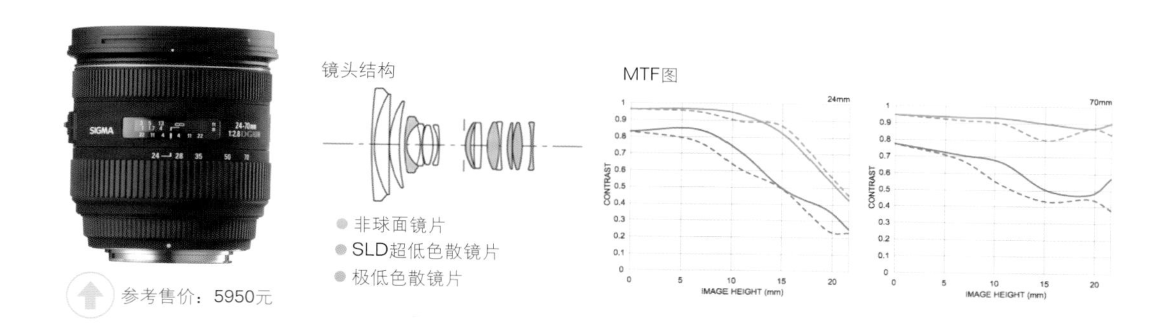

镜头特色

1片ELD专业级极低色散镜片，两片SLD超低色散镜片和3片非球面镜片的加入，令这款镜头有着不逊于原厂镜头的成像素质，色散和像差均得到极好校正，影像清晰明锐，色彩还原真实，在多家机构的专业评测中丝毫不输于原厂镜头；除了光学镜片的不计成本投入，HSM超音波马达、9片圆形光圈、SML超多层镜片镀膜以及IF内对焦系统，在硬件上也可以傲视群雄；对焦宁静快速，焦外成像柔美，耀斑、眩光、鬼影与它无缘，内对焦设计带来的镜体长度恒定，让使用者获得更好的握持感，同时确保了整体的稳固性。

规格
焦距：24～70mm
视角：34.3°～84.1°
最大光圈：f/2.8
光圈叶片数：9片
最近对焦距离：0.38m
镜头结构：12组14片
最大放大倍率：0.188倍
滤镜口径：82mm
镜头尺寸：94.7mm×88.6mm
重量：790g

f/4 1/15s ISO400 200mm

4.7 专为APS画幅开发的EF-S镜头

佳能EF-S 10-22mm f/3.5-4.5 USM

参考售价：5400元

镜头结构

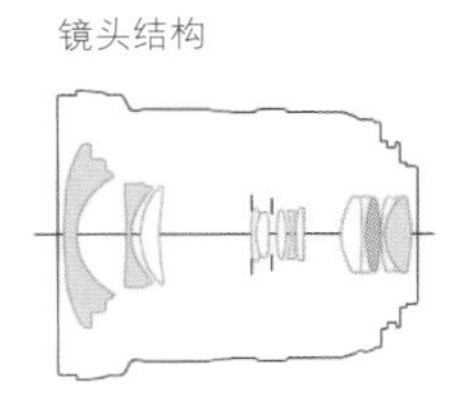

MTF图

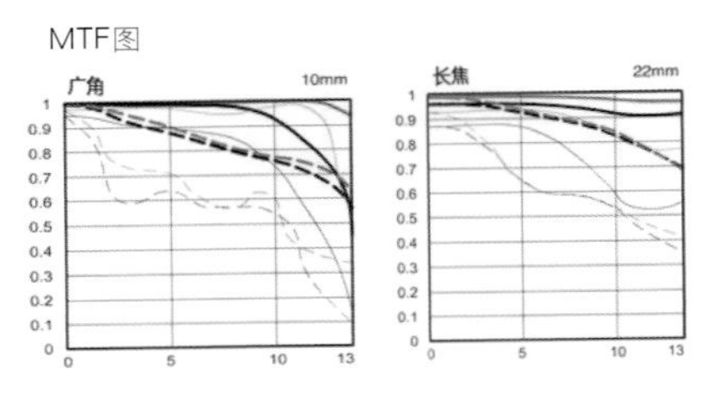

镜头特色

针对APS-C画幅相机缩小了成像圈，后焦距的缩短使镜头同时实现了小型化和轻便化；高性能超级UD（超低色散）镜片效果媲美萤石镜片，可较大程度地抑制色像差的产生；几乎所有波长的光线都能在正确位置成像，整个画面范围内画质锐利；此款镜头的一大特点是，整个变焦范围内的歪曲像差很少，画面边缘线条的成像也很少出现不自然的细微波纹，在风光摄影时对水平线具有较好的表现力；边缘部分画质稳定，整个画面均可有效利用；拍摄时亦可进行自由构图，无需担心画面中被摄主体的位置；此外，通过全时手动对焦，可轻松实现对合焦位置的微调；采用内对焦方式，对焦时镜头的全长不会发生变化，加之镜头前部不会转动，操作性良好。

规格
镜头焦距：10～22mm
镜头结构：10组13片
光圈叶片：6片（圆形光圈）
最近对焦距离：约0.24m
驱动系统：环形USM超声波马达
滤镜口径：77mm
镜头尺寸：83.5mm×89.8mm
重量：385g

f/8 1/160s ISO100 10mm

佳能EF-S 18-55mm f/3.5-5.6 IS Ⅱ

参考售价：700元

镜头结构

MTF图

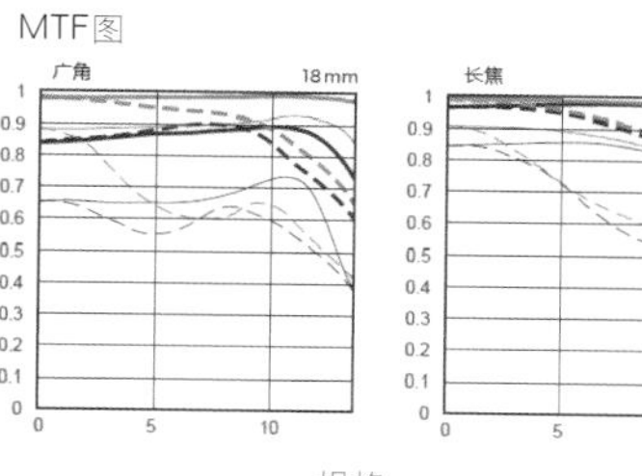

规格

镜头焦距：18～55mm

镜头结构：9组11片

光圈叶片：6片（圆形光圈）

最近对焦距离：约0.25m

滤镜直径：58mm

最大直径及长度：约 Φ 68.5×70mm

重量：约200g

镜头特点

这是一款小巧、轻便的标准变焦镜头。通过优化配置高精度树脂成型非球面镜片，可以对球面像差等多种像差进行有效补偿，实现了全焦段的高画质；考虑到小型镜头的特性，IS影像稳定器采用的是超小型手抖动补偿机构，具有相当于约4级快门速度的手抖动补偿效果；可以自动检测拍摄状态是普通拍摄还是追随拍摄以及是否使用三脚架/独脚架等，然后根据不同的情况进行恰当的手抖动补偿，用户不需要切换手抖动补偿模式，就能获得适合现场状况的手抖动补偿效果；采用圆形光圈，可以实现美丽的虚化效果；通过优化的镜片配置和镀膜，有效地抑制了鬼影和眩光的产生；镜身内置高速CPU和先进的自动对焦算法，实现了快速且可靠的自动对焦。

f/11 1/6s ISO3200 30mm

佳能EF-S 18-135mm f/3.5-5.6 IS

参考售价：3100元

镜头结构

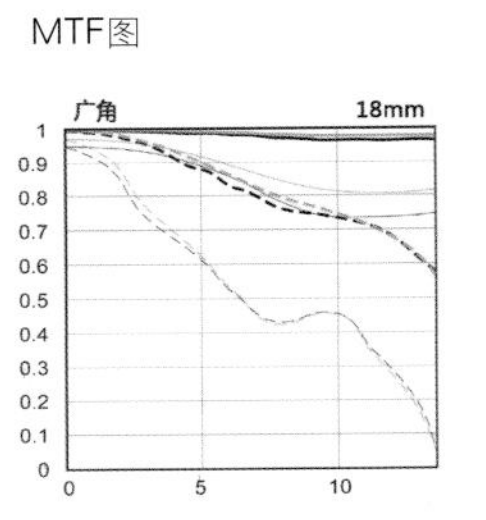

MTF图

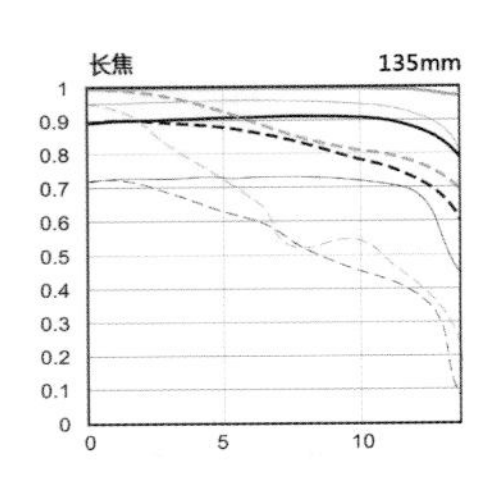

镜头特点

具有高达约7.5倍变焦比的高倍率标准变焦镜头，搭载IS影像稳定器，能够在广角端到远摄端的全焦段都得到相当于约4级快门速度的手抖动补偿效果，并可自动识别普通拍摄与追随拍摄，选择合适的IS模式；镜头结构为12组16片，其中包含了1片非球面镜片以及1片UD（超低色散）镜片，对多种像差都能进行良好的补偿；最近对焦距离为约0.45m，配合强有效的手抖动补偿机构IS影像稳定器，能够满足从一般摄影到微距摄影的广泛需求；镜头不但覆盖了用户会频繁使用的焦段，并且保持了约455g的轻便镜身，而优化的自动对焦控制可以带来快速的自动对焦，是一款适合抓拍和旅行使用的镜头。

规格

镜头焦距：18～135mm
镜头结构：12组16片
光圈叶片：6片（圆形光圈）
最近对焦距离：约0.45m
驱动系统：DC马达
滤镜直径：67mm
最大直径及长度：75.4mm×101mm
重量：455g

f/6.3　1/100s　ISO100　62mm

佳能EF-S 15-85mm f/3.5-5.6 IS USM

参考售价：5500元

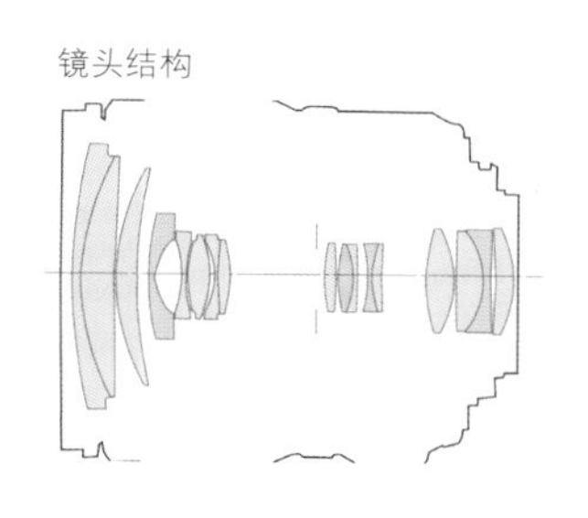

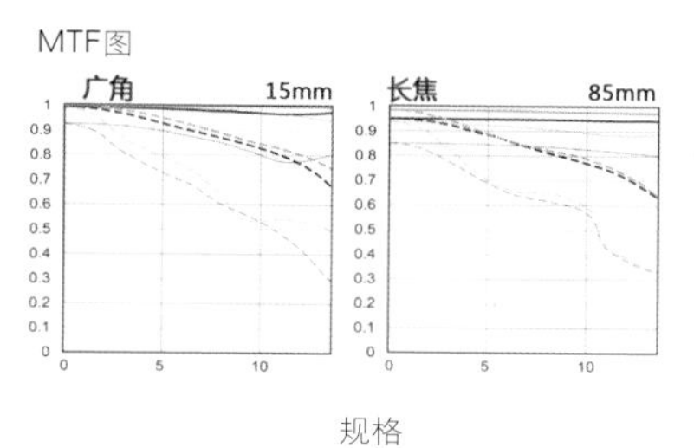

规格

镜头焦距：15～85mm

镜头结构：12组17片

光圈叶片：7片（圆形光圈）

最近对焦距离：约0.35m

驱动系统：环形USM超声波马达

滤镜直径：72mm

镜头尺寸：81.6mm×87.5mm

重量： 575g

镜头特点

此镜头的一大特征就是拥有EF-S标准变焦镜头中最短的15mm广角端，换算成35mm规格，具有相当于约24mm的视角，十分开阔。拍摄宏大的风景自不必说，即使是在狭小的室内也可以灵活运用其视角特点创造出更加自由的构图。此外，还能充分利用广角镜头才有的强烈透视效果拍出充满个性的照片，35mm规格下相当于约136mm的远摄端视角，可以应对大多数日常场景。环形USM超声波马达的采用，使全时手动对焦和高速宁静的自动对焦得以实现；手抖动补偿机构IS影像稳定器，具有相当于约4级快门速度的补偿效果，即使在昏暗场所或使用远摄焦段拍摄时也能够放心，并可自动识别普通拍摄与追随拍摄；镜头结构为12组17片，其中包含了3片非球面镜片以及1片UD（超低色散）镜片，镜头设计可谓十分奢华；优化的镜片配置和镀膜，可以有效抑制鬼影和眩光的产生；通过对多种像差进行良好的补偿，使整个变焦区域内都具有稳定的画质。

f/8 1/8s ISO3200 85mm

佳能EF-S 60mm f/2.8 USM 微距

参考售价：3300元

镜头结构

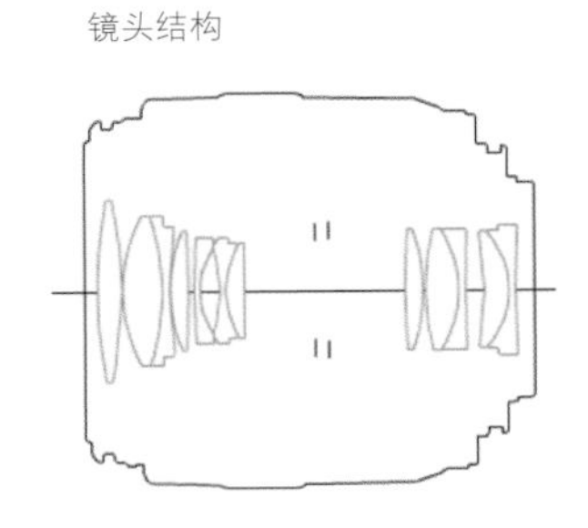

MTF图

60mm

规格

镜头焦距：60mm

镜头结构：8组12片

光圈叶片：7片

最近对焦距离：约0.2m

驱动系统：环形USM超声波马达

滤镜直径：52mm

镜头尺寸：73mm×69.8mm

重量：335g

镜头特点

此款镜头不但能够实现从无限远到等倍放大的微距摄影，而且还能作为一般的中远摄镜头用于很多拍摄领域。8组12片的镜头结构分为4组，由于采用了3组的浮动对焦机构，对焦时第2组至第4组镜片会分别按照不同的轨迹移动；进行微距摄影时，可有效补偿较易产生的多种色像差，从而实现整个拍摄范围的高画质；采用了内对焦方式，对焦时镜身长度不会发生变化；较高的分辨率可将被摄对象的细节精细呈现，而且自动对焦速度也很快，使其可应对从微距到无限远的多种拍摄场景；由于采用了环形USM超声波马达，使全时手动对焦成为可能，让拍摄者可按拍摄意图自由微调合焦位置；优化的镜头形状与镜头镀膜，较大程度地抑制了鬼影和眩光的出现，是一款具有较强逆光拍摄性能的镜头。

f/5.6 1/80s ISO4000 60mm

第5章

佳能数码单反相机的相关附件

从拥有数码单反相机那天起就会发现，随着对摄影了解的逐步深入，需要不断地采购数码单反相机的周边附件，这样才能满足日益增长的拍摄想法和对画质的更高要求。各种不同的滤镜、转接环、三脚架、相机包、灰卡......虽然这些附件并不是必须的，但是它们确实能够对拍摄效果起到有效的提升。

5.1 三脚架的选择与使用

三脚架的作用

大家知道，在手持相机进行拍摄时，按下快门的瞬间相机会有一定的抖动，一方面来自于手部的力量，一方面来自机内反光板弹起的震动，这都有可能造成影像的模糊。在曝光时间更长的拍摄中，这种抖动对画面的影响更加明显，如夜景拍摄，快门速度通常较低，此时手持拍摄很容易导致图像模糊。为了解决因手抖动而造成影像模糊的问题，厂商发明了三脚架，通过借助三脚架提供的稳定支撑，大大减少了手持拍摄导致影像模糊的概率。因此，三脚架是专业摄影师的好助手，对于摄影抱着严谨态度的人，三脚架几乎是必不可少的摄影附件。

手持拍摄的模糊影像。
f/8 1s ISO100 20mm

提 示

在快门速度超过1s的情况下，手持拍摄成功的概率极低，如果不使用三脚架或借助其他支撑，那么难逃图像模糊的后果。使用三脚架支撑相机拍摄，获得清晰影像的概率将会大大提升。

借助三脚架的支撑拍摄的清晰影像。
f/11 5s ISO200 70mm

三脚架的品牌

三脚架对影像的清晰度起着非常重要的作用。因此，选购一款质量过硬的三脚架，对于专业摄影人来说很有必要。目前市场上的三脚架品牌众多，售价从几十到几万不等，消费者在选购的时候可能会觉得无从下手。现在就来认识一下目前主要的三脚架品牌。

欧洲品牌

GITZO 捷信是来自法国的脚架品牌，在碳纤维脚架领域堪称顶级厂商。目前捷信只专注于生产碳纤维脚架和重型合金脚架，捷信脚架以质量过硬、技术先进著称于世，是很多资深专业摄影师的脚架首选。价格昂贵是其另一大特色，几千至上万元的脚架听起来不可思议，但是在捷信的产品线中比比皆是。

Manfrotto 曼富图是来自意大利的脚架品牌，以生产重金属三脚架见长，扎实、耐用是其最大特色。除了三脚架以外，云台、摄影包也是其主要的产品。

大家可能不知道的是，捷信、曼富图、kata、国家地理这些摄影领域鼎鼎有名的品牌均是威泰克集团旗下的子公司。

GITZO 捷信。

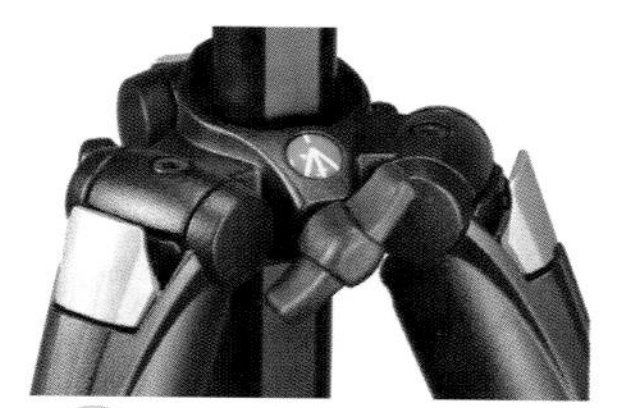
Manfrotto 曼富图。

日本品牌

Velbon 金钟 和SLIK 竖立均是来自日本的三脚架品牌，以产品制作精细、价格较欧系便宜见长，追求轻便与实用相结合的设计思路，产品在小型化、轻巧领域有特殊优势，但是在耐用性方面比欧系品牌稍逊。

Velbon 金钟。

SLIK 竖立。

国产品牌

BENRO 百诺是国产知名品牌，具有生产世界先进水平高强度碳素纤维材质脚架的技术，价格较欧系脚架便宜，与日系脚架差不多。

伟峰也是国产脚架中比较知名的品牌，价格相对低廉，主打中低端市场，其生产的铝合金脚架比较结实耐用，但便携性稍差。伟峰的产品适合对脚架质量要求不是很高的初级摄影用户。

BENRO
百诺者 百乐

BENRO 百诺。

三脚架的构造

三脚架虽然品牌众多，但是其基本组成元件还是相通的。从大的方面来说，主要由脚管和云台组成，而这两部分又由许多分支部分组成。

脚管的锁定

三脚架的方便之处在于其高度的可调，这样可以适应不同的拍摄需求，需要高机位拍摄时可以将脚架升至高位，需要低机位拍摄时则可以将其缩短。高度轻松可调，非常方便，省却了拍摄者在高低机位拍摄时的疲累。调节脚架的高度，必须要借助脚管锁定系统才能实现。目前脚管锁定系统主要有两类，一类是旋钮式，一类是扳扣式。

旋钮式锁定系统：升高或者降低脚架时需要旋转松开脚管锁定旋钮然后调节高度，调节完成后需要再次旋转锁紧，伸缩敏捷性欠佳，操作比较烦琐，但是稳定性更高，且不会对脚管产生横向作用力，故可避免脚管变形。

扳扣式锁定系统：在伸缩脚管时，只要扳开锁定扣，即可拉出或缩进脚管，调节完成再扣上扳扣即可，非常方便。如果脚管材质较差，随着使用时间的延长可能会造成脚管弯曲。如果是塑料材质的扳扣，会存在断裂的风险。

调整脚架的高度。

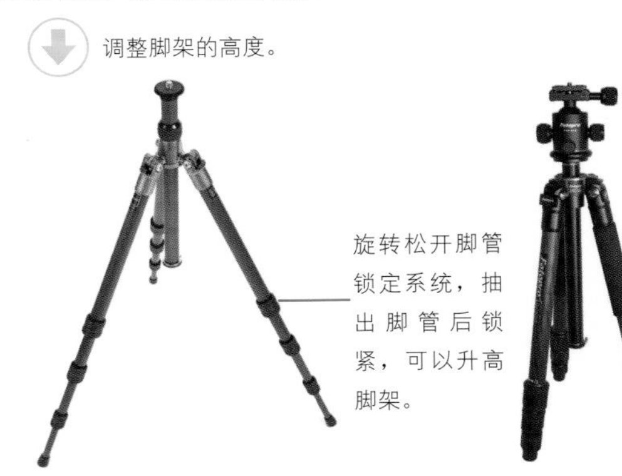

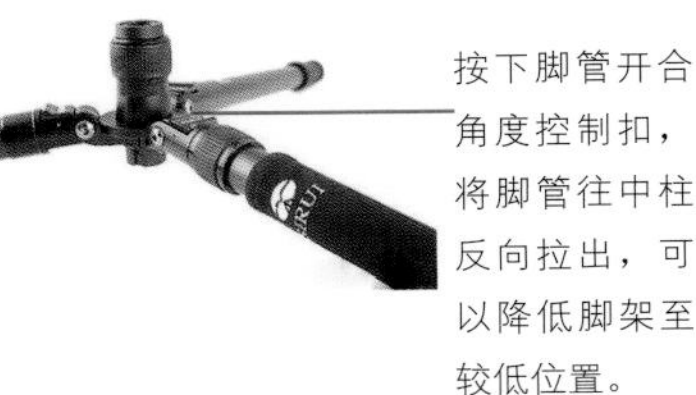

脚钉和脚垫

三脚架的脚钉和脚垫对于确保三脚架的稳定支撑具有非常重要的意义，其不同之处在于使用环境的差异。

脚钉是一个金属的尖头，适用于地面不平坦的拍摄环境，如户外的泥沙土地、雪地等。使用时将脚钉插入泥沙地面，可以起到防止侧滑、稳定三脚架的作用。

脚垫通常是橡胶材质的垫子，端头平坦，摩擦系数高，适合平坦的拍摄环境，如水泥地面、室内木地板等，可以增大摩擦面积以获取稳定的支撑效果。

脚垫和脚钉各有所长，适合拍摄环境多变的拍摄者。如果有条件的话，建议选择可以在脚钉和脚垫间切换的三脚架，这样适用范围更广，拍摄者在应对不同拍摄环境时也能够从容不迫。

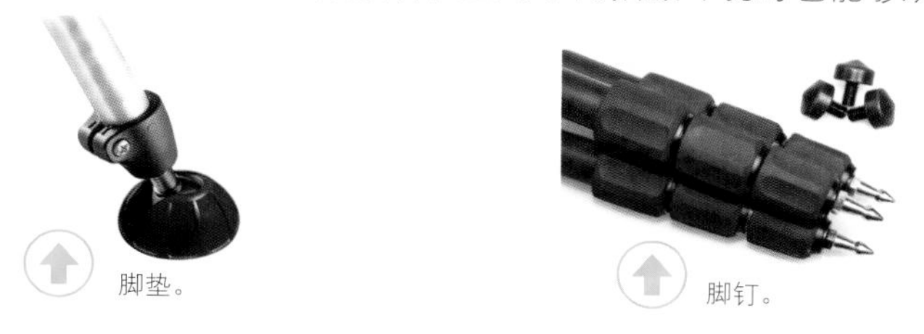

脚垫。　　脚钉。

云台

云台之于三脚架，扮演的是一个承上启下的角色。通过其上部的快装板与相机连接，通过其下部的螺丝与脚架连接，从而真正实现通过脚架为相机提供稳定支撑的目的。云台分球型云台和三维云台两种。

球型云台又被称为“万向云台”，没有烦琐的控制杆，操作非常简单。即使是新手也可以很快掌握使用方法，相对于三维云台来说，在改变相机拍摄角度方面的方便性是不言而喻的。操作时只需要松开锁紧扳手，调节相机到需要的任意角度，然后再锁定即可。这种便利性在需要快速改变构图的拍摄中非常有价值，可以避免像使用三维云台那样遗失拍摄时机的问题。当然，球型云台也有弊端。在使用长焦镜头时，因为镜头重量较沉，重心外延，如果不慎松开球型云台的紧固旋钮，则相机很容易带着脚架摔倒，这种潜在的危险使球型云台通常只适合承受更轻巧的入门级相机和普通镜头。

三维云台虽然操作复杂，但是稳定性更加可靠，承重能力更强。即使安装上专业长焦镜头，依然可以确保稳定性无虞，因此深受专业摄影师的青睐。如图所示，通过不同方向的调节把手，三维云台可以实现水平、垂直、360°圆形调节，从而方便拍摄者从任意角度进行拍摄取景。

球型云台。

三维云台。

悬臂云台。

提 示

除球型云台和三维云台外，还有专门针对远摄镜头开发的悬臂云台。使用悬臂云台可以非常方便地进行相机的俯仰操作，还可以进行跟踪摇摄。悬臂云台深受专业拍摄飞鸟、动物的摄影师青睐。

三脚架的材质

三脚架的材质是决定三脚架档次的一个重要指标。现在主流的三脚架材质是碳纤维，因其具有高强度、重量轻的特点，非常适合随身携带，广受专业摄影师的欢迎；其次是铝合金、镁合金、钢质、木质、高强度塑料等材质。

铝合金材质的三脚架，重量较轻、坚固结实，是早期三脚架材质的主力。在三脚架的发展史上，最初是追求稳定性为先，因此钢制脚架曾经风光了一段时间。后来，随着人们对减轻负重的要求越来越突出，铝合金、碳纤维材质逐渐走上主流。

三脚架从稳定性的要求去看，也并非重量越轻越好，毕竟其自身的重量对于稳定性也是很有帮助的。因此在选购脚架时，拍摄者可以根据自身的拍摄需要灵活选择。经常外拍的拍摄者可以选择轻便的碳纤维材质，而经常在固定场所拍摄、不需东奔西走的拍摄者则可以选择铝合金或者钢质脚架，以获取更加可靠的稳定性。

碳纤维材质脚架。　铝合金材质脚架。

三脚架的选购要点

三脚架的选购，除了关注材质外，脚架的节数和云台都是需要注意的细节。节数越多的脚架，可以升起的最大高度越高，同时设计也越紧凑。但是因为节数较多，最末端的脚管通常都较细，稳定性欠佳。云台也是值得关注的部分，其承重能力是关键。通常应该选择承重能力大于自身常用器材最大重量的云台，三维云台或者球型云台可根据拍摄内容灵活选择。

功能扩展性更强的三脚架。

提示
多用途三脚架。其中一支脚管可以拆下来作为独脚架使用，中轴部分可以安装挂钩，在有风的拍摄环境中可以在挂钩上添加重物以帮助稳定相机。

中轴上的挂钩，可以安放重物稳定相机。

独脚架

独脚架，顾名思义，就是只有一支脚管的脚架。它的用途更加灵活，既可以在体育摄影等需要灵活机动拍摄的摄影题材中帮助拍摄者稳定相机，也可以在剧场或者人流拥挤等不便使用三脚架的环境中使用。比起三脚架，独脚架虽然稳定性稍差，但是实用性大幅提升。可以说它的设计非常讨巧，更重要的是，它携带起来更加方便，是想追求图像清晰度又不想太累太麻烦的拍摄者们的大爱。独脚架在追求拍摄清晰度和使用便捷性方面达到了一个很好的平衡，实现了鱼与熊掌兼得的梦想。

f/16 1/40s ISO100 200mm

独脚架拥有快速、灵活、机动的特质。体育摄影师们喜欢在拍摄赛车比赛时用它进行追焦拍摄，获取富有动感的赛车画面。

迷你脚架

在一些不方便使用大型三脚架的拍摄场合，迷你脚架可以发挥它的特殊用途，在环境极端的场合帮助拍摄者获得稳定支撑相机的拍摄效果。迷你脚架具有可以随意弯曲的三支脚，因此可以在普通脚架不能工作的场所发挥作用，如岩石上、栏杆上，几乎任何可以提供支撑的场合都可以架设，非常方便。

在异形栏杆上使用的迷你三脚架。

5.2 快门线与无线遥控器

不管是刚入门的摄影爱好者还是资深摄影师，或多或少都会遇到因为按下快门的瞬间力道过大导致相机震动的情况。避免此类情况发生的最好办法就是使用快门线，它可以控制相机拍照并防止接触相机表面所导致的震动。

快门线，就是控制快门的遥控线。早期有气压式快门线，通过挤压气球产生压力，推动机身快门达到拍照的目的。其后出现钢索式快门线，配合机身快门线上的螺旋孔紧密结合，按下按钮即可驱动快门。随着数码相机的出现并逐步取代传统相机的地位，快门线的功能也随之增加。现在的电子快门线得到长足发展，除了单纯的驱动快门拍摄功能以外，还包括在B门模式下锁定曝光功能以实现长时间曝光、间隔时间拍照、连拍、计时拍照等。快门线广泛应用在专业摄影领域，摄影师不用触碰相机机身，也可以最大限度地保持相机稳定。

无线遥控器通常分为红外线和无线电两种，前者是发射红外线指令驱动相机，后者是发射无线电指令驱动相机。其中，无线电遥控器在选购时要注意接口与相机机身接口是否匹配，红外线遥控器则要注意机身是否具备红外接口。使用无线遥控器需要注意以下问题。

- 无线遥控器要具备多频率选择功能，以防多机处于同一频率时的互相干扰问题。
- 遥控器需要具有两段式快门，即半按对焦和全按拍摄。

红外线遥控器的遥控距离通常不超过5m，而且在使用时需要将遥控器对准机身上的红外线接口。无线电遥控器的遥控距离更远，最远可以达到500m，可以同时遥控多台相机进行拍摄。

红外线遥控器。

无线电遥控器。无线电接收端可以单独做电子快门线使用。

5.3 摄影包

相机作为一款精密的电子设备，它的存放和保养均需要格外注意，防潮防撞击是最基本的要求。选择一款高质量的摄影包可以确保对相机的安全防护，当遇到不慎摔落、恶劣天气等情况时，高质量的摄影包可以让相机安然无恙，从而确保在任何想要拍摄的时候，相机都可以随时以最佳状态响应。

目前常见的单反摄影包有以下几类：单肩背包、双肩背包和拉杆箱。常见的摄影包品牌有乐摄宝、KATA、天域、赛富图、漂流木等，大品牌的包质量更好但价格更贵（如乐摄宝），国产的漂流木是以帆布包见长，拥有较高的性价比。

小巧玲珑的单肩背包，适合一镜走天下的用户，简单低调。

如果是专业玩家，有着令人羡慕的装备和身手，那么双肩背包是不错的选择。背着它可以上山下海，风里来，雨里去，全然不用担心相机的安全。

如果是商务精英，业务繁忙却酷爱摄影。这款拉杆箱摄影包绝对适合，把器材完全收纳，并且不用费力背负，只需拉着拉杆就可以轻松环游世界，拍尽天下美景。

5.4 滤镜

UV镜

在胶片时代，UV镜几乎是每个专业摄影师必备的一块滤镜。因胶片对紫外线非常敏感，会令画面偏蓝，而UV镜的主要功能即是用于吸收波长在400μm以下的紫外线，而对其他可见、不可见光线均无过滤作用。使用UV镜过滤天空光中的紫外线后，可以让画面感觉更加通透。

进入数码时代后，UV镜过滤紫外线的作用变得不再显著。因为数码感光元件对于紫外线已经不再敏感，UV镜此时更多的作用是保护镜头，在意外磕碰中保护镜头的镜片不被损坏，避免手指或异物触碰镜片刮伤镀膜，阻挡灰尘进入镜头内部影响成像。

B+W是UV镜中的贵族，质量过硬的同时价格也不菲。

肯高UV镜走平民路线，价廉物美是其最大特点。

提 示

UV镜有个关键的性能指标是“通光率”。好的UV镜通光率高，光线的衰减较少，从而确保不会影响成像质量，通过多层镀膜和选用高素质的镜片可以获得高透光率的UV镜。选购UV镜时，要注意直径与镜头口径匹配，常见的UV镜品牌有B+W、肯高、保谷、尼康等品牌。

中灰密度镜

在强光下进行长时间曝光离不了中灰密度镜（也被称为“减光镜”）。中灰密度镜对各种不同波长的光线的减少能力是同等的、均匀的，只起到减弱光线的作用，而对原物体的颜色不会产生任何影响，因此可以真实再现景物的反差。中灰密度镜通常有ND2、ND4、ND8等规格，分别需要增加1档、2档、3档的曝光量，也就是说，可以分别延长1倍、2倍、3倍的曝光时间。对于需要长时间曝光营造特殊效果的拍摄，这种滤镜是非常有效的，尤其是在强烈光线环境下需要长时间曝光拍摄时效果更加显著。

普通的ND8中灰密度镜，相当于降低3档的进光量。

减光量可调的Nature Fader ND中灰密度镜。它的减光量可以从ND2～ND400之间自由调节，相当于减少9EV的进光量，只需1片已足够代替多片ND镜。

偏振镜

偏振镜也被称为“偏光镜”。它的显著功能是过滤非金属被摄对象表面产生的偏振光，从而消除杂乱反光以使画面更加纯净。其消除反光的原理是，选择性地过滤来自某个方向的光线，通过过滤掉反射光中的许多偏振光以消除反光。使用偏振镜可以表现高光部分的质感、拍摄玻璃后面的景物、消除水面的反光以拍摄到水里的清晰画面等，在风光摄影和广告摄影中都是非常有用的控光工具。

选择与镜头口径相同的偏振镜并将其旋在镜头前部，在拍摄时透过取景器观察被摄对象。如果画面中有想要消除的反射光，旋转偏振镜前面的镜片，同时观察其滤光效果，直到满意为止。另外需要注意的是，装上偏振镜以后，如果使用M档拍摄，应该在正常曝光值的基础上加曝1～2档。因为偏振镜的阻光特性会造成进入镜头的光线变少，所以需要增加曝光补偿。如果是其他拍摄模式则不需补偿，相机的测光系统会自动进行补偿。

肯高偏振镜。

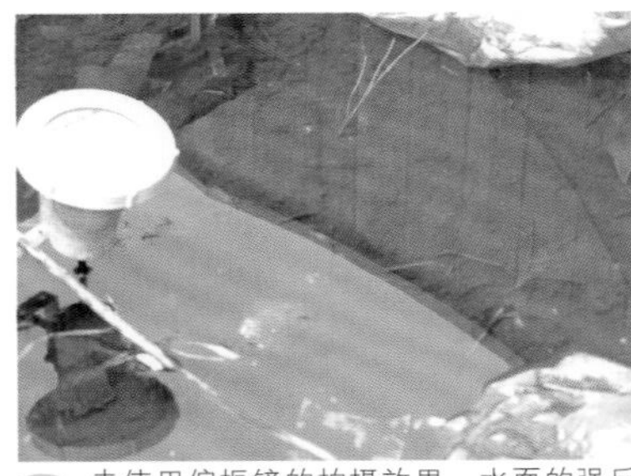

未使用偏振镜的拍摄效果。水面的强反光使画面无法记录水底的清晰影像。

使用偏振镜后的拍摄效果。水面反光被过滤掉，可以清晰地看到水底的画面。

渐变镜

经常拍摄风光的朋友会有这样的体会，在户外光线非常明亮的情况下，地面的景物和蓝天白云的风光都特别漂亮，可是拍摄成画面后，发现天空部分过曝、失去层次，蓝天白云全都不见了，因而感到非常懊恼。其实这不是拍摄者技术不佳，而是天空和地面景物的亮度差太大，以地面景物为基准测光，天空必然过曝，导致一片死白；而如果以天空亮度为基准测光，则地面部分又会一片漆黑，有没有办法可以解决这个问题呢？有，使用渐变镜。

渐变镜是摄影艺术创作极为重要的滤镜之一，可以分为渐变色镜和渐变漫射镜。从渐变形式讲，渐变镜又可以分为软渐变和硬渐变（“软”，即过渡范围较大；反之，即过渡范围较小，均需依据创作特点选用）。大部分滤镜都是对照片平均作用的，如常用的旋入式PL偏振镜、星镜、ND镜等，整片都是平均的，而渐变镜对照片的作用则有渐进效果，滤镜的作用只在其中一边，另一边对照片没有影响。按用途分类的话，常见的渐变镜有灰色渐变镜、蓝色渐变镜、灰茶色渐变镜、橙色渐变镜等。除了在拍摄多云、日出/日落等时加上渐变减光滤镜外，在天晴的日子拍摄时加上这种滤镜可使天空的色彩饱和度更高，使天空呈现出更深的蓝色，看起来更令人心旷神怡。

旋入式渐变镜。使用时旋在镜头前端，然后根据需要调整好需要渐变的方位即可。

插入式渐变镜。采用插入式设计的渐变镜比较容易改变角度，可以通过上、下移位改变渐变比例，因此非常受摄影爱好者的欢迎。

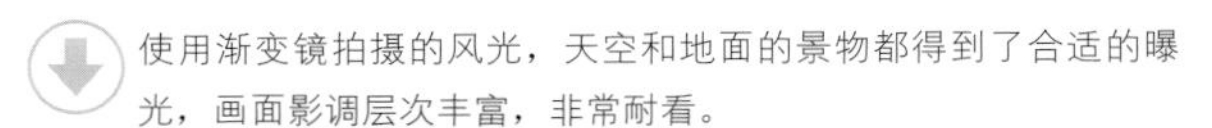

使用渐变镜拍摄的风光，天空和地面的景物都得到了合适的曝光，画面影调层次丰富，非常耐看。

星光镜

星光镜也是摄影创作中常用的滤镜之一，可以将高光部分表现出如星光般的熠熠生辉。星光镜产生星光效果的原理是，在星光镜的玻璃上通过蚀刻的方法雕刻出不同类型的纵横线型条纹，在点光源的作用下，可以使被摄景物中的光亮点产生衍射，从而使拍摄的照片上每个光亮点都放射出特定线束的光芒，从而达到光芒四射的效果。星光镜根据其上雕刻的细线数目和细线构成的图案不同，会产生不同效果的星状闪光。常见的星光镜主要有十字镜、雪花镜和米字镜等。在拍摄珠宝、水面、星光、夜景等场景时，可以得到不同类型的光芒。

肯高星光镜。

使用星光镜拍摄的夜景，灯光部分呈现出星光四射的效果。

近摄镜

近摄镜是一种类似滤光镜的近摄附件。它的正面凸起，用于影像放大，而背面却微微凹进，以便一定程度地减少像场弯曲，可以说就是一支特殊的放大镜。使用近摄镜，可以让普通镜头变成微距镜头，从而可以享受微距摄影的乐趣。近摄镜按屈光度标定，包括+1、+2、+3等。屈光度越大，放大倍率也就越高，所摄物体的成像面积越大。

近摄镜很好地解决了微距镜头价格昂贵的问题。使用近摄镜，普通镜头可以很方便地变成微距镜头，虽然成像质量不如专业微距镜头好，但是体验微距摄影的乐趣才是最重要的，而且它的价格相对来说还是很亲民的。

近摄镜可以使镜头的最近对焦距离变小，从而让那些不具备近摄能力的镜头也可以拍摄非常微小的被摄对象。随着近摄镜屈光度的增大，其放大被摄对象的倍率也一起增大。在实际拍摄中，可以单独使用，也可以将几片叠加起来使用。

与增倍镜不同，近摄镜安装在镜头前，只能对近处的被摄对象对焦，不能对远处的被摄对象自动对焦，可以使用手动对焦对远处的被摄对象对焦。因此，近摄镜只适合拍摄微小的被摄对象。

近摄镜。

使用普通镜头拍摄。

使用Close-up +1近摄镜拍摄，即在普通视角的基础上放大影像1倍。

使用Close-up +2近摄镜拍摄，即在普通视角的基础上放大影像2倍。

提 示

通过例图可以看出，放大倍率越大，图像画质下降得越厉害。近摄镜只能是用在非专业近摄领域，专业的近摄拍摄还是需要专业的近摄镜头。

增距镜

增距镜也被称为“远摄变距镜”。它是安装在镜头和照相机机身之间的光学附件，是把焦距延长至2倍或1.4倍的镜头附属装置。例如，在100mm镜头中装上2×适配器，焦距即变为200mm；如果装上1.4×适配器，则焦距变为140mm。

佳能生产的1.4×和2×增距镜，均为第2代产品。

增倍镜可以叠加使用，图为安装了两支增距镜的示例。

提 示

安装了增距镜的相机，有些是不能自动对焦的，如入门级数码单反相机和中低端数码单反相机。佳能1D系列专业相机安装2代或3代佳能增距镜都可以自动对焦，其他型号数码单反相机在购买增距镜时需要询问商家能否自动对焦。

众所周知，专业级别的远摄镜头体积庞大、重量较沉，外出拍摄多有不便，使用增距镜即可轻松将普通中远摄镜头变身为远摄镜头。例如，佳能EF 70-200mm f/2.8L IS Ⅱ USM镜头，在安装了2×增距镜后，其长焦端可以达到400mm的视角，拍摄小动物和鸟类变得异常轻松，比起专业级的400mm大炮，那是轻便太多了。

提 示

佳能EOS 5D Mark Ⅱ使用EF 70-200mm f/2.8L IS Ⅱ USM镜头，搭配佳能3代2×增距镜，可以实现自动对焦。但是大白镜头就无法实现自动对焦，只能使用手动对焦。

增倍镜在轻松实现焦距增倍的同时，是以牺牲影像质量为代价的。比起专业的远摄镜头，使用增距镜延长焦距拍摄的图像在画质上有较大差距。不过，随着增倍镜技术的不断趋于成熟和厂商不断的技术改进，相信未来增倍镜的画质会越来越好。

使用IS小白的普通长焦端拍摄。
f/2.8 1/2000s ISO200 200mm

加装2×增距镜后的拍摄效果。
f/2.8 1/500s ISO200 400mm

滤镜转接环

给心爱的镜头安装滤镜是专业摄影师都会做的事情。但是因为镜头口径的不同，如果为每一支镜头都单配滤镜，成本似乎太高，有没有办法可以让很多镜头共用一枚滤镜呢？当然可以，这就需要用到一个被称为“滤镜转接环”的附件。通过滤镜转接环，可以将大口径的滤镜转接在小口径的镜头上，如72mm转67mm，使用滤镜转接环即可将72mm的滤镜安装在67mm口径的镜头上。

使用62mm转52mm转接环，将62mm的UV镜安装在52mm口径的老式手动镜头上。老式镜头口径尺寸繁多，使用转接环可以很容易解决掉不好匹配滤镜的问题。

提 示
为了确保转接后的效果，不建议将较小口径的镜头滤镜转接在较大口径的镜头上，因为这样有可能会出现画面四周的暗角。

5.5 其他附件

标准灰卡

灰卡是精确检测曝光量的基准，层次丰富、色彩饱和的照片来自精准的曝光。如果拍摄场景的光线过亮或过暗，就可能导致曝光出现偏差，被摄对象的颜色和层次不能得到准确的还原。灰卡能将复杂光线的场景一律平衡为18%的中性灰，通过测光表将灰卡的反射光记录下来，就能获得精确的曝光数值。

标准灰卡。如果要测定标准白卡，将灰卡翻个面即是标准白卡。

反光板

在所有需要单独花钱购买的摄影附件中，反光板可以说是投入产出比最高的附件了。为什么这么说呢？相比外置闪光灯动辄几千元的售价，一个不到百元的反光板在补光效果上丝毫不亚于闪光灯，难道性价比还不够高吗？

常用的反光板以圆形居多，当然还有椭圆的。反光板使用表面涂有反光银粉或金粉的特殊布料制成，可以将光线集中反射到一个点。在外景拍摄中，可以利用反光板减弱阳光在主体脸部产生的阴影，降低画面反差，丰富暗部细节，营造漂亮的眼神光。使用反光板注意把握一个光线反射原理：入射角等于反射角，也就是说，要根据光源的角度来控制反光板的角度，使其反射的光线能够准确到达需要补光的部位。

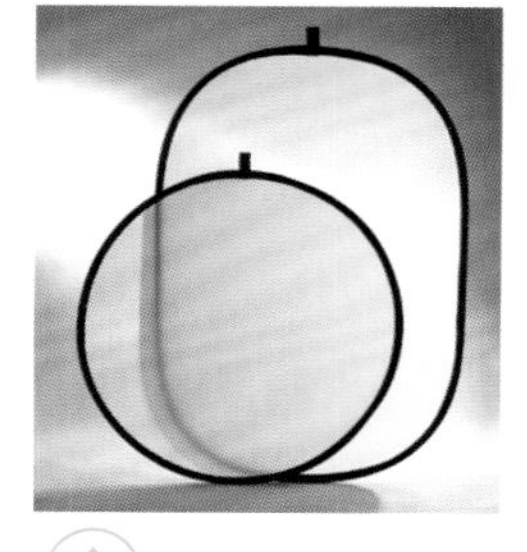

柔光板。

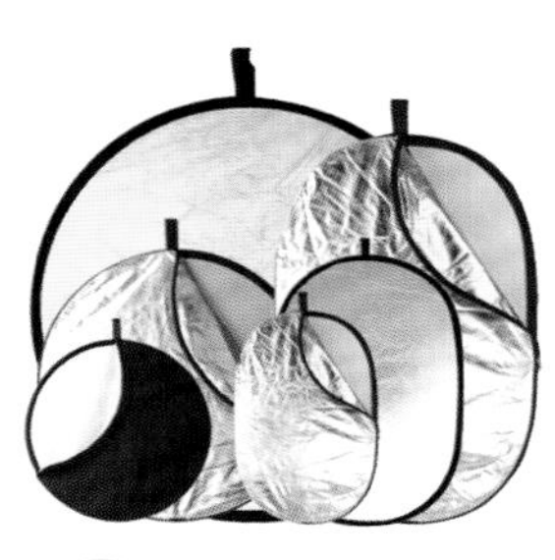

反光板。

竖拍手柄

对于人像摄影来说，竖幅拍摄会让人物主体在画面中显得更加突出。但是长时间的竖幅拍摄后，手臂会感觉酸痛，配置一个专业的竖拍手柄就可以完美解决这个问题。通过使用竖拍手柄，还能够以横幅拍摄的姿势进行拍摄，避免竖拍那种“猴子眺望”，不仅轻松，更可令拍摄姿势显得更美观。

此外，竖拍手柄可以额外安装一块电池，大大提高了拍摄时间，让拍摄者专注于艺术创作。既可以为竖拍手柄安装原装电池提高续航能力，也可以安装普通5号电池，这在原装电池没电和不容易买到原装电池的时候是非常有用的。毕竟比起原装电池，5号电池更容易获得，这样就不用担心拍摄会因为没电而无法进行了。对于经常要到不同的地方进行摄影创作的拍摄者来说，购买一个专用的竖拍手柄是非常有必要的。

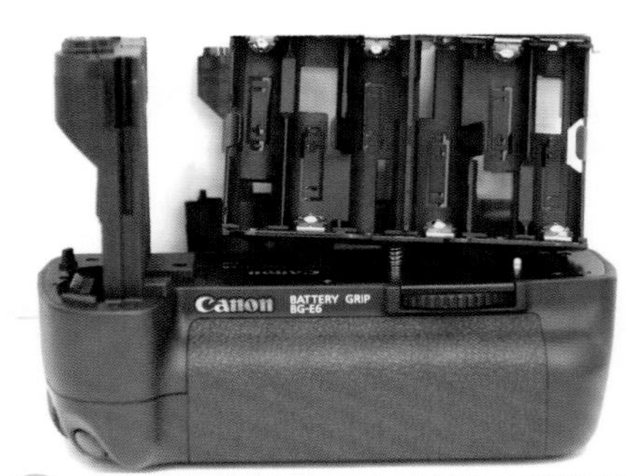

佳能EOS 5D Mark Ⅱ专用的BG-E6竖拍手柄，也被称为“电池盒”。

肩带

对于使用数码单反相机的用户来说，长时间手持相机实在是个力气活，尤其是一些娇弱的女性，数码单反相机对她们来说太大、太沉了。数码单反相机的肩带在这方面可以起到很好的分担作用，拍摄时将相机的肩带挂在脖子上，不仅可以确保相机的安全，还可以为双手减轻不少重量，不拍照的时候则可以将相机挎在肩上，轻松自如玩转摄影。

将肩带挂在脖子上，可以确保相机的安全，避免不慎摔落损坏相机。

清洁工具

作为一款精密的电子设备，数码单反相机日常的清洁保养也尤为重要。在对数码单反相机进行清洁保养的时候，需要一些必需的工具，最常见的清洁工具是气吹。因为灰尘是污染相机的第一大敌，沾染上灰尘的镜头其取景器会模糊不清，影响取景和图像的清晰度；其次是水渍和汗渍，这需要用到清洁液和清洁布。首先用气吹吹去机身各个部位的浮尘和细砂，然后用蘸有清洁液的清洁布擦拭机身，将灰尘和污渍去除，保持相机的清爽。

源自瑞士的A★F气吹。采用独立的进 / 出气道设计，天然橡胶制造，避免颗粒脱落污染相机；金属气嘴风力强劲，包裹透明软胶质保护套，防止误触镜头造成损伤。

包含清洁刷、清洁布和清洁液的清洁套装，是相机清洁伴侣。

干燥剂

对于电子设备来说，潮气是一个慢性杀手。潮气会腐蚀机内的金属元件，导致其老化，甚至出现故障。尤其在多雨、潮湿的环境中，更应该注意数码单反相机的防潮。如果长时间不使用数码单反相机，应该将相机密封后，收藏在一个干燥的容器中，如防潮箱。切记，要在防潮箱中放置干燥剂，并且每隔一段时间检查一次，如果干燥剂失效要及时更换。

如果数码单反相机和镜头在拍摄过程中受潮，收藏之前应该先用电吹风低温吹干潮气，然后再收藏。切记，一定要将电池取出，以免电池破裂、腐蚀机内元件。长时间存放数码单反相机，应每隔一个月左右将相机取出拍摄一些照片，使机内元器件发热、驱散潮气，这会有效延长数码单反相机的使用寿命。

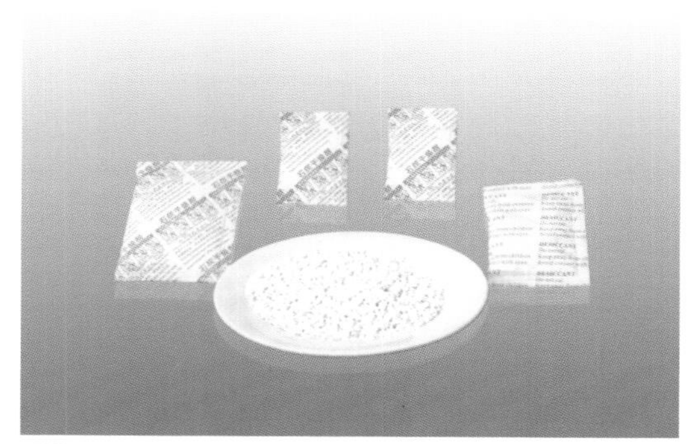

干燥剂。

提 示

建议使用颗粒状的干燥剂。相对于粉末状的干燥剂包装破裂后可能造成的污染，颗粒状的干燥剂会较为安全。

简易防潮箱

温度在12～38℃之间，相对湿度在60%以上时，是霉菌滋生的最佳环境条件，而霉菌恰恰是镜头和数码单反相机的致命杀手。镜头内的镜片和数码单反相机的影像传感器一旦滋长了霉菌，则几乎等同于报废。因此，收藏数码单反相机时不能只是简单地往摄影包里一放就完事，而应该注意防潮、防霉，在空气干燥、湿度较低的环境中保存数码单反相机。可以使用简易防潮箱，同时切记要往防潮箱里放置干燥剂。

简易防潮箱。在空气湿度不大的北方地区，可以为数码单反相机和镜头提供有效的防潮、防霉保护。

镜头的镜片都有镀膜，这种镀膜很娇贵，最怕霉变。霉菌在镜头的镜片上产生点状或丝状的霉斑，从而影响镜头的透光性和成像性能，严重时会导致镜头报废，因此，霉菌是摄影器材的最大杀手。

电子防潮箱

简易防潮箱只能在空气湿度不太大的区域对相机提供防潮、防霉保护，但是在南方高温潮湿的环境中长时间存放数码单反相机，则应该使用专业的电子防潮箱。电子防潮箱可以恒温、恒湿，提供对昂贵的镜头和机身最佳的防潮、防霉解决方案。

带有温度和湿度显示的电子防潮箱。密封性能比简易防潮箱更好，使用交流电工作，恒温恒湿，可以提供对摄影器材的极佳防护，是专业人士的首选。

第6章

构图是拍摄好照片的前提

大千世界中存在着纷繁复杂的事物，拍摄者的任务就是从这些事物中抽取或组织设计符合自己需要的内容，以构成想要的画面效果，营造和自己的意图相符的画面意境。从这个意义上说，构图是一种艺术上的取舍，更是摄影创作成败的前提。

6.1 构图对画面的影响

有很多刚接触摄影的朋友所拍摄的照片之所以缺乏美感，最大的问题是构图的失败。表现为通常会在画面中纳入过多完全不能烘托主体，相反会干扰主体的视觉元素，最终造成画面凌乱而缺乏鲜明的主题。

好照片的三要素

《纽约摄影学院教材》在开篇之初就定义了一幅好照片的三要素，即主题、主体、简洁。通俗地说，就是一幅好的照片必须有鲜明的主题，让人第一眼就能明白拍摄者想要表达的内容；其次照片中必须有醒目的主体，也就是最吸引观众的视觉中心；最后，整幅画面要简洁明了，该有的一定要有，可有可无的完全不要有，只有这样的画面才能称之为“好照片”。要想达到这样的效果，离不开构图这个核心技巧的使用。

在风沙漫天的环境中，母亲背着孩子艰难前行，远处是隐约的寺庙和僧侣，这幅作品所具有的韵味是多重的。
f/13 1/320s ISO200 200mm

构图对画面的作用

构图一词是英语“Composition”的翻译，为造型艺术的术语，是指把某个场景中各部分元素组合构成并加以整理，使之形成一个具有一定艺术性的画面。正如著名雕塑家罗丹所说：“美是到处都存在的，对于我们的眼睛而言，不是缺少美，而是缺少发现美。”作为拍摄者，恰恰需要一双能时时刻刻发现美的眼睛，并把头脑中的创意和眼前的美景结合到画面中，使作品比现实生活更强烈、更完善、更集中、更典型、更理想，使人们眼中普通平凡的画面充满强烈的艺术效果，这就是构图的终极目的。

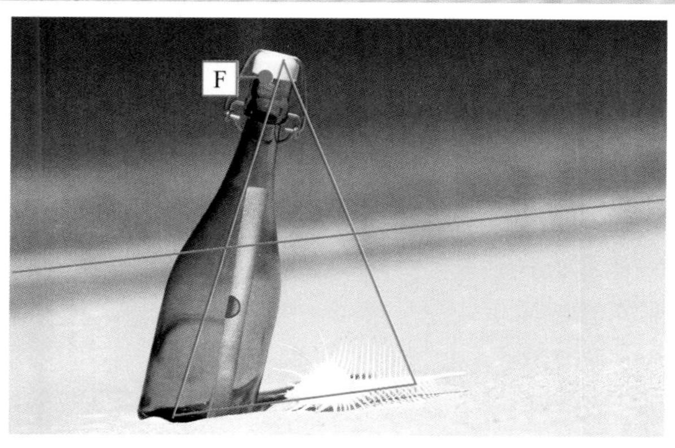

使用长焦镜头虚化背景拍摄漂流瓶，干净清爽的背景反衬出清晰的主体，在主体倾斜方向留白以及通过三角形和斜线构图的方式让整幅照片生动、不死板。利用镜头对取景画面进行取舍和对拍摄视角进行细致选择，是这幅照片成功的原因。

f/5.6　1/320s　ISO100　150mm

形式与内容

内容，即摄影作品所要表达的主题。 形式，则是摄影作品用来表达主题的技巧与手段。通常来说，形式是为内容服务的。摄影作品固然需要鲜明的主题内容，但更需要烘托和渲染主题内容的形式作为载体。

所谓艺术的特征，就是来源于自然、生活，经过提炼、加工后，又高于自然、生活，要营造美感、产生意境。即使再好的主题和内容，假如缺乏形式上的载体，也只能是一个未经雕琢的毛坯，谈不上有什么审美价值和欣赏价值。因此，内容与形式情同手足，把握好两者的主次关系能更好地表达画面主题。

表现欢乐吉祥的气氛，仅用灯笼作为唯一主体。通过在画面中不断重复的形式感烘托主题，突出对内容的表达。形式与内容之间是相辅相成的关系，缺少了谁，画面都会显得苍白乏力。

f/3.5 1/100s ISO400 80mm

6.2 影响构图的因素

大小与虚实会影响画面构图

画面构图不仅要设计画面中的点、线、面等基本元素，还要把握好影响最终效果及画面感染力的全部要素，如被摄主体与陪体即主体与环境之间的大小关系、虚实关系等。大小与虚实的变化会直接影响最终画面的视觉感受，通常处理这种关系的原则是：主体大而实，陪体小而虚。

近处的枯树与远处的松树形成了明显的大小对比。通过长焦镜头的使用，还将远处的松树稍稍虚化，大小虚实的对比更好地将枯树推到了主体的位置，同时形成了画面自然的空间感。主体与陪体分明且不纳入其他杂乱因素，使整幅画面显得简洁、明了。

f/7.1 1/125s ISO200 110mm

照片构图的三要素——线条、形状、明暗（色彩）

任何一幅画面都少不了几种要素：线条、形状和明暗（色彩）。这三大要素构成了整幅画面，其中每一个元素都与画面效果息息相关，在拍摄时要善于发现和利用这些元素来为画面效果服务。

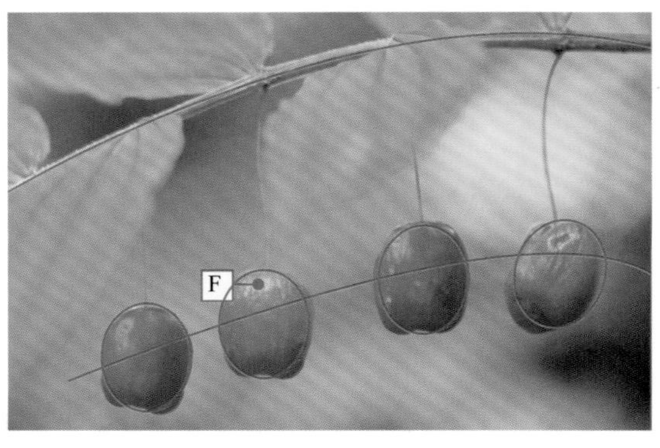

画面中树枝与横向排列的樱桃构成了两条平行的弧线线条，画面中的主要形状体现在4颗樱桃的圆形上。从灰度图中不难看出，画面以中间调为主，但是照片中却是对比非常强烈的红色与绿色，使画面显现出很强的跳跃感。

f/3.2　1/160s　ISO200　120mm

色彩是画面中最鲜明的视觉元素，画面中被摄对象色彩的冷暖、饱和度的高低以及色彩的位置布局都会对画面效果产生不可忽视的影响。在取景构图时，要分析当前画面中的色彩配置是否合理，是否可以很好地烘托画面的主题，不同色彩之间如何取舍搭配才能最大化其表现力。

图中为利比亚国家馆。建筑自身由两种颜色组成，且这两种颜色将画面分为4个色块，交替分布，使画面重心稳定。颜色之间交相呼应，形成了均衡式的构图，平衡稳定而又不觉乏味。

f/5.6 1/160s ISO200 125mm

在我们的生活环境中，每一处场景都包含着许多不同的形状与线条，有些线条是模糊的、复杂的，而有些线条却是清晰的、简洁的，这些线条对画面的意境有很大的影响。通过合理利用线条，可以增强画面的视觉效果。

图中为一望无际的茶园，每一条小路都是一条笔直的长线条，这些线条像是由一点发散开来，具有很强的视觉张力。采用广角镜头横版构图收纳更多的线条，突出表现画面的纵深感，产生了视觉空间非常广阔的画面效果。

f/11 1/160s ISO100 24mm

构成要素的基本单位——点、线、面

点、线、面是构成要素的最基本单位。在拍摄时，善于发现这些元素，能够锻炼拍摄者观察景物、组织画面的能力，有助于培养良好的画面感觉。摄影构图就是在利用点、线、面这些基本单位构成画面的整体。画面构图的成功与否很多时候在于对点、线、面的合理取舍。

图中的蓝色果实是“点”，枝条是“线”，绿色的叶子是“面”。点、线、面的结合，构成了一幅完整的画面。在对点、线、面的取舍中，还要考虑陪体对主体的影响。试想如果选择了其他杂乱的点、线、面来充当背景，还能像纯色背景这样突出主体吗？

f/5.6 1/200s ISO200 125mm

由于点与点之间存在着张力，点的靠近会形成线的感觉。我们平时画的虚线就是这种感觉，因此，线是由点组成的、是点移动的轨迹。线有位置、长度、宽度、方向、形状和性格等属性，根据属性的不同会有不同的形态表现。图中为挂着露水的蜘蛛网局部，可以看到成串的水珠已经连成交错的弧线，反映了线的结构。

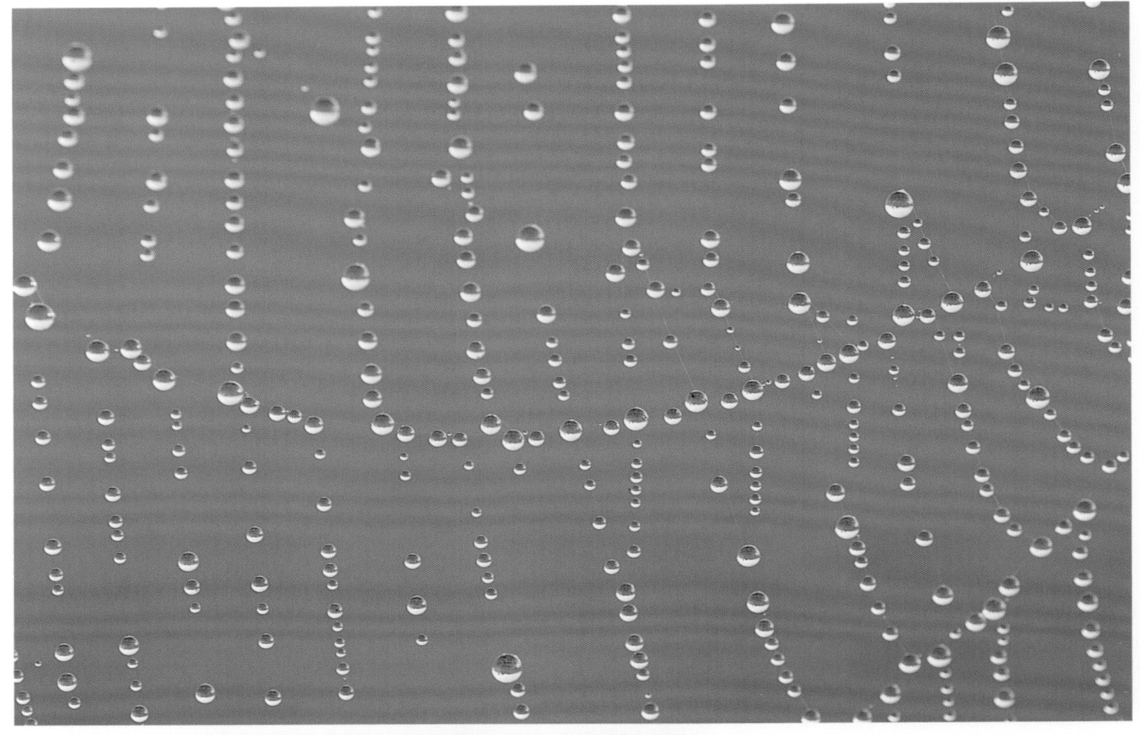

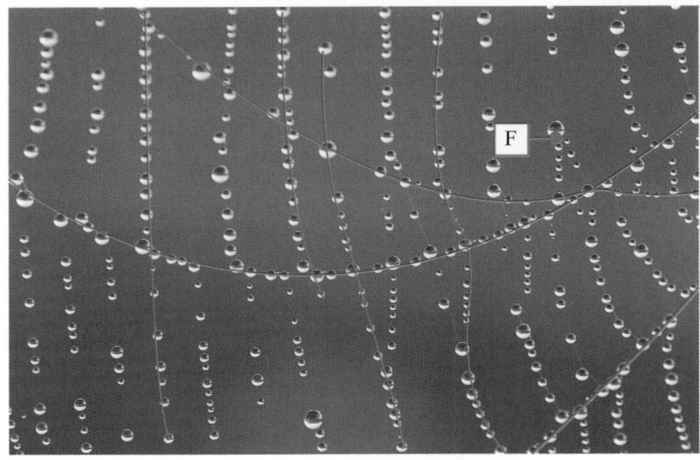

例图是由比较抽象的线条组成。在实际拍摄中，线条可能是实体的画面元素，也可能是由几个独立的点或者面有规则地排列组成。无论是哪种属性的线条，在画面中都会产生特殊的视觉效果。

f/5.6　1/160s　ISO200　125mm

直线具有男性的特点，力度强、稳定。但横线条与竖线条的效果也是不同的，横线条给人以平和、寂静的感受，使人联想到风平浪静的水面、远方的地平线等脑海中固有的具有平直特征的事物；而竖线条则给人高大、挺拔的感觉，通常最容易联想到的就是高大的建筑、巍峨的高山等。

拍摄大海或者大范围自然风光时，可以海平线或者地平线为基准构图，确保画面的稳定。

f/9 1/400s ISO100 52mm

拍摄具有高大特征的建筑、树木、高山等被摄对象时，宜以竖幅和仰拍构图，可以将被摄对象表现得比常规视觉下更为高大。

f/4 1/80s ISO640 32mm

面是由线移动至终结而形成的。在摄影画面中，面有长度、宽度，没有厚度。直线平行移动可形成方形的面 ；直线旋转移动可形成圆形的面；斜线平行移动可形成菱形的面；直线一端移动可形成扇形的面。面有多种形式，自然形面给人生动、厚实的视觉效果；几何形面给人规则、平稳、理性的视觉效果；有机形面给人抽象、柔和、自然的视觉效果等。

图中处于受光处的墙壁和处于阴影中的墙壁形成了自然的两个近似梯形的面，并且互为明暗对比，使画面产生自然的空间感。面作为画面构图中较大的元素，在决定画面效果方面有着非常重要的作用。

f/9 1/320s ISO100 24mm

所谓“块”，指的是面积比较小的“面”。通常一幅画面中具有很多个不同的块与面，大小、形状或是颜色都有不同，拍摄时可以通过这些元素在画面中形成相互间的对比，从而使画面构图更丰富、更富有变化，进而增强画面的的表现力和视觉效果。

图中拍摄的是几把倒挂的扇子，色彩丰富、形态各异，形成了4个面。构图时通过色彩、大小、虚实的对比，增强了画面的视觉吸引力。

f/2.8 1/400s ISO100 200mm

提 示

合理地处理画面的虚实变化，可以获得主次分明、简洁清爽的构图效果。

拍摄角度对构图的影响

被摄对象涵盖的范围非常之大，并不是说遵循刚刚讲过的主体清晰、主次分明这些原则拍摄就行了，还需要将被摄对象的美表现出来。摄影被称为艺术的一种形式，就代表着通过摄影手段创作出来的作品应该具有超越生活的美感。因此，在进行拍摄之前，应该通过对被摄对象的观察，找到最能体现被摄对象美感的拍摄角度，然后再进行拍摄。

例图乍一看好像是为了表现绿色植物，仔细一看却不是，而是为了表现小青蛙。4只小青蛙各占据一片树叶，呈规律的跳跃式排布，显得非常有趣。通过正面的拍摄角度，将这种有趣的情景清晰直观地表现出来。通过灰度图示可以看出，这也是一幅点、线、面交织的构图作品。

f/4 1/125s ISO400 55mm

正面拍摄有利于准确明了地表现被摄对象的正面特征。由于正面是人眼视觉习惯的主要角度，对于人像摄影来说，正面拍摄可以营造出正式、稳定、严肃的画面感觉；而对于风光或者静物等其他类型的拍摄，正面角度更多地倾向于交代被摄对象的主要特征，平淡真实但缺乏艺术感染力。

例图拍摄的是宗教建筑，正面的拍摄角度表现出建筑庄严肃穆的的视觉感受，三角形的构图增强了画面的稳定感；不足之处是画面显得略微呆板。

f/9 1/160s ISO100 40mm

侧面拍摄有利于表现运动对象的方向性，且能够使被摄对象的线条富于变化，适合突出景物或人物的轮廓线条。相对于正面角度的拍摄，侧面的视角可以将被摄对象的造型之美表现出来，但其缺点则是正面拍摄的优点，即缺乏对被摄对象整体特征的描绘能力。

例图选择侧面角度拍摄模特，利用明暗对比的表现手法，将光线反射率最高的模特脸部置于画面的视觉黄金点，使观众将注意力集中于模特表情上，画面感觉宁静柔美。

f/3.5 1/160s ISO200 110mm

从主体的背后进行拍摄是一个有趣的视角。对于人像摄影来说，背影拍摄往往可以塑造画面活泼或者是神秘的感觉，但是无疑会增强画面的意境。因为这种非常规视角的取景往往能让人产生眼前一亮的感觉，画面表现力会获得加分。而对于其他摄影题材，背面的拍摄更多的在于对被摄对象细节部分的再现。

例图拍摄的是一对看海老人的背影。观众看到这幅画面后想得最多的不是两位老人的长相，而是被这种阴天的色调、波涛汹涌的大海以及两位老人相携远眺的整体画面所打动，忍不住会去思考他们是否在回忆这一生所经历的风风雨雨？这种动与静、明与暗、大与小的对比，将画面所蕴含的情感淋漓尽致地表现出来，引人深思。

f/9 1/100s ISO200 50mm

拍摄时可以利用构图的手法来突出画面的重点部分，如调整画面景深或拍摄景物特写以突出某一局部。拍摄局部可以使其在画面中的成像大而鲜明，增强视觉吸引力；而利用景深则可以通过虚实对比来突出重点，将需要强调的部分作为焦点使其清晰呈现，而将其他部分通过大光圈将其虚化。

拍摄时可以利用构图的手法来突出画面的重点部分。图中运用了大光圈产生的小景深效果，近距离拍摄主体，重点表现花瓣部分，突出了画面重点，使杂乱的背景得以虚化。

f/9 1/100s ISO200 50mm

提 示

突出画面的局部还可以使用光线来实现，如将需要重点表现的部分置于局部照射的聚束光线下，使其呈现明亮的影调，而将其他部分置于阴影部分，使其呈现暗调效果；也可以使用色彩对比的手法，选择与重点部分色彩差异明显的背景色来反衬突出主体部分。

拍摄角度有很多种，习惯了平视的拍摄者可以多尝试些或高或低的观察视角。在按下快门前不妨按从低到高的位置通过取景器查看一遍，对比景物在取景画面中的变化，找出最好的机位高度进行拍摄。通常低角度仰拍可以让被摄对象显得高大挺拔，而高机位俯拍则可以使被摄对象显得矮小，并会因使用镜头焦距的不同而产生其他有趣的视觉效果。

图中利用俯拍的角度拍摄奇石怪林，可以将尖利的山顶纳入画面中，使特殊地貌的山体特征表现得十分险峻，登高拍摄风光往往会有意想不到的收获。

f/8 1/400s ISO160 60mm

6.3 常见的构图形式

黄金分割构图

黄金分割法，是将一条直线段分成两部分，其中一部分对全部的比等于其余一部分对这一部分的比，常用2：3、3：5、5：8等近似值的比例关系进行美术设计和摄影构图，这种比例也被称为“黄金律”。在摄影构图中常使用的概略方法，就是在画面上横、竖各画两条与边平行、等分的直线，将画面分成9个相等的方块，被称为“九宫格”（参见下页图）。直线和横线相交的4个点，被称为“黄金分割点”。根据经验，将主体景物安排在黄金分割点附近，能更好地发挥主体景物在画面中的组织作用，有利于周围景物的协调和联系，容易产生较好的视觉效果，使主体景物更加鲜明、突出， 通常人们认为画面右上角的黄金分割点是最吸引视线的一个点。例图中将翠鸟置于画面的黄金分割线上，画面主体突出，构图显得自然和谐。

画面中的横纵4条线即黄金分割线，相交的4个点即黄金分割点。

f/2.8 1/400s ISO160 300mm

水平线构图

在所有构图方式中，水平线构图是采用最多的一种。水平线构图是利用画面中景物固有的水平特征进行构图的拍摄，常见于横幅拍摄，如大面积的原野、广阔的海洋、整齐划一的建筑等。使用水平线构图，可以将这类景物大气磅礴的气势更好地表现出来。

日出是风光摄影永恒的拍摄题材，拍摄日出的位置通常是一望无际的海边、大面积的原野或较高位置的山巅。这类场景具有一个共同特点，就是视野广阔。使用水平线构图除了能够将风光画面表现得广阔大气以外，水平线所固有的稳定感也可以让画面感觉更加真实、自然。

采用将日出位置放置于画面正中央的构图方式，表现出稳定、对称、自然的画面效果。拍摄日出时，可以适当降低曝光补偿，以使画面显得更加厚重。

f/9 1/320s ISO160 24mm

例图运用水平线构图拍摄海天一色的美丽景象，将海平线平行于画面的横边框置于画面的中央偏下位置，海浪与沙滩交汇出的水平线条则位于靠近画面下端的位置，这样两条水平线条将画面分成不均等的3份，增强了画面的活泼感。此外，画面右下角的沙滩椅也为平静的画面增加了一分趣味元素，令画面更加耐看。

为了防止水面的强烈反光影响画面的美感，可以选择阴天薄云的时间拍摄，这样画面的色彩还原会更饱和。

f/11 1/320s ISO100 40mm

同样，利用水平线构图拍摄一望无际的原野也非常适用。下图用广角镜头展现原野的广袤辽阔，将地平线置于画面的中上方，以表现原野为主。同时，蓝天白云起到了很好的衬托主体的作用，丰富了画面的色彩构成，也强化了画面广阔的气势感，天空在风光摄影作品中有着不可或缺的作用。

拍摄大面积的原野时可以使用较低机位以抬高地平线，获得富有视觉冲击力的效果。在多云天气下拍摄，由于没有强烈的反光，可以获得色彩饱和度更高的画面效果。

f/11 1/160s ISO100 40mm

垂直线构图

在摄影构图中，垂直线构图就是利用画面中固有的垂直线条表现高大、庄严、有力的画面感觉。利用垂直线构图拍摄具有高大垂直特征的景物时，通过表现其高度、力度和挺拔的气势，能给人一种稳健、威严、高耸的感觉。

在拍摄整齐的防风林时，可以采用垂直线构图。图中使用广角镜头拍摄高大笔直的树干，整齐而深远。由于近大远小的透视关系，树干呈现出汇聚的效果，增强了画面的空间感，蓝天、绿地与土黄色的树木相呼应，形成画面中的三大色块，这也是邻近色构图的一种方式。拍摄高大、整齐划一的建筑或者树木，拍摄角度的选择非常重要，既要表现出被摄对象的高大挺拔感，又要突出整体的纵深感，通常选择机位和被摄对象呈约25° 左右的角度比较合适。

f/10 1/200s ISO200 35mm

雄伟高大的建筑最适宜使用垂直线构图拍摄。

图中低角度仰拍摩天大楼，可以看到高大的楼体直冲云霄，非常有气势。在不苛求准确还原建筑固有形态的拍摄中，仰拍是非常有表现力的手法，把握画面的垂直线走势、确保其不歪斜很关键，同时这也是所有利用垂直线构图拍摄的画面所要遵守的原则。为了确保仰拍时画面不会产生歪斜，可以将相机支在三脚架上，调好垂直角度再进行拍摄。早晨和傍晚的侧光非常适宜拍摄建筑，自然的明暗过渡可以将建筑的立体感表现得非常鲜明。

f/8 1/250s ISO100 30mm

斜线构图

平行线倾斜形成的斜线往往给人以倾倒的感觉，倾斜必然会产生动势，因此，斜线构图具有不稳定的特点。斜线构图可分为立式斜垂线和平式斜横线两种，常用来表现运动、流动、倾斜、动荡、失衡、紧张、危险等场面，也有的画面利用斜线指出特定的物体，以起到一个固定导向的作用。获得斜线构图的方式有两种，一种是通过倾斜相机，而另一种则是通过倾斜被摄对象来达到想要的画面效果，常见于广告或者静物等可以轻易被移动的被摄对象。

这是一个计时停车场的招牌。招牌和柱子都是非常普通的事物，但是由于采用了斜线构图，使整个画面变得生动活泼起来。

f/6.3 1/320s ISO100 70mm

交叉线构图

交叉线构图是指被摄对象呈斜线交叉布局形式，交叉点可以在画面以内，也可以在外。前者有类似十字型构图的特点，后者类似斜线构图的特点。这种构图方式能充分利用画面空间，并把视线引向交叉区域，也可引向画面以外，具有轻松、活泼的特点。

繁华的城市道路也是不错的具有交叉线特点的景物。下图为繁华的立交桥夜景，呈现斜十字交叉的宽阔马路，在路灯的点缀下显得更加美丽。画面的上下两部分形成近似对称的三角区域，增加了画面的稳定感，远处的灯光与倒影也为画面增添了一丝迷人的气息。

f/9 1/1s ISO400 30mm

提 示

登高拍摄大面积的城市风光或夜景是个不错的主意。站得高望得远，广阔的视野可以为画面纳入更多素材。需要注意的时是，取景范围内应该确保拥有明确的主体，否则画面会显得空洞乏力。交叉线构图突破传统意义上的横平竖直，容易使画面富有趣味性，增强视觉上的活泼感觉，而这仅仅依靠拍摄角度的稍稍变化，因此，每一次拍摄都应该尝试创新，这样才会越拍越好。

曲线构图

曲线构图是利用被摄对象的曲线特征构图的拍摄形式。曲线具有绵延、韵律、柔美的特点，容易使人产生优美、雅致、协调的感觉。当需要采用曲线形式表现被摄对象时，首先想到的是S形曲线，此外还有C形曲线、Z形曲线、W形曲线等多种字母曲线类型。这些曲线构图方式在人像和风光摄影中被广泛采用。

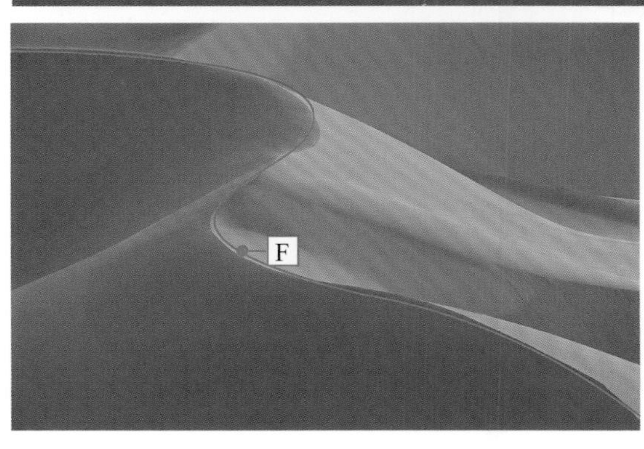

沙丘的曲线自然天成，具有非常迷人的视觉效果，拍摄时可以通过光线的变化来进行表现。图中使用侧光拍摄沙丘，明暗对比使沙丘曲线的走势分外迷人。将曲线的两端置于画面的对角线位置，可以使曲线的长度最大化，从而增强曲线的美感。

f/9　1/160s　ISO200　110mm

放射线构图

放射线构图是以主体为核心，被摄对象呈向四周扩散放射的构图形式，可引导观众的注意力集中到被摄主体，而后又有开阔、舒展、扩散的作用。这种构图形式常用于具有发散式结构的景物主体，或需要突出主体而场面又复杂的场合，同时也用于使人物或景物在较复杂的情况下产生特殊的视觉效果的拍摄，如爆炸式构图。

在茂密的树林里仰望上空，树木呈汇聚状直插云霄，阳光透过树叶间隙露出微光，柔软又不失力度，画面表现出强烈的视觉张力。这是利用放射线构图拍摄树木的典型图例，广角镜头仰拍就会呈现这样的效果。拍摄这类画面时宜采用平均测光模式，以获取整幅画面相对均匀的光照效果。

f/8 1/200s ISO200 35mm

三角形构图

三角形构图是以画面中已有的三角形元素，或以三点成面的几何线条组合，形成稳定三角形的构图方式。这里的三角形可以是正三角形，也可以是斜三角形或倒三角形，其中斜三角形构图较为常用也更为灵活。三角形构图具有稳定、均衡的画面特点。

等边三角形的稳定性是三角形中最强的。利用等边三角形构图拍摄的画面可以带来视觉上的稳定协调感。图中的高架桥就是三角形的构造，外加近乎水平的桥面，整幅画面具有很强的稳定感。三角形位于画面的黄金分割线处，成为自然的视觉中心。

f/10 1s ISO400 50mm

通常在拍摄海景时，拍摄者会选择水平线构图，以表现水面的平静与辽阔。具有开阔感的倒三角形构图同样能够表现辽阔的海面，拍摄者一改以往面对大海的拍摄角度，选择带有海岸线的倒三角形构图来表现海面，具有不俗的视觉效果。拍摄海景时要尽量避免只有海和天空的构图，而要在画面中加入相关素材，如图中的房子就是一个很好的拍摄元素，它构成了倒三角形的一条边，使画面稳定均衡，富有意境。

f/11 1/320s ISO100 55mm

框式构图

如果身处一个房间里，那么一定最想看到窗外的风景了，是的，窗外总是别具风味。摄影构图也可以利用这样的视觉心理，采用“窗外的风景”的构图方法，专业术语叫“框式构图”，也就是利用一些天然的框架作为画面的前景进行构图的拍摄，这种构图方法不仅可以制造气氛，还可以使视线焦点更为集中。使用框式构图拍摄皇室建筑，通常应该构建对称的画面效果，这样可以让主体显得更加庄严、厚重。此外，框式构图测光时要以框外的主体为基准，选用中央重点测光模式进行测光。

f/9 1/200s ISO100 35mm

不规则的边框也可以作为前景充当画面中的画框，以突出视觉主体。图中在长城上借助烽火台的了望口向外望去，远处的长城蜿蜒绵长，曲线唯美。使用了望口作为画面的画框，首先营造了明暗对比的画面效果，引导观众的视线直接集中于明亮的被摄对象，从而达到增强画面美感的效果。

当画框外的被摄对象具有纵向走势时，建议使用竖幅构图。反之，如果是横向走势明显，则应使用横幅构图，以最大化突出主体的形态，避免在画面中产生大面积表现力不强的区域。

f/9 1/250s ISO100 45mm

如果说人像摄影要想拍得好需要具备较多的条件，那么对于风光摄影而言，在大多数时候真的只是缺少发现美的眼睛。就如同图中小小的绿色植物，单独拍摄的话，画面感觉一定很普通，但是透过这个孔洞拍摄，画面效果立刻大不相同。在这幅作品中，前景框的使用是其吸引人的第一要素，但是主体小树的光感也非常迷人，侧逆光的使用将树叶的轮廓表现得非常生动，为画面整体效果增色不少。

f/2.8 1/160s ISO100 45mm

对称式构图

对称式构图是均衡式构图的一种，以中轴线为基准，在形状与大小上完全对等；或者以中心点为基准，上下左右之间完全一致。这种构图常以虚实对比或者绝对对称为形式出现，画面稳定感极佳，唯一不足的是活泼性稍差。

图中利用水面作为分界线，上下呈对称分布，画面具有很强的稳定感。这种构图适合拍摄具有鲜明外形特征的被摄对象。

f/8 3s ISO800 28mm

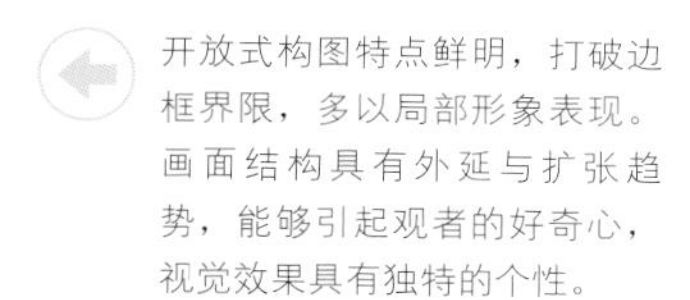

开放式构图

开放式构图强调画面的灵活性，追求的是打破传统的中庸构图方式，突出重点和主题。在画面元素的安排上，着重于表现向画面外部的视觉冲击力，强调画面内外之间的联系。

在昏暗的环境中，画面中只有美女的双腿，这使观者在观看画面的同时获得更多的想象空间。

开放式构图特点鲜明，打破边框界限，多以局部形象表现。画面结构具有外延与扩张趋势，能够引起观者的好奇心，视觉效果具有独特的个性。

f/2.8 1/400s ISO100 200mm

封闭式构图

封闭式构图主要源于传统构图观念，要求画面中有明确的内容中心和结构中心，有完整的形象元素，有指向明确的动作线、外围轮廓和情节线。

例图运用传统的封闭式构图，画面中的人物主体表现全面，并用三分法指导构图，是中规中矩的构图方式。

看封闭式构图的画面时，观者的联想和延伸也在画面中的元素间进行，这是封闭式构图的最大特点，因此，拍摄者对观者的导向性会更加明确。

f/2.8 1/400s ISO100 200mm

第7章

光、影、色是摄影的灵魂

摄影是用光的艺术，没有光就没有摄影。相机只能忠实地记录影像，而摄影师的作用就是选择、组合和增减光线，创作出在真实画面之上的美感和意境。

7.1 光线对画面的影响

光线是摄影的灵魂。离开了光线，摄影就如同电脑被切断了电源线。日常的大部分拍摄都是在自然光环境下完成的，太阳是自然光的唯一光源，因此，了解太阳光在不同时段不同天气条件下的特点，有利于选择合适的拍摄时间拍摄出效果更好的照片。光线的方位和强弱则是光线最重要的两个特征。

光的三原色

人的眼睛是根据所看见的光的波长来识别颜色的。可见光谱中的大部分颜色可以由3种基本色光，即红（Red）、绿（Green）、蓝（Blue），按不同的比例混合而成。这3种光以相同的比例混合，且达到一定的强度，就呈现白色或黑色，两两混合可以得到中间色，这3种颜色几乎能形成所有的颜色。

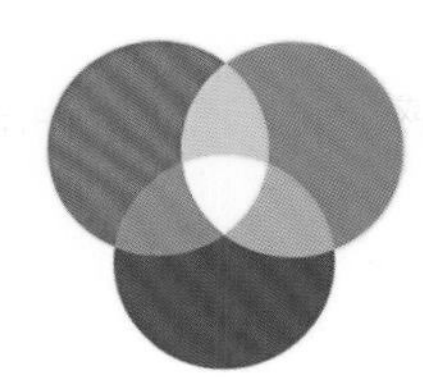

RGB三原色。

光线的详解

从大的方面来说，光线可以被分为自然光和人造光两种。自然光是指自然界固有的发光体发出的光线，通常指的是日光。而人造光的种类就更丰富，大到专业的影室灯，小到一根火柴发出的亮光，但凡是由人类发明的工具发出的光线都被称为“人造光”。自然光与人造光最大的区别在于，光线的强弱、位置、冷暖、明暗不受人为的控制，只能是人类去适应光线。使用自然光拍摄，需要掌握不同时间、不同天气的光线特点，合理利用光线的不同特性实现最有表现力的拍摄。

例图是使用太阳光拍摄的风光照片。选择上午太阳刚升起的时候拍摄，侧光光位让画面中的风光显得富有层次，亮度适中的光线为画面营造出丰富的影调，景物的色彩也得到了很好的还原。

f/11 1/200s
ISO200 70mm

7.2 不同光线的效果

光线按照性质，分为硬光和软光。
光线按照方向，分为顺光、侧光、逆光、顶光。

光线的性质

硬光

硬光最适宜表现被摄对象的质感。硬光产生的明暗对比可以让画面产生鲜明的层次变化，亮暗区域的对比使被摄对象的质感被很好地凸显。除此之外，硬光还适宜营造低调的画面效果，人像摄影中常采用直射硬光来刻画被摄主体深沉内敛的性格特征。

直射硬光用于静物拍摄时，具有很强的突出质感的作用。高光部分和阴影部分的对比是质感得以体现的最直接因素。

f/5.6 1/400s ISO200 70mm

人像摄影，尤其是以男性被摄对象为主的拍摄，硬光是常用的光源。硬光产生的对比鲜明的明暗影调，让主体显得刚毅有力。

f/8 1/160s ISO200 50mm

软光

漫射光因其柔和的光线效果，通常被称为“软光”。软光非常适合细致、准确地还原被摄对象的固有特点，通常用于真实反映事物原貌的拍摄，如静物、风光等。人像摄影中通常采用软光拍摄女性和儿童，以突出表现其细腻光滑的肌肤质感。

漫射光，也就是漫反射光，即光源发出的光线投射至某个媒介后向四周均匀反射的光。例如，阴天的光线就是由太阳光经过了云层的漫反射后产生的。在台灯下看书，书本也是接收了台灯发出的光线漫反射至人眼，才使得人眼能够看清书本上的文字。漫射光的最大特点就是，比直射光更加柔和、均匀，不会产生生硬的亮区和暗区，明暗过渡自然。

f/5.6　1/125s　ISO200　55mm

静谧的清晨，画面中的光线来自云层和天空漫反射的太阳光。漫射光是生活中最常见的光线。使用漫射光拍摄的照片更符合人眼的视觉习惯，这样的画面会产生亲切的感觉。

f/11　1/60s　ISO200　35mm

光线的方向

光线的方向其实只有一个，就是光沿着直线传播。这里所谓的方向指的是拍摄时常用的不同光位，也就是在光线固定位置的情况下，通过拍摄者的机动，选择不同的光位进行拍摄。自然光环境下的拍摄，常用的光位有顺光、侧光、顶光、侧逆光、逆光。不同的光位会产生不同的画面效果，在实际拍摄中可以尝试不同光位的特殊表现力来增加画面的美感。

顺光

无论是风光还是人像，无论是静物还是动物，顺光都是拍摄中最常采用的光位。所谓顺光，就是光线的投射方向与镜头的取景方向一致的光线。顺光提供均匀的照明，画面中所有景物接受同等亮度的光照，因而可以呈现均匀一致的亮度效果。

拍摄这类大场景的风光，小光圈的使用必不可少。对于初学者来说，可以选择相机的风景模式。在此模式下，相机会自动使用较小的光圈来确保画面拥有较大的景深。同时，对于大面积的绿色植物，可以在相机的拍摄模式中将色彩饱和度适当调高，以增强画面色彩的浓郁度，提升照片的美感。

f/9 1/250s ISO100 24mm

侧光

通常意义上的侧光，是指光线与相机取景方向呈90° 角的位置，也就是光线从被摄主体的一侧投射过来。侧光的照射会让被摄对象产生明显的亮部和暗部区域，这种明暗对比会让画面富有层次和过渡，对于表现被摄主体的立体感具有很强的表现力。

侧光最适合拍摄具有鲜明立体特征的被摄对象。通过亮度的变化让被摄对象呈现出层次和过渡，进而表现出整幅画面的立体感。在风光摄影中，山体、树木甚至花草都可以使用侧光来表现，尤其是建筑摄影。侧光产生的明暗对比可以让建筑显得更加立体。人像拍摄使用侧光也可以塑造比顺光更加生动的人物主体。

例图中，侧光的运用非常成功，将长城的蜿蜒险峻表现得非常生动，让观众感受到光线对画面效果的特殊塑造力。通常早晚较低角度的阳光是很好的侧光光源，亮度适中，可以让画面拥有自然的过渡并保有更丰富的细节。
f/4 1/250s ISO100 50mm

前侧光

前侧光虽然和侧光只有一字之差，但是在表现力上却有很大区别。处于前侧光光位时，主体受光面积要大于侧光光位，因此在画面中会呈现亮区大于暗区的效果，并且在前侧光光位时画面的明暗过渡相对于侧光光位更加柔和。在保有画面立体感和层次的同时，对被摄主体的再现和塑造更加细致。

前侧光的特点是，会在画面中塑造出亮区大于暗区的富有层次感和立体感的影像。在自然光条件下的拍摄，无论是风光还是人像，前侧光都有很大的发挥空间。前侧光在再现被摄对象特征的同时，会塑造出画面的立体层次感。不同于顺光的缺乏层次，也不同于侧光的明暗对比生硬，而是在这两种光位之间达到了一个很好的平衡。

例图使用前侧光拍摄，在直观展现模特面容的同时，让画面富有明暗过渡，人物显得立体饱满。既没有顺光的画面过平问题，也没有侧光的大面积暗调带来的视觉灰暗感。通过将顺光和侧光稍作变化，即可为画面塑造具有很强表现力的用光效果。

f/4 1/125s ISO160 60mm

侧逆光

侧逆光与前侧光呈斜线分布。侧逆光位于主体的侧后方，介于正逆光和正侧光之间的角度，与相机的取景方向约呈135°角的位置。侧逆光在风光摄影中可以作为主光使用，但是在人像摄影中更多的是作为修饰光出现。

在风光或静物摄影中，侧逆光通常用来勾勒主体的轮廓，区分主体与背景。如果单独作为主光使用时，可以让画面呈现主体正面暗、轮廓亮的画面效果，适宜表现被摄对象的立体感。在人像摄影中，侧逆光通常作为修饰光使用，为画面制造层次，着重表现主体的形体线条。

侧逆光作为修饰光，在画面中起到了分离主体与背景的作用。

f/2.8　1/160s　ISO160　65mm

逆光

逆光与顺光是对应的，顺光处于被摄主体的正前方，而逆光则位于主体的正后方。逆光作为主光照明时，画面通常呈现暗调效果，主体的轮廓被清晰勾勒，但正面因为光照的不足呈现暗调的影像。逆光作为辅助光时，起到了修饰主体轮廓线条的作用，画面呈现亮调效果，逆光在塑造画面光感方面具有很强的表现力。

很多人害怕逆光，不能接受逆光下主体偏暗的效果。实际上，逆光是非常有表现力的光线，使用得当，可以为画面增光添彩。使用逆光要首先明确拍摄主题。例如，在人像拍摄中，如果是以人物的表情神态、衣着色彩等为表现意图的拍摄，逆光应该作为辅助光出现，用逆光勾勒主体的身体轮廓，分离主体与背景，制造画面的层次感；如果是以主体的肢体动作和轮廓线条为表现意图，逆光应以主光出现，将画面的影调定义为暗调，通过人物主体清晰的轮廓线条来区分主体与背景，表现富有感染力的剪影效果。

以逆光作为主光的拍摄，典型效果就是剪影。剪影拍摄的核心是，要以背景亮度为基准曝光，注意背景的简洁，否则剪影效果会被削弱。

f/9 1/320s ISO160 45mm

顶光

顶光，顾名思义，就是来自被摄主体顶部的光线。在外景拍摄中，正午时分的阳光就是典型的顶光光源。而在室内使用闪光灯或者其他人造光的拍摄，顶光通常是指高于被摄对象顶部、从上往下投射的光线。顶光照亮主体的顶部，会产生明显的阴影区域。

使用正午时分的顶光拍摄海边的椰林，较硬的光线表现出画面中海面和树叶的质感。

f/10 1/320s ISO100 100mm

7.3 光比

光比，是指被摄对象亮部与暗部的受光量差别，通常是指主光与辅光的差别。主光与辅光的亮度差别为1档时，光比为1：2；亮度差别为2档时，光比为1：4；亮度差别为3档时，光比为1：8…依此类推。

大光比的表现力

光比越大，画面的反差就越大，明暗过渡越生硬，这样的画面给人以刚硬的感觉。通常用大光比来拍摄男性，突出表现男性刚毅、深沉、内敛的个性；或者拍摄鲜明立体特征的建筑、风光、静物等，通过光线表现主体的外形特征，利用明暗对比的手法起到渲染画面、突出主体的作用。

亮部与暗部的光线亮度差值在4档左右。主体因为欠曝以剪影效果呈现，其轮廓线条被清晰勾勒，画面显得更加生动。
f/8 1/320s ISO100 70mm

提 示

拍摄剪影时需要对背景亮度进行测光。使用点测光模式可以获得精确的测光效果，同时应该对焦于主体与背景的交界区域，让画面的剪影效果更加震撼。

小光比的表现力

光比越小，画面的反差就越小，反差接近于零的画面常被看成是平光效果。柔和、过渡自然的光线给人以自然平和的感觉，通常用来拍摄静物、女性、儿童、花卉等题材。小光比虽然可以真实细致地表现被摄对象的特征，但是会让画面显得平淡无奇。

图中的光线来自于天空的漫射光。漫射光提供的是均匀柔和的照明效果，因此画面没有明显的明暗对比。柔和的光线将模特的身体姿态细致呈现，给人一种自然平和的感觉，这就是小光比的表现力。

f/5.6 1/250s ISO160 50mm

光线的动态范围

动态范围，是指拍摄画面的亮度范围，即画面中最暗点到最亮点的亮度跨度。动态范围越大，画面所能表现的层次越丰富，相机所能描述的色彩空间也就越广；动态范围越小，就越有可能出现损失亮部或者暗部细节的情况。通过控制画面的光比，可以使画面的动态范围处于合理的状态。

亮部和暗部都保有一定的细节，且具有从最亮到最暗的亮度过渡，画面的动态范围处在合理的区间内。衡量动态范围高低的标准就是画面的高光部分和暗调部分是否具有细节，并且是否具有丰富的影调过渡。

f/10 1/160s ISO100 120mm

7.4 不同时间的光线变化

早晨柔和的光线

太阳刚刚跃出地平线时，光线的照射角度较低，亮度较弱，这样的光线非常适合拍摄。此时拍摄人像，即使是采用顺光光位，也不会出现主体睁不开眼睛的情况，而侧光拍摄时则能够获得明暗过渡自然的画面光照效果。若是进行风光摄影，可以顺光光位拍摄大面积的自然风光，获得色彩饱和度较高且光照均匀的画面，侧光拍摄富有立体感的建筑或者树木，也可以很好地表现其外形特征。

利用早晨初升的阳光拍摄佛教建筑，选择的拍摄角度将阳光作为前侧光使用，画面明暗过渡自然，高光区域很好地表现出金色建筑的质感和立体形态。

f/8 1/250s ISO100 35mm

正午时分的光线

理论上说，正午强烈的阳光下是不适合拍摄的，强烈的光照会让画面出现过曝或者色彩饱和度降低的情况，不利于表现画面的美感。如果是拍摄人像，建议改在树荫下拍摄，尽量避免摄入大面积的背景以防因光比过大产生凌乱感。当然，使用遮阳伞过滤光线也是个好主意，经过过滤的光线柔和均匀，很适合拍摄人像。

在树荫下拍摄，避开直射的强烈阳光，漫反射的光线亮度适中，让模特将脸部朝向漫反射光线最亮的部分，获得了前侧光的照明效果。

f/4.5　1/200s　ISO100　70mm

提 示

取景时尽量避开大面积直射阳光下的背景。因为光比的原因，它们在画面中会呈现不同深浅的高调区域。如果面积过大，会严重干扰画面的整体效果。

夕阳西下的光线

夕阳西下时的光线温暖且柔和，非常适宜进行拍摄。无论是大面积的风光摄影还是人景结合的人像摄影，此时的光线都非常具有表现力，柔和、暖色调的光线可以将画面表现得温暖热烈。拍摄人像或者风光时，可以选择逆光或者侧光光位拍摄，以突出暖调光线的层次感。

逆光拍摄的人像，温暖的夕阳映射着模特略显俏皮的姿态，画面感觉温馨自然。
f/8 1/200s ISO100 50mm

逆光拍摄的风光，通过对太阳周边中等亮度的云层曝光，获得了陪体剪影的效果，画面大气简约、唯美动人。
f/11 1/250s ISO100 24mm

7.5 画面的色彩

色彩、色调、影调是构成一幅画面最直观的视觉元素。了解这些元素的画面表现力，对于更好地控制画面的整体效果有着至关重要的作用。

色彩的三要素

色彩是通过眼、脑和人们的生活经验所产生的一种对光的视觉效应。人眼看到的任何一种彩色光都是明度、色相、饱和度这3个特性的综合效果，这3个特性即是色彩的三要素，其中色相与光波的波长有直接关系，亮度/饱和度与光波的幅度有关。

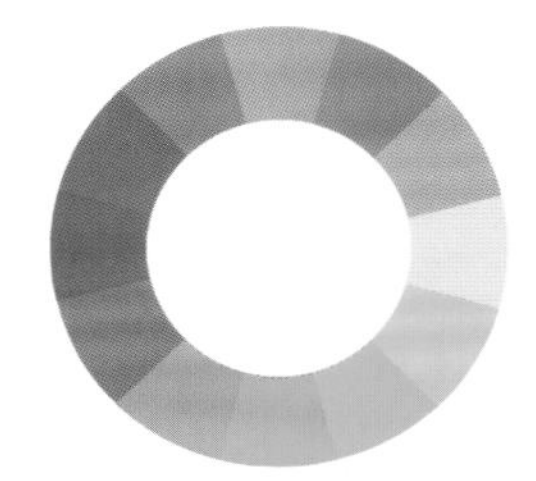

色相：即色彩的相貌和特征。自然界中色彩的种类很多，色相指色彩的种类和名称，如红、橙、黄、绿、青、蓝、紫等颜色的种类变化就被称为“色相”。

明度：指色彩的亮度或明度。颜色有深浅、明暗的变化，如深黄、中黄、淡黄、柠檬黄等在明度上就不同。这种颜色在明暗、深浅上的不同变化，也就是色彩的又一重要特征——明度变化。

饱和度：指色彩的鲜艳程度。原色是纯度最高的色彩，颜色混合的次数越多，纯度越低；反之，纯度则高。原色中混入补色，纯度会立即降低、变灰。物体本身的色彩，也有纯度高低之分。

通过了解色彩的构成，有助于在以后的拍摄中更好地控制和利用画面的色彩语言，拍摄出更具美感的画面。色彩是数码摄影中非常重要的画面元素。

色彩的视觉感受

白色

白色象征着纯洁、干净、简单、朴素，在拍摄时可以利用白色服装、道具、背景、陪体等元素为画面营造这样的感觉。画面中以白色为主或者白色占有大部分比例时，这样的画面被称为“高调画面”。高调画面通常给人一种明快、愉悦的视觉感受。

大面积的白色雪地给人一种清冷纯净的感觉。在拍摄白色的雪地时，为避免雪地发灰，应该在正常测光值的基础上增加1档到两档的曝光补偿，方可将雪地还原为白色。

f/9　1/250s　35mm　ISO100

黑色

黑色是夜晚的颜色，象征着庄重、神秘、肃穆、哀伤等。画面中的黑色有两类，一类是来自被摄对象的固有颜色，另一类是因为画面曝光不足而呈现的黑色。利用黑色可以增强画面的厚重感，表现神秘、幽深的感觉。

画面中的建筑群掩映在落日的阴影中，呈现出大面积的黑色，为画面增添了一分浓烈的厚重感，将风光的大气幽远很好地反衬出来。

f/11　1/320s　ISO100　30mm

红色

红色象征着热烈、喜庆、奔放、张扬。在画面中使用大面积、高饱和度的红色，总能给人眼前一亮的感觉，具有强烈的视觉冲击力。通过在画面中置入小部分的红色元素，也可以起到很好的突出局部和活跃气氛的作用。

红色的山体带来强烈的视觉冲击力。

f/8 1/125s ISO100 120mm

蓝色

蓝色是天空和海洋的色彩，象征宁静、永恒、明快、活泼，大面积的蓝色画面可以给人开阔宽广的感觉。在风光摄影中，蓝色的天空往往是画面中不可或缺的重要元素。通过在构图中纳入蓝色的天空，可以让画面更显大气，顺光或者侧光光位可以让天空的蓝色更加明快且具有较好的饱和度。

阴天的天空光中含有大量的紫外线，在不加UV镜的情况下拍摄这种“点光”画面，获得了湛蓝的色彩效果。金黄的树叶在一束透过阴云缝隙的光线照射下，与大面积蓝色的树林陪体互为对比，表现出令人叹为观止的色彩效果。

f/9 1/400s ISO125 30mm

绿色

绿色是大自然的颜色，象征着生命、青春、希望、未来、畅想、和平。自然天成的绿地或植物的嫩叶，能够给人活力向上、生机盎然的感觉。在摄影作品中，绿色还能够给人以清爽的感觉，因此，绿色是很不错的休闲色。

树干上翠绿的树叶，整齐地一字排开，给人一种富有韵律且充满活力的感觉。通过截取大范围自然风景中的微小细节，将绿色植物象征生命、充满希望的感觉表现得入木三分。

f/4 1/100s ISO100 80mm

黄色

黄色象征着高贵、富足、明快，黄金的金黄色早已成为人们心目中高贵、奢侈的形象色。在自然界中有很多黄色的风光元素，如春季盛开的油菜花田，大面积的嫩黄色给人以生机勃勃、心情愉悦的感觉。黄色因为色彩的明度较高，在拍摄时需要酌情增加一定的曝光补偿，才能将黄色表现得更加鲜亮。

油菜花在顺光照射下呈现出嫩黄怡人的色彩效果，表现出一股生机勃勃的春天气息。通过增加0.3EV曝光补偿，使黄色显得更加鲜亮。

f/11 1/320s ISO100 30mm

互补色提高画面的视觉冲击力

如果两种颜色叠加产生白色，那么这两种颜色互为补色，如红色与青色叠加可以变成白色，而黄色与蓝色、绿色与品红色皆为互补。如右图所示，处在一条线两端的两种颜色互为补色。在摄影中，互为补色的两种色彩组合的构图通常能够带来充满视觉张力的画面效果，两种颜色互为对比色又互相映衬，能够使色彩相对独立的同时加深视觉感染力。

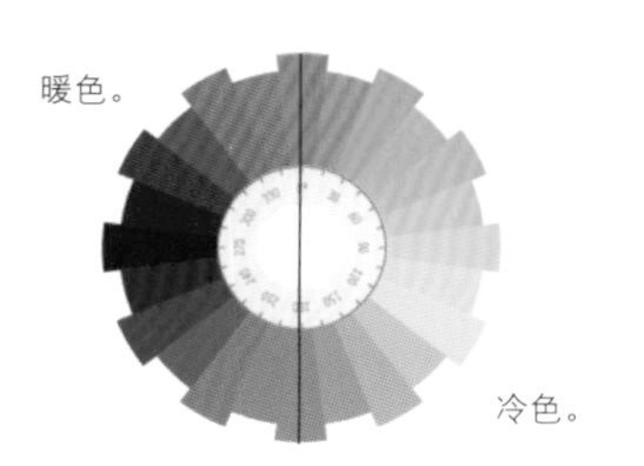

处在一条线两端的两种颜色互为补色。

模特的红色衣服和背景的绿色互为补色。两种颜色互相独立的同时又互相映衬，相得益彰，画面有着非常醒目生动的色彩效果。拍摄者利用阴天的漫射光拍摄，两种颜色都获得了很好的色彩饱和度效果。

f/4 1/125s ISO320 18mm

邻近色带来视觉上的和谐感

所谓邻近色，就是在色带上相邻近的颜色，如绿色和蓝色、红色和黄色就互为邻近色。邻近色之间往往是你中有我，我中有你。因此，在画面中纳入邻近色构图，可以让画面色彩的变化自然和谐，从而显得协调平顺，越互相靠近的两种颜色组合构图，画面的色彩感觉越和谐。在追求平和自然的画面拍摄效果时，可以多采用邻近色进行构图。

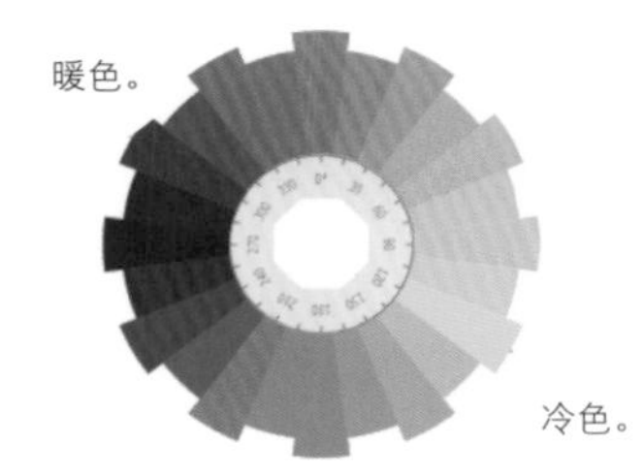

色相环中相距30°左右的颜色，被称为“同类色”；色相环中处于50°以内的颜色，被称为“邻近色”。

图中主要由蓝色和紫色这两种互相邻近的色彩组成，色彩过渡自然。整幅画面给人和谐舒适的感觉，邻近色的组合让画面显得灵动秀美。

f/10 1/250s ISO100 35mm

7.6 画面的影调

影调，又被称为“照片的基调（或调子）”，指画面的明暗层次、虚实对比和色彩的色相明暗等之间的关系。通过这些关系，使观者感受到光的流动与变化。由于影调亮暗和反差的不同，分别以亮暗分为亮调、暗调和中间调；以反差分为硬调、软调和中间调等。影调是物体结构、色彩、光线效果的客观再现，也是摄影师创作意图、表现手段运用的结果，光线构成、拍摄角度、取景范围的选择，都是构成影调的基本要素。

一幅影调丰富的画面，除了具有黑、白、灰过渡丰富的层次以外，还需要有色彩、色调、线条等元素的表现。虽然说摄影是减法的艺术，但是优秀的摄影作品可以将这些元素有机地融合在一起，呈现出整体和谐自然、大气唯美的画面感觉。

影调的划分

高调影像

高调也被称为“亮调”，是指以浅色或白色元素占据绝大部分画面比例的影像。高调影像具有色彩相对单一、画面明度较高的特点，高调影像倾向于被摄对象亮部细节的表现，常用于表现纯粹、简洁的特点，多见于人像摄影。

图中以白色和灰色为主色调的部分占据了超过70%的画面比例，这就是典型的高调画面。以高调的手法将模特的面容和服饰造型清晰刻画，营造出纯洁明净的画面感觉，这对于女性被摄者的柔美具有很好的表现力。其中，黑色手套的点缀没有破坏画面的高调气氛，反而通过色调的对比让高调效果更加鲜活。

f/11 1/80s ISO200 30mm

因为高调影像具有明度高、视觉冲击力强的特点，非常适宜表现女性被摄者。尤其是对女性皮肤光滑质感的再现，高调影像有着更好的表现力。高调人像通常采用小光比光源拍摄，将主体和背景均以明亮的影调呈现，借以表现女性恬静柔美的特质。

在人像摄影中，营造高调效果需要注意两个问题：一是画面背景需要选择亮色调且应尽量简洁；二是主体的服饰不能选择色彩饱和度过高的颜色，同时在光线强度的控制上要优先使用柔光，避免产生生硬的投影，破坏画面柔和平顺的感觉。例图采用白色背景，以正面顺光光位的柔光为主光拍摄，模特的黑色头发、手套、高跟鞋呈斜线排布，在引导视线的同时起到了丰富画面层次感的作用。

f/2.5 1/125s ISO100 35mm

低调影像

低调影像与高调影像的含义正好相反，是指画面中以黑色或暗色调占绝大部分比例的影像。低调同时又被称为“暗调”，低调的画面如“低调”这个词的字面含义，呈现出含蓄、幽深的感觉。在风光摄影中，低调画面可以很好地烘托景物鲜明的视觉特征，或高大雄壮，或线条优美；而在人像摄影中，低调影像通常用来拍摄男性被摄者，表现男性阳刚、威武、刚毅的一面。

图中大面积的暗色调占据了绝大部分的画面比例，整体的建筑群只留下依稀的轮廓，只有桥梁和教堂在灯光的映衬下清晰可辨。正是这种明暗对比，让观众的注意力集中于画面的亮部，将城市夜景的宁静与平和直观地通过低调画面表现出来。

f/8　2s　ISO200　40mm

在人们的印象中，男性往往是刚毅的、深沉的，甚至是神秘的。而低调影像的最大特点就是画面感觉深沉内敛，有着令人遐想的空间。因此，在拍摄男性被摄者时，拍摄者都习惯于用低调来表现。低调人像往往意味着暗色背景、硬光源和较大的明暗对比。

这幅男性低调照片使用了单灯搭配反光板进行拍摄。使用侧逆光光位用硬光勾勒主体的身体线条，在相机的右侧放置反光板抵消阴影、丰富细节，达到了表现模特刚毅、富有张力的形象气质的拍摄效果。低调人像最忌讳暗部死黑一片、没有细节，因此，在用光和曝光上都要引起注意。

f/6.3　1/100s　ISO160　70mm

中间调影像

在日常拍摄中，中间调影像应该是最常见的影调，中间调也被称为“中灰色调”。它的影调介于高调和低调的中间区域，画面既不会过亮也不会过暗，无论是阴影部分还是高光部分，亦或中间亮度的部分，都拥有丰富的细节和良好的色彩还原，这样的影调使人感觉自然真实，非常符合人眼的视觉习惯。中间调在影调上缺少强烈的冲击力，但对各类题材都有表现力，在创作上比较自由，画面贴近生活，不显张扬。

这就是一幅典型的中间调影像，画面中既没有非常亮的部分，也没有非常暗的部分，整体呈现一种中间亮度，也就是接近中灰的画面效果。中间调的影像画面各部分的细节和色彩还原都非常真实、细腻，和人眼日常所见的景物非常接近，因此中间调的影像也最能唤起观者的亲切感。

f/3.2　1/30s　ISO200　200mm

中间调是介于亮调和暗调之间的影调，那么它可以包含高调和低调成分吗？是的，可以，但是比例要控制。如果要表现中间调影像，则其他影调的比例不能多于中间调。通过在画面中置入高调和低调元素，还可以丰富画面的影调构成，增强画面的表现力和美感。

图中有着一定比例的暗调和亮调成分，但丝毫不影响它作为中间调影像的定位。相反，小部分的亮调和暗调还能丰富画面的层次感，营造出视觉过渡，并加深画面的整体意境，让整幅画面显得更加迷人。 f/8 1/160s ISO100 30mm

影调的表现力

利用影调表现出画面的节奏感

在摄影画面中，节奏感的表现主要依托影调的变化来实现。如果画面整体上偏于一种固定的影调而没有变化，这样的画面显然缺乏节奏感。如果画面富有明暗变化且互相之间又能够自然衔接，这样的画面一定是充满节奏感的。要想实现这种表现意图，需要通过影调的控制和构图的巧妙取舍来达成。

这是一幅富有节奏感的风光画面，远景的山尖在光线的照射下呈现出亮调效果，山体处于画面的阴影中呈现出暗调效果，而近处的房屋又处于光线的亮区呈现出亮调效果，最靠近镜头的前景树叶则因为没有光线的照射呈现出暗调效果。整幅画面富有如同鼓点缓急相间一般的节奏感，只是这种节奏感是通过巧妙的利用影调和构图来实现的。

f/9 1/500s ISO100 105mm

利用影调表现画面的韵律感

“韵律感”这个词汇来自于音乐带给人的感受。在摄影画面中，韵律感的产生往往伴随着独特的、如同音乐五线谱一般的线条。富有韵律感的画面往往能够带给人美妙而充满遐想的感受，韵律感的强弱取决于画面光影效果的运用，而拍摄富有韵律感的画面则需要通过细致的观察和合理的构图来实现。

南方的梯田是特殊的山体形态和自然气候所形成的独特地貌，蜿蜒曲折的梯田田埂本身就富有独特的韵律感，在水面反光的衬托下，韵律感更是得到完全的释放。影调的变幻在韵律感的表现中起到了推波助澜的作用。

f/9 1/500s ISO100 45mm

利用影调表现出画面的层次感

我们常听说关于绘画和摄影，有一个说法是“形于画中，意在画外”。这说明摄影作品需要有深刻的内涵，而实现这种效果除了画面本身所承载的内容外，一定的摄影技巧的融入也可以帮助画面获得更好的表现力。例如，画面的层次感，除了利用被摄对象的不同构造或固有色彩等特征，在构图时进行取舍以突出层次感之外，影调的表现能力也不容小觑。

例图是登高拍摄的山峦画面。在逆光光位下，山尖呈暗调效果，云层由于反光率较高呈现亮调效果，明暗的对比使画面看上去有着非常鲜明和立体的层次感。这样的画面除了构图视角的独特以外，光线的运用也非常到位，整幅画面有一种人间仙境的感觉。

f/11 1/400s ISO100 24mm

7.7 画面的色调

所谓色调，是指画面的色彩基调，即色彩的总体倾向，是大的色彩效果。按照色彩的冷暖，可以分为冷调和暖调；按照色彩的互补特性，可以分为对比色调、和谐色调；按照色彩的饱和度，可以分为浓郁色调和淡彩色调。通常可以从色相、明度、冷暖、纯度4个方面来定义一幅作品的色调。

例图中，绿色和蓝色占据着画面的绝大部分区域。这两种颜色传递给人一种清凉、开阔的感觉，属于偏冷的色彩倾向，因此这幅画面是典型的冷色调画面。

f/8 1/500s ISO100 24mm

暖色调

一幅照片可以流露情感吗？当然可以。在我们的生活中，有很多画面能够让人为之动容。除了照片本身的内容打动人以外，合理地利用色调也可以为照片效果添砖加瓦。例如，婚礼仪式时人工搭建的舞台，通常灯光都是以红、黄等暖色调为主，其目的就是为了渲染和烘托婚礼现场温馨甜蜜、温暖喜庆的气氛。

婚礼现场的暖色调灯光可以强化温暖喜庆的气氛。不仅如此，在家庭聚会、寿宴等场所，人们也会借助偏暖的色调来强化温暖幸福的感觉。在这类拍摄中，要善于把握现场的色调进行摄影创作。

f/6.3 1/30s ISO400 35mm

冷色调

冷色调是天空、海洋、大自然、冰雪等环境的固有色调，这样的场景通常给人的第一感觉是宁静、开阔、放松。例如，在炎热的夏季一提到海洋就会产生清凉、舒爽的联想。在表现画面开阔、宁静、深远、大气的拍摄中，冷色调是优先值得考虑的色调。

在拍摄风光画面时，为了强化冷调效果，除了在画面中纳入冷调元素外，可以将相机的白平衡设置为比正常色温偏高一些的值，人为地将画面的色彩倾向偏于冷调，以强化风光画面大气深远之感。

f/11 1/160s ISO100 30mm

对比色调

色调的对比通常指的是冷暖的对比。在画面中出现冷暖相对的色调时，画面一定具有鲜明的视觉效果，使被摄对象更加突出和醒目，这样富有对比效果的画面也会更加吸引观者的视线。在暖调画面中冷调元素更醒目，而在冷调画面中暖调元素更醒目。如果在一幅画面中冷暖色调参半，则这种对比会产生强烈的视觉冲击，从而将画面的表现力推上一个更高的层次。

品红色的荷花与绿色的荷叶互为对比。在大面积的冷色调中，荷花显得相当醒目，这就是对比色调中“以小胜出”的法则。在摄影中为了突出主体，可以多尝试采用类似的色调对比的表现手法。

f/3.5 1/320s ISO100 150mm

同类色调

同类色调是指画面中的色彩在色相上处于邻近区域。它们组合在一起时给人过渡自然舒适的视觉感受，因此包含同类色调的画面会更具亲和力。同类色调在色彩搭配中是很受重视的一种搭配形式，其目的在于迎合人类的视觉审美习惯，虽然容易被接受，但也存在特色不足的问题。

图中的颜色均是在色谱中相互邻近的。这种邻近色或同类色组合的画面，视觉感觉和谐，虽没有明显的视觉冲击力，但可以给人平和舒畅的感觉。

f/3.5 1/320s ISO100 50mm

浓艳色调

自然界中有一些景物在光线的作用下会呈现出色彩浓艳的效果。要想实现这样的效果，拍摄时间和光线强度的选择非常重要。拍摄者可以通过仔细观察被摄对象在不同光线条件下的色彩还原情况，选择最能表现被摄对象特征的时间和角度进行拍摄，利用被摄对象最富视觉吸引力的色彩特征来强化画面的表现力。

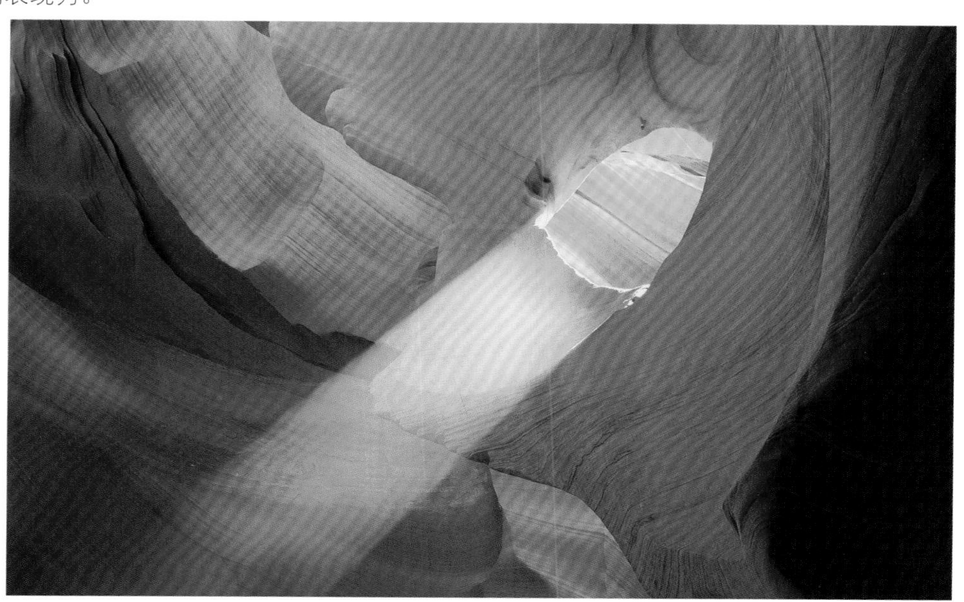

例图拍摄的是独特的峡谷地貌。在正午时分透过峡谷孔洞投射进入的阳光，让画面充溢着饱和度极高的深红色。通过合理控制整幅画面的曝光效果，将特殊时段峡谷的浓郁色彩完美呈现，令人过目难忘。

f/5.6 1/200s ISO100 60mm

柔和色调

与浓郁的色彩效果相对的是淡雅的色调。这种色调由于具有较低的色彩饱和度，因此在视觉效果上不如浓郁色调的画面更有冲击力，但是在一些追求淡雅恬静效果的拍摄中，这种整体的淡彩色调往往更具表现力。选择中性色彩的陪体来搭配主体，可以让画面的整体效果更和谐。

例图用浅色背景烘托浅色主体，画面感觉自然、舒适。

f/7.1 1/80s IS100 100mm

第8章

人像摄影实拍技巧

人像摄影是摄影领域中被摄群体最多的一个类别。无论是专业摄影师，还是刚刚接触摄影的新人，都对拍摄人像照片情有独钟。一方面是因为人是自然万物中最具有主观能动性的被摄对象，可以配合拍摄者做出丰富多彩的形体姿态，使照片的内容更能反映拍摄者的拍摄构想，具有强大的可塑性；另一方面是人的内心情感非常丰富，这有利于表现出各种不同的画面感觉，使人像摄影画面更富精神内涵。

8.1 人像摄影的适用镜头

对于人像摄影来说，镜头的作用是至关重要的。需要用明确的焦段来拍摄的专项摄影并不多，而人像摄影就是其中之一。拍摄者必须要先了解镜头，才能做到在拍摄不同主题时选择适当的镜头，从而达到最佳的拍摄效果。

长焦镜头因焦距长和透视的关系，可以轻易获得背景虚化和压缩背景的效果，因此被较多地应用在人像拍摄中。使用长焦镜头拍摄人像时，可以选择拍摄面部特写、半身或是带环境的全身像等题材。

例图为200mm镜头拍摄所得。可以明显地发现，镜头压缩了主体人物与背景之间的距离，并且背景的虚化程度很高。

佳能EF 200mm f/2L IS USM

使用定焦镜头拍摄人像具有很多优势，较小的畸变效果、锐利的成像质量、柔美的焦外虚化等，这些都是拍摄者选择定焦镜头的理由。常见的镜头有35mm、50mm、85mm、135mm、200mm等。

佳能EF 135mm f/2L USM

例图用135mm的定焦镜头拍摄。

广角镜头具有宽广的视角及强烈的透视变形效果，能够较好地吸取更多的画面元素，从而反映环境、烘托气氛。

例图用广角镜头中的鱼眼镜头拍摄所得。利用此镜头进行俯视角度的拍摄，也能得到比较特别的视觉效果。对于特殊的主题或拍摄要求，不妨尝试用广角镜头来完成。

佳能EF 14mm f/2.8L Ⅱ USM

8.2 人像摄影的拍摄要点

人像摄影要以人为本

一幅优秀的摄影画面需要具备的三元素，概括来说，就是主题、主体和简洁。对于人像摄影而言，主体毫无疑问应该是人，很多初学摄影的朋友拍摄的人像照片最大的问题要么是主题不鲜明，要么是缺乏主体、画面杂乱。在人像摄影中，一定要确保人物在画面中的主体地位，只有这样才能让人物成为画面的视觉中心，才能更好地表现拍摄者的拍摄构想。

提 示

虽然说人像摄影要以人为本，但并不是说就一定要拍摄人物的特写或者将人物尽量占满取景画面，这只是众多人像景别中的一种。这里所强调的以人为本，是希望初学者在刚开始接触人像摄影时，尤其是在按下快门之前，要问问自己“当前通过取景器或者液晶屏看到的取景画面中，人物是否具备最吸引视线的视觉地位？”如果不是，先暂缓拍摄，然后通过调整取景范围来实现这样的构图效果。只有从一开始就培养了这样的意识，才能避免拍摄出杂乱无章的人像画面。

在这幅作品中，人物虽然没有位于画面的正中心，但是背景的虚化使她成为画面的视觉中心，将人物的调皮姿态活泼地展现在观众面前。

f/5.6 1/125s ISO100 200mm

人像摄影常用光圈优先拍摄模式

人像摄影最基本的要求，就是将人物主体在画面中尽可能突出，因此最常采用的方法是利用小景深来表现；而获取小景深效果，则需要使用大光圈，较大的光圈能够获得更小的景深，有助于获取主体清晰、背景虚化的人像画面，使人物主体在画面中更加突出。光圈优先模式由于具备非常灵活的控制画面景深的作用，于是就成为了拍摄人像时最常采用的拍摄模式。

例图使用斜线构图，让模特的动作更显俏皮与可爱。大光圈的使用让模特与背景呈现虚实对比的画面效果，很好地突出了人物主体。侧逆光为模特的身体轮廓和帽子勾勒出迷人的轮廓线，将人物主体与背景清晰地分割开。正面的补光来自反光板，良好的光比控制获得了层次过渡细腻的影调效果。

f/5.6 1/250s ISO100 160mm

提 示

拍摄人像不建议一味地采用相机的最大光圈拍摄。首先是因为最大光圈往往都不是相机的最佳成像光圈，这样不能获得画质最好的画面；其次是光圈越大，景深越小，这样主体与背景的分界处可能会模糊不清，不利于塑造立体的人物形象。因此，在镜头具备中长焦拍摄视角的情况下，建议缩小1～2档光圈并使用中长焦来虚化背景拍摄，一方面可以提高画质，另一方面还能让主体的身体轮廓线条获得清晰的成像，饱受诟病的跑焦问题也能得到有效缓解，朋友们可以多尝试一下。

选择合适的服装与道具为照片增色

俗话说得好，人靠衣装马靠鞍。拍摄人像时自然不能忽视服饰对画面效果的重要影响力。漂亮、个性的服饰不仅能够增强画面的观赏性，还能够刺激模特的表现欲，有利于拍摄出更能打动观众的画面。虽然服饰搭配仁者见仁智者见智，但是有一个很重要的原则是要与模特本身的气质相吻合，只有这样才能获得相得益彰的画面效果。

例图中模特的气质知性而时尚，通过一身简洁的休闲装搭配精致的小包和挂饰，很好地表现出模特的气质。这种带有艺术感觉的女性不适合过于鲜艳的服饰，而应以中间调偏淡雅的服饰为宜，以重点表现其卓尔不凡的脱俗气质。
f/2 1/640s ISO200 85mm

在人像摄影中，道具的选择是多种多样的，可以是一把雨伞或一束花，也可以是一只可爱的宠物。道具的运用可以为平凡的画面添加故事情节，使画面更吸引人。但不能纯粹“为了道具而道具”，不恰当的道具只会为画面减分。道具不仅要和模特的形象、造型相匹配，还要能和拍摄场景和谐相融。试想一下，如果在广阔的草原上模特抱着只有在海边才会出现的游泳圈，那该是多么怪异。

以模特手中的白色气球充当画面道具，增添画面的唯美感。

f/2.8 1/400s ISO100 85mm

汽车是常见的人像拍摄道具。香车美女是不变的主题。 f/4 1/250s ISO100 85mm

提 示

在全画幅机身上，使用85mm左右的人像镜头可以确保拍摄者和模特之间有合适的拍摄距离，既方便交流也不会因距离过近而产生压迫感。在APS-C画幅机身上，50mm的定焦是拍摄人像的不错选择，乘以1.6的转化系数后，接近于85mm等效焦距，进可攻退可守，全身、特写随意拍。

拍摄人像需要充分调动模特的情绪

成功的人像作品需要拍摄者充分调动模特的情绪，使其表演欲望被充分激发，这样拍摄者在抓拍和创作时也会更容易。在拍摄前可以适当和模特交流一下自己的创作思路，让模特充分了解自己的拍摄意图，而在拍摄过程中则需要多加鼓励和赞赏，如称赞模特“漂亮！真棒！”等，都会让模特感到更加自信，也更有利于拍摄到自然的表情。

在拍摄过程中可以通过和模特聊天来消除她的紧张感，拉近与模特的距离，以免因疏于沟通而拍摄出死板的画面，高角度的俯拍可以表现模特优雅自然的姿势。

f/2.8 1/160s ISO200 85mm

8.3 人像摄影常见的构图形式

人像摄影的构图形式和前文中的构图也有不同之处。较为适合于人像摄影的构图形式有对称式构图、斜线构图和均衡式构图。

对称式构图营造个性

按照大众的审美观，在拍摄人像时是比较不倾向于采用对称式构图的，因为这种构图会给人死板的感觉。但是任何事物都有两面性，尤其是在一些艺术摄影中，对称式构图往往可以传递出一种另类、个性的画面感觉。这种严谨的对称能够塑造出很强的形式美。需要注意的是，并不是任何人都适合采用对称式构图，一般来说，这种构图比较适合具有冷艳、高傲、叛逆气质的被摄对象。

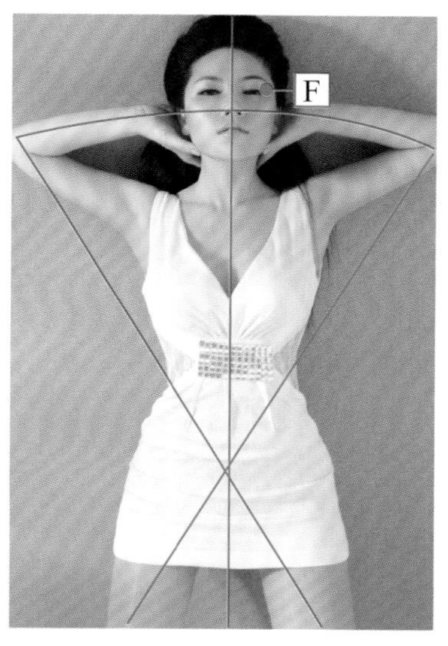

模特的气质中带有高傲、冷艳的倾向，采用对称式构图拍摄的画面不仅没有呆板的感觉，相反还非常具有个性。拍摄者在设计动作时一定不要忽略对模特气质的把握。使用标准镜头或者85mm人像镜头在2m左右的距离拍摄这种对称人像，可以最大限度地避免变形对主体的影响。

f/5.6 1/200s ISO100 150mm

斜线构图充满活力

看惯了太多横平竖直、四平八稳的正统构图方式所拍出来的照片，如建筑摄影、风光摄影的画面等。这些构图方式在获得了较为平稳的画面感之后，是不是缺少了几分活力呢？试着倾斜一下相机，看看拍摄的人像会有什么不同？一个原本垂直站立的被摄对象，通过倾斜相机形成了斜线构图的画面，让人略感意外的是，画面并没有出现想象中的歪斜、不稳定感，相反，显得非常活泼且充满活力，这就是利用斜线构图拍摄人像的特殊表现力所在。

通过倾斜相机形成斜线构图的画面，配合低机位的仰拍，以高耸的树木作为背景，既显得模特有活力且画面又有空间立体感。需要注意的是，斜线构图时要使人物主体形成向后倒的姿态而不能是向前倾倒，因为后者会产生一种视觉压迫感，不仅不会显得活泼，相反画面感觉会非常沉重。

f/2 1/250s ISO100 35mm

均衡式构图表现青春气息

均衡式构图是指画面的左右或者上下具有对等的被摄对象，这种构图方式可以制造平衡和谐的画面感觉，一般在两人的合影中较多用到。

两位模特选择了相同的动作和姿态，左右对称，达到了画面的平衡，从而在静止的照片中营造出充满动感的意象，使观众能够感受到青春活泼的气息。

f/4 1/500s ISO400 70mm

8.4 人像摄影的景别

景别是指主体在画面中呈现出来的大小和远近范围，景别的大小所展示出来的信息量也不同，它将影响着画面的最终效果。在写真人像中的景分别为环境人像（全身像）、半身像和特写人像等。

环境人像

环境人像也被称为“全身人像”，属于人像摄影里比较难驾驭的一个景别。环境人像是近年来兴起的人像摄影潮流，随着年轻一族艺术审美水平的提高，传统的布景棚拍已经逐渐落伍，人们更偏爱带有真实环境元素的人像画面。环境人像是指，从较远的位置或者使用较广的视角拍摄带有环境元素的全身人像。环境人像的画面语言因更倾向于表达人与自然的和谐统一而颇受欢迎，但因其较广的取景范围也为拍摄增加了不少难度。拍摄者需要合理设计人物主体与环境的关系，找到人与环境协调统一的拍摄基点。

环境人像的精髓在于人与环境的和谐统一。例图通过取景视角、光线、色彩、影调的合理利用，将人与环境有机地融合在一起，这是环境人像必须要注意的拍摄细节。拍摄时对背景的黄叶测光，处于阴影区域边缘的人物主体因为逆光的原因呈现较暗的影调，与亮调的背景互为对比，从而在画面中更显突出。

f/2.2　1/640s　ISO200　85mm

七分身人像

七分身人像是人像摄影中最常见的景别，也被称为“中景人像”，其理论取景范围是指从头顶至大腿中部的位置。这个取景范围可以将人物主体的形体动作以非常直观和形象的方式呈现在画面之上，并且不会忽略对人物表情与神态的刻画。因此，比起单纯的特写表情记录，中景人像画面的欣赏性和趣味性都更胜一筹。

例图是一张侧逆光高调人像摄影作品。作为主光的侧逆光使用的是柔光灯箱，在其对角线方向的前侧光朝向墙壁投射，产生均匀的漫射光，减弱主光产生的阴影区域的亮度，中和影调，使画面更显自然。两盏灯的光比为1：1.3。前侧光弱于侧逆光0.3EV，是为了保留侧逆光产生的投影，这个浅淡的投影可以塑造出主体立体的形象，使高调画面不会过“平”。

f/2.2　1/30s　ISO250　35mm

半身人像

人像摄影的景别有很多种，包括远景、全景、中景、近景、特写。半身人像属于近景的一种，其理论取景范围一般是指从头顶至胸部之间的部分，多用来刻画人物的内心和精神状态，如很多雕塑都会采用半身人像的取景设计。拍摄半身人像需要根据被摄对象的不同，选择合适的拍摄角度、用光、构图及色彩搭配等表现手法，借以表现出人物的内心世界。

例图是一张半身人像，使用室内自然光拍摄，大光圈的定焦镜头能够在弱光下确保拥有较高的快门速度。来自模特侧后方的高位室内荧光灯照亮了模特的头饰和发丝，桌面反射的顶灯发出的光线照亮了模特的脸部。这种自然的光线明暗过渡效果使人物主体显得非常立体，模特的脸部稍侧使脸型也显得更加漂亮。

f/2 1/200s ISO400 135mm

特写人像

人像摄影中的特写，是指对被摄对象面部特征或身体某一局部的重点刻画，但通常指代面部特写。因此，取景范围一般是头部或稍带一些身体这样一个范围。特写对于脸型标准、容貌出众的被摄对象来说，是一个很好的表现手法，能够将主体的美表现得更鲜活。人像摄影的基本美学宗旨是将人物美丽的一面表现出来，同时运用技术手段掩饰或者削弱主体固有的瑕疵，因此，对于那些面部有明显缺陷，如脸型不漂亮或者脸部有明显疤痕的被摄对象，要慎用特写拍摄。

使用特写手法将模特俏丽的容貌鲜明地表现出来。光源使用的是从相机左侧斜向下投射的前侧光，属于蝴蝶光的一个变形，从模特鼻翼下的投影可以看出这一点。这种单灯前侧光可以让主体脸部产生明暗渐变效果，使脸型更显削瘦。

f/2 1/500s ISO200 85mm

提 示

前侧方的单灯可以将脸盘较宽的被摄对象表现得比实际脸型要削瘦一些，这是通过侧光在脸部产生的明暗过渡来实现的。而左右45° 角布设的平光，则能够让颧骨较高的人脸型显得饱满，不过这需要从正面进行拍摄才能显现出明显的效果。在影棚内拍摄时，大家可以多尝试这方面的用光技法。

8.5 人像摄影的姿态

站姿

站姿在拍摄中最为常见，要领在于模特的重心最好寄予一只脚上，这样做可以避免姿态过于僵硬。头部、肩部、胯部的透视线不要平行，站立时要收腹挺胸，这样才能突出女性特有的曲线美。此外，还可以借助周围可以倚靠的环境来调整站姿。

人像摄影中，站姿多以轻松惬意为主，不必过于僵硬地去摆姿势。例图中的女孩背靠铁门玩游戏，就显得姿态非常轻松，能让观众感受到她内心的自然闲适。

f/2.8 1/125s ISO200 70mm

坐姿

坐姿分为坐在高处和坐在平地上，但无论哪种坐姿都不能让模特完全坐进座位中去，一般坐在座位的1/3处最佳。同时，腿部要和地面保持一定的支撑，不然大腿的肌肉会变得松弛、粗壮。膝盖和小腿的姿势不要完全对称，以免造成视觉上的呆板感。

坐姿要选择适合拍摄的座椅。不同的座椅有不同的作用。较高的座椅可以突出腿部的线条感。为了使线头看上去更有张力，人物应该尽量坐在椅子的边缘处。

f/8 1/125s ISO100 70mm

蹲姿

蹲姿一般给人以小鸟依人、清纯可爱的感觉，比较适合娇小、可爱的女生。这种姿势的变换主要通过上身的动作来完成，手部姿势也是变换姿势的重点。可以通过手部与周围环境的互动，凸显模特的俏皮、可爱。

在人像摄影中，蹲姿可展现人物要亲近的事物，例如与小猫小狗的嬉戏、在水边玩耍等。蹲姿也要注意保持重心的稳定，同时注意腿部姿态的含蓄，防止走光。

f/3.5 1/250s ISO100 35mm

8.6 人像摄影的用光技巧

顺光

虽然光线的效果千变万化，但是有一些被摄对象并不需要通过多么复杂的灯光效果进行艺术渲染，如娇小的婴幼儿或年龄较小的儿童。实际上，人们更偏爱能真实反映他们样貌特征、服饰色彩、生活环境的光线效果。如果光线过于花哨，塑造出的画面效果还会背离儿童纯真的天性。因此，在面对这类被摄对象时，顺光具有最为合适的表现力，尤其是柔和的顺光光源，非常适宜拍摄儿童和婴幼儿，能够将他们的特征清晰直观地表现出来。

使用室外树荫下柔和的自然光拍摄。顺光光位的自然光将小女孩的样貌、服饰色彩以及环境中的植物等被摄对象的特征都直观细腻地表现出来。对于儿童来说，光照均匀柔和的顺光光源是最适宜的拍摄光线。

f/2 1/800s ISO100 50mm

提 示

顺光画面几乎没有明显的阴影，画面中不同的被摄对象接受相同的光照。因此，采用中央重点测光模式对人物主体测光，能够得到最合理的曝光效果。

逆光

逆光拍摄是摄影用光中的一种手段。广义上的逆光应包括全逆光和侧逆光两种。它的基本特征是：从光位看，全逆光是对着相机，从被摄对象的背面照射过来的光，也称“背光”；侧逆光是从相机左、右135°的后侧面射向被摄对象的光，被摄对象的受光面占1/3，背光面占2/3。逆光是一种具有艺术魅力和较强表现力的光照效果。右图就是使用侧逆光拍摄的效果，它清晰地勾勒出人物脸部的立体轮廓，使其形象更生动，表情更鲜明可爱。

侧逆光一般是作为修饰光使用。在侧逆光与正面光源亮度相同的情况下，如果侧逆光的光质为直射的硬光，则主体也能呈现出鲜明的轮廓特征，这就是硬光的特殊表现力。

f/1.8 1/2500s ISO400 50mm

侧光

侧光是最能表现人物主体特征的光位，尤其是具有一定强度的侧光，能在脸部产生过渡鲜明的明暗对比效果。通过亮度的变化，使观众产生对主体的立体特征的认知。在外景拍摄中常利用侧面拍摄和侧光协同来表现人物主体的立体特征。

使用较柔和的侧光将主体的外形特征完美表现，又能够使画面具有一定的立体层次感，用来拍摄气质上佳的女性非常适合。

f/3.5 1/125s ISO200 50mm

8.7 人像摄影的高级技法

儿童肖像

许多家长总是问“我买了单反，可是给孩子拍摄的照片效果还是不好，这到底是什么原因造成的呢？”除了对相机的操作不熟悉以外，有没有想过自己的拍摄视角有问题呢？是否总是习惯于居高临下的拍摄？这样的画面当然会平淡无奇。试试蹲下来，甚至是趴下来，从孩子的视角进行拍摄，你会发现在孩子的眼睛里，世界原来是这样的。以孩子的视角拍摄的画面，更容易流露出自然的生动，同时也能够在孩子的心里建立起平等的意识。

在以儿童为主体的画面中，如果将儿童置于构图的中心位置，固然可以突出被摄主体，但是也容易使画面显得拘谨呆板。反之，在构图时使被摄主体位于黄金分割线上，也是一个非常不错的选择，这样容易使画面的感觉更舒服，而虚化的前后景同样能突出被摄主体，把握住观众的视觉焦点。

f/3.2 1/160s ISO100 1100mm

在室外利用自然光拍摄已经学会走路的儿童，是非常不错的做法。儿童对于陌生环境的好奇心，有助于拍摄到很多自然、生动的画面。为了获得更好的拍摄体验，有一些问题要引起重视。首先要确保安全，这是头等大事；其次是拍摄场景的选择要避免杂乱，因为儿童的个体较小，很容易被环境中的其他元素干扰；然后是对光线的把握，早晨和傍晚的柔和光线非常适合进行拍摄，可以选择顺光、前侧光、侧逆光或者逆光等光位，由于光线柔和，无论哪种光位都能获得不错的影调表现；最后就是要避免摆拍，尽量选择抓拍，在儿童自由玩耍的过程中进行拍摄，将获得效果更加自然生动的画面。

使用长焦镜头从较远的位置拍摄，捕捉到宝宝自然的表情，用较快的快门速度凝固瞬间。

f/4 1/250s ISO200 135mm

舞台人像

拍摄舞台人像易学难精，为什么这么说呢？这个题材的摄影有很多其他类型人像拍摄所不具备的难点。首先是光线多变，一场演出往往会根据节目的不同或剧情的发展，灯光变幻复杂、频繁，这对拍摄者控制曝光的能力提出了很高的要求；其次是要想拍摄到精彩画面，需要具备一定的美学和音乐修养，这样才能知道什么时候会有精彩画面出现。因为舞蹈动作的瞬间感很强，没有一定的艺术修养很难预知并捕捉记录。关于光线问题，拍摄者可以选择中央重点测光模式，尽量避免使用点测光模式，这样能够确保大多数时候获得合理的曝光。对于捕捉精彩瞬间的问题，拍摄者应该预先了解节目的演出顺序，熟悉节目的内容，以便选择合理的拍摄时机。

使用70-200mm f/2.8变焦镜头，采用中央重点测光模式测光拍摄，在光线多变的情况下获得主体合理的曝光。由于舞台摄影的光线相对偏暗，使用三脚架能够加大拍摄的成功率。如果相机或镜头有防抖功能，则能避开三脚架的束缚，自如地进行拍摄取景。

f/2.8 1/160s ISO400 120mm

提 示

为了确保拍摄效果，可以使用RAW格式拍摄，这样在后期可以很方便地对曝光、白平衡等进行调整。尽量不要使用闪光灯，以免破坏现场光效，大光圈中远摄变焦镜头能够获得更灵活的拍摄视角，前排居中的位置则是非常理想的拍摄位置。

f/1.4 1/80s ISO200 85mm

夜景人像

拍摄夜景人像的重点，在于以正确合理的曝光将夜景呈现在画面中。既要避免漆黑一片，也要防止因过曝而失去细节，同时人物主体的曝光也要达到合理的效果。一支能够自动控制闪光输出量的闪光灯是必不可少的，拍摄时以背景的亮度确定曝光参数，闪光灯则对人物主体测光，这样就能够获得主体和背景都曝光合理的画面效果。

当背景亮度较低且与人物主体距离较远时，需要使用较长的曝光时间对背景增加曝光。如果人物主体与背景距离较近且背景亮度较高，则可以直接对人物主体测光拍摄，闪光灯的亮度也能兼顾到背景。总之，拍摄夜景人像的核心就是不能使用过高的快门速度，因为快门速度直接决定着背景亮度的还原情况。

f/2.8 1/100s ISO400 70mm

从背后拍摄一对逛街的情侣，使用较高的感光度和更大的光圈，使手持拍摄成为可能。这样在不惊扰被摄对象的情况下，可以方便地进行抓拍。使用留白式构图很好地表现出街道的热闹景象，交代了夜景人像的拍摄环境。

f/2.8 1/60s ISO800 85mm

在昏暗的路灯下拍摄的夜景人像，会使画面更具有视觉感染力。比起在热闹喧嚣的街道拍摄的人像，这样的画面有一种无声的精彩。拍摄时可以通过设置较高的色温值，将画面的色彩偏向冷调，以表现出夜晚清冷环境下画面特殊的视觉感染力。

拍摄这种带有环境的人像画面，最好关闭闪光灯进行拍摄。使用高ISO感光度，可以获得比较安全的手持拍摄快门速度。例图中通过设置7000K的色温，使画面偏向黄绿色调，有力地烘托出夜晚的宁静感觉。

f/2.8 1/60s ISO800 85mm

第9章

风光摄影实拍技巧

人们通过手中的相机记录下大自然的美景，将四季的变迁、游历的足迹或者难得一见的美景，变成一幅幅精彩画面永久珍藏，这是风光摄影最根本的目的和存在形式。风光摄影最讲究画面感觉的大气磅礴，在拍摄中构图的重要性首当其冲。其次，风光摄影的画面讲究影调丰富，而影调的产生离不开光线，如何控制和使用光线也是影响画面美感的重要因素。最后，色彩是最能表现风光画面美感也是最直接影响画面视觉效果的因素，对画面色彩的掌控是拍摄者需要认真考虑的问题。

9.1 风光摄影的适用镜头

风光摄影的画面为什么可以让人产生大气磅礴的视觉感受？其中很重要的一个因素，是其涵盖了非常丰富的景致。那么拍摄风光画面需要使用什么样的镜头呢？毫无疑问，广角镜头是拍摄风光的不二之选。广角镜头具有视角广阔的特点，可以收纳更多画面，有利于表现出大气、唯美的画面感觉。当然，在某些情况下，当空间的距离限制了拍摄者前进的步伐，一支涵盖从中焦到远摄视角的变焦镜头也是值得拥有的。由于从广角到远摄变焦的镜头成像素质不佳，还是选择广角变焦＋中焦至远摄这样的组合拍摄风光更为合适。

拍摄视野开阔的风光画面，广角镜头是最好的选择。例图为使用佳能EF 16-35mm f/2.8L Ⅱ USM镜头拍摄，此镜拥有极其广阔的视角，是拍摄大场景风光的摄影利器。此外，像12-24mm广角变焦或者24mm、35mm广角定焦镜头都是拍摄风光的极佳装备。

f/16　1/125s　ISO100　20mm

自然界有些风光虽然非常迷人，但是因为道路曲折，拍摄者难以靠近，此时使用变焦镜头将美景“拉近”，就可以拍摄到心仪的风光画面。例图是使用佳能EF 70-200mm f/2.8L IS Ⅱ USM变焦镜头拍摄，它将难以靠近的美景“尽入囊中”。根据拍摄场景的不同，像100-400mm这样的变焦镜头在拍摄风光时也会有意想不到的妙处。　f/10　1/125s　ISO100　120mm

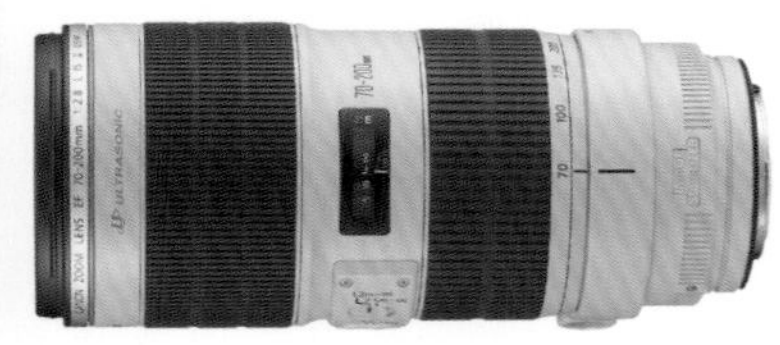

9.2 风光摄影的拍摄要点

重视前景在画面中的作用

在之前的构图章节中，讲解过好照片的三要素之一是简洁。“简洁”一词也许误导了一部分刚刚接触摄影的朋友，使他们误以为画面中的构成元素越少就越符合好照片的标准，其实不是这样的。通过下面的例图可以说明这个问题，远处的大礁石是画面的主体，但是前景中3块小礁石的存在也是很有必要的。通过它们的跳跃递进，引导观众的视线到达被摄主体，使画面的整体构成更显饱满和自然。试想，如果没有这几块礁石，前景只是一片空旷的水面，那么画面将会显得单薄而缺乏生命力。

选择日出前环境亮度较低的时间拍摄，在逆光光位下以突出礁石轮廓为曝光基准，将清晨的静谧感觉表现得非常生动。淡蓝色调也是清晨的一大特色，通过设置5500K色温，能够很好地保留这种环境的固有色调。

f/8 1/160s ISO200 35mm

使用前景增强画面的透视感

所谓画面的透视感，是指在画面纵向上的视觉延伸感。既然风光画面讲究大气，那么对透视感的表现就需要引起拍摄者的重视。一般来说，具有纵深感的景物能够轻易地为画面营造透视效果，但是画面中没有这样的景物时，就需要拍摄者另辟蹊径，通常在构图中加入前景可以有效地增强画面的透视感。这是因为，前景让视线经过短暂停留后继续向前延伸，在观众的头脑中产生出空间感，当视线再次停留在远处的主体上时，这种透视感就形成了。

画面中前景的整排树木是产生透视感的最主要因素，它与远景中的树木形成了近大远小的透视效果。在风光摄影中，善用前景可以为画面增色，但是注意前景的采用要有利于提升画面美感和表现力，否则的话，最好不用。

f/16 1/125s ISO100 50mm

隐藏画面中的杂乱因素

身处纷繁复杂的环境中，在拍摄时常会遇到现场环境非常杂乱的情况，要怎样做才能将杂乱因素对画面的干扰效果降到最低呢？可以尝试利用曝光不足，将一些干扰画面的元素统统隐藏在阴影中。要达到这样的效果，需要注意一个问题，那就是拍摄的画面还需要有明确的主题和主体，不能因为要隐藏干扰元素，就令画面变成一幅没有内容的作品。

本想以大树为主体，营造一种空旷孤寂的感觉，但是前景中有太多低矮的灌木影响构图。于是就通过使用低机位抬高地平线同时降低曝光，让前景的灌木曝光不足来拍摄这棵树的剪影，隐藏了杂乱因素后的画面表现出独特的视觉效果。

f/10 1/400s ISO100 45mm

提 示

如果要在较强的光线环境下隐藏杂乱因素，可以在构图时将杂乱因素置于其他物体的阴影中，以明亮的主体为基准曝光，通过它们之间的曝光差实现隐藏杂乱因素的目的。在夜景拍摄中，还可以通过黑卡遮挡法隐藏或降低陪体对主体的干扰。

使用明暗对比强化画面效果

人的眼睛对于亮暗差异较大的画面具有天生的敏锐度，因此，很多摄影师喜欢通过明暗对比影调的画面来增强作品的吸引力。使用明暗对比，需要把握光线的亮度、方向，还需要选择不同反光率的被摄对象，也就是说，要通过用光和构图取景相结合的方式实现画面效果。例如，侧光、逆光很容易产生明暗对比效果，而通过构图纳入不同反射率的被摄对象，也是获得明暗对比效果的重要条件。

明亮的天空与几乎呈剪影效果的天桥形成明暗对比，将天桥的视觉特征表现得非常震撼。拍摄时对天空较亮的云层测光，可获得天桥主体较暗的曝光效果。

f/11　1/125s　ISO100　24mm

通过倒影表现湖岸的视觉延伸感

倒影产生的影像如果再融入透视变形，会产生什么样的视觉效果呢？答案是，一个三角形。一旦在取景画面中出现这样的三角形，则意味着画面被分割成了3个不同大小的三角形，这种构图确实很有味道，它能够让平实的风光画面表现出特殊的韵味。实现的方法很简单，首先是需要光线的塑形效果，其次是利用广角镜头制造出透视变形效果，两者叠加即可获得这种妙趣横生的画面构图。

选择夕阳西下时分拍摄，平静的湖面在低位侧光的照射下显现出岸边植物的倒影，与实体树木组成了一个倒置的三角形。它的形成同时将画面分出了另两个不同大小的三角形，视觉效果非常有趣，构图也显得非常活泼。广角镜头的透视变形是三角形成形的重要原因。

f/13 1/250s ISO100 24mm

利用透视感突出深邃感

想象一下，公路的两边各有一排整齐排列的树，站在公路中间放眼看去，会看到两排树的距离在不断靠近。如果从这个位置构图拍摄，那就是典型的隧道式构图。这种构图其实是利用了物体近大远小的透视变形所产生的汇聚效果，可以给人深邃的视觉感受。风光摄影中常用此构图拍摄具有透视变形特征的被摄对象，以表现其深邃之感。

如果树枝比较茂盛，路面可能会很暗，而且树干也会因为缺少光线照射而失去层次，因此，应该选择光线充足的时间拍摄。最好选择上午或者傍晚时分低位的侧光阳光作为光源，这样可以将树干的轮廓清晰刻画，有助于获得影调和层次均丰富的画面效果。

f/9 1/160s ISO200 35mm

登高拍摄壮观的云海

云海是对浓密云层的形象叫法，多出现在雨季的山巅，也是风光摄影中一个非常吸引人的拍摄题材。拍摄云海时，要想表现出壮观的视觉效果，首先要保证视野的开阔，其次是将云海的立体形态表现出来，因此，登高拍摄和合理利用光线缺一不可。登高是为了保证取景画面中的视觉延伸感尽可能远，而光线则是为了勾勒出云海的形态轮廓。一般来说，清晨和傍晚的柔和光线能够最大限度地保留云海的层次，并能够将云海的轮廓表现得鲜明、生动。

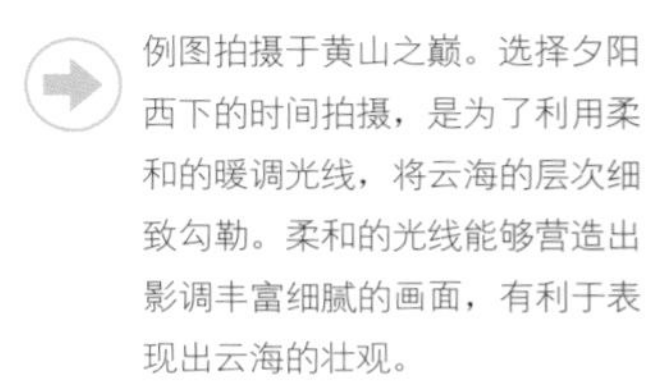

例图拍摄于黄山之巅。选择夕阳西下的时间拍摄，是为了利用柔和的暖调光线，将云海的层次细致勾勒。柔和的光线能够营造出影调丰富细腻的画面，有利于表现出云海的壮观。

f/9 1/125s ISO100 28mm

通过参照系掌控画面

一幅好的风光作品，画面的稳定感非常重要。所谓稳定感，是指画面的水平度与垂直度正常、不歪斜，符合人们的视觉习惯，也就是常说的“横平竖直”。因为歪斜的画面容易让观者产生不适感，会削弱画面的美感。风光摄影中使用横幅拍摄时，可以利用地平线作为照片的稳定性参考线；使用竖幅拍摄时，可用树干或山体垂直线等作为参照。

天空中最漂亮的风景，莫过于布满多姿多彩的云霞。很多时候，这类云霞还带有鲜明的方向性和一定的动势。要表现这样的天空，适宜采用竖幅构图，将云霞的移动方向置于画面的对角线上，能够强化云霞的方向性和动势，使天空显得更加深远。

在竖幅构图时，不要忽略了地面在画面中的重要性。在构图画面中纳入一定的地面景物，可以使画面构图显得更加完整丰满。同时，稍稍倾斜地平线，能够制造出视觉上的动感。

f/11 1/320s ISO100 24mm

9.3 风景摄影常见的构图形式

利用三分法构图表现天空、大地和海洋

三分法构图是简化版的黄金分割构图，通常是指将画面水平或者垂直分成三等分，通过将被摄主体置于三分线上，可以达到突出主体的效果。风光构图中常用此方法强调画面主体的位置关系。当画面中有明暗区域时，这种构图法还可以强调画面的明暗对比关系。

例图中的三分线将画面分为亮、灰、暗3个不同区域。其中，海岸线最暗；其次是海平面，属于深灰区域；而天空则属于亮区。通过三分法构图表现出的明暗对比关系，使画面的视觉效果显得非常自然。

f/9 1/400s ISO200 28mm

曲线构图描绘河流的美感

黎明时分太阳的高度和亮度均较低，此时拍摄的风光画面具有自然而生的神秘感。除了拍摄名山大川的黎明景色，富有曲线美的蜿蜒河流也是非常具有拍摄价值的被摄对象。在大面积暗调的衬托下，河水的反光会将河流的蜿蜒感生动地表现出来，令黎明时分的画面极富韵味。

相机的自动测光系统会将黎明时分原本明暗对比鲜明的美景曝光为中灰影调，但实际上这种曝光会削弱黎明时分的神秘感。因此，适度降低曝光补偿可以强化明暗对比效果，令画面更加生动，并可以隐藏干扰画面的不利因素。

f/10　1/100s　ISO100　28mm

放射性构图拍摄日出光线

我们知道，放射线是从一点向四周发出的很多线条。在自然界的景物中，日出时“光芒万丈”的光线具有鲜明的放射线特征。因此，要表现日出光线的美感，用放射线构图是不错的选择。使用这种构图法的要点，就是要最大化地利用放射线的延伸感，也就是要尽量将放射线没有衰减淡化前的亮度特征收入画面，这样可以使画面更有视觉冲击力。

日出时的放射线并不是每天都有，其原理是太阳光被云层阻挡后透过云层缝隙产生的衍射现象。因此，选择有云层的日出时间有可能会遇到这样的画面。拍摄时要适当降低曝光补偿，使画面稍稍曝光不足，以强化“光芒万丈”的放射线效果。

f/10　1/250s　ISO100　24mm

横幅构图描绘山脉曲线

拍摄以高山、山脉为主体的风光画面时，如果想表现山脉连绵的曲线，应该尽量使用横幅来构图。为了突出山脉的轮廓线，宜尽量选择仰视或者平视的角度来拍摄，因为俯视拍摄可能造成众多山体互相重叠和遮挡，使轮廓线不明显而影响对曲线的刻画。

利用横幅构图且仰视拍摄，以天空为背景，山脉曲线得以完美展示。拍摄山景时，顺光会使画面明亮，色彩还原真实，但整体缺乏立体感。侧光则能突出山体的立体感，并使画面拥有更丰富的影调层次。

f/9 1/640s ISO100 110mm

竖幅构图仰拍瀑布

瀑布最鲜明的特征就是从高处倾泻而下、一泻千里的磅礴气势，因此，在拍摄瀑布时需要通过选择拍摄位置和合适的构图方式来表现出这种感觉。当被摄主体的纵向特征比较鲜明时，应优先使用竖幅构图最大化进行表现。拍摄瀑布时多以竖幅构图且仰拍的方式，并在画面中纳入一些景物作为陪体来丰富视觉元素，衬托出主体的美感。

使用竖幅构图和仰拍的方式，将瀑布生动地表现出来。通过纳入两段动势不同的瀑布和一些植物陪体，既让画面富有气势，同时又减弱了视觉紧张感，塑造出有张有弛的美景画面。要想将瀑布表现得顺滑绵长，宜用长时间曝光的方式拍摄。

f/22 1/4s ISO100 35mm

曲线构图表现梯田

梯田的曲线可能是自然界人工创造的最富有韵律感的自然景观了。在拍摄这样的画面时，要利用曲线的走势来表现出画面的韵律感。通常，从梯田的侧面拍摄可以使曲线的线条互相独立延伸，这种层层递进的线条感能够将梯田的韵律美淋漓尽致地展现出来。

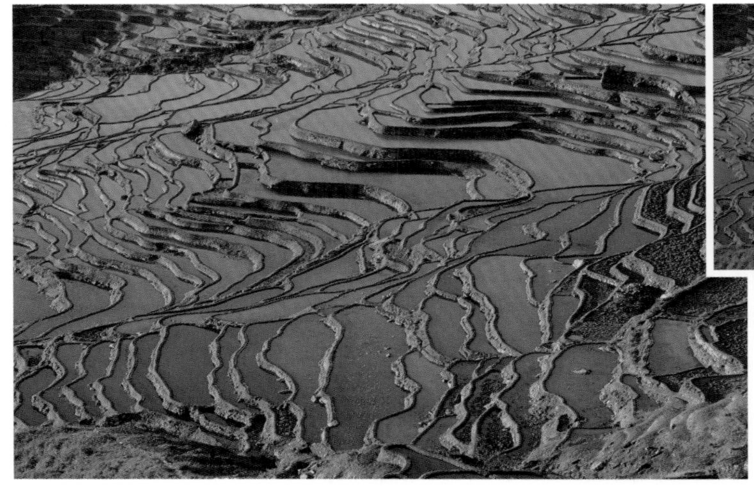

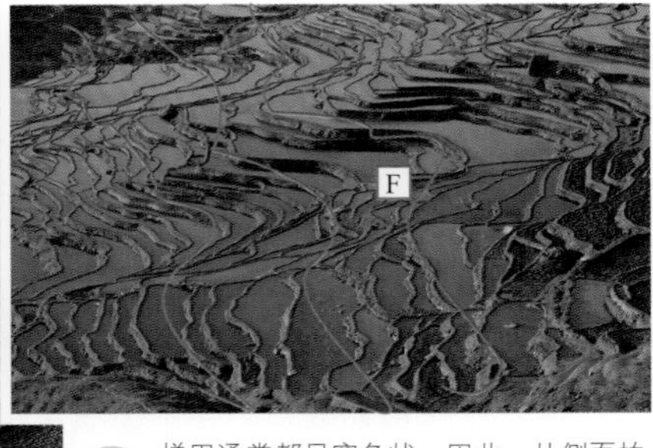

梯田通常都呈窄条状，因此，从侧面拍摄最能展现其全貌。例图在早晨太阳刚升起的时间拍摄，侧光的照射使水面和梯田田埂的“面”与“线”鲜明立体，整幅画面富有鲜活的韵律感。

f/11 1/60s ISO100 20mm

对称式构图拍摄山水倒影

山水画面是风光摄影中比较常见的拍摄题材，山体和天空的倒影在水面形成了富有视觉吸引力的效果。在拍摄时用对称式构图将这两种景象纳入画面，可以表现出山水的丰富景观，画面中的影调也会更加丰富。通常选择阴天或者光线比较柔和的时间段进行拍摄能够获得很好的效果，此时景物反差较小，有利于表现出风光画面比较重视的细节和层次特征。

对称式构图一般都是利用画面中的水平中线或者垂直中线作为分界线进行的构图。例图即是使用水平中线作为画面的分界线，将景物分成倒影和实体景致两部分。为了获得影调丰富的画面，使用点测光模式对远处中灰亮度的山腰测光，获得了合理的曝光效果。

f/16 1/160s ISO100 24mm

9.4 风光摄影的用光技巧

顺光表现大气明朗

在表现大场景风光大气、明朗的特点时，最常采用什么光线来进行拍摄呢？通过前面的学习我们知道，顺光能够提供对被摄对象均匀一致的照明，画面中的光比较小，视觉效果明亮且一致，因此，顺光是最能反映风光画面整体效果的光线。使用顺光拍摄时，只需记住让光源来自拍摄者的背后即可。一般常选择上午和傍晚太阳处于较低位置时的顺光，这时的顺光具有光质柔和的特点，能够获得细节丰富的拍摄效果。

高位俯拍可以在画面中纳入更多场景，获得视觉效果十分震撼的画面。但是要注意，画面中需要有醒目的主体，例图中蜿蜒的河流在画面中无限延伸，具有鲜明的吸引视线的特征，因此成为画面的主体。顺光拍摄时宜用兼顾各部分亮度情况的平均测光模式进行测光。

f/16 1/100s ISO100 24mm

侧光使山丘立体化

高原上的山丘其最鲜明的特点就是坡度较小且起伏不定，这意味着画面中会出现很多“线条”和不同的“块面”，在构图时可以善加利用这些线与面的特征进行表现。最能让画面中的“线条”和“块面”呈现出鲜明视觉形态的物质是光线，尤其以侧逆光和侧光为甚。光线产生的明暗影调可以使山丘的立体形态被生动、直观地表现出来。在构图时通过将这些元素有机地结合在一起，可以形成一幅完美的画面。

例图以综合利用构图三元素的方式，将点、线、面合成，形成了层次丰富、富有意境的画面效果。在侧逆光的环境下拍摄，测光的要点是尽可能保留光线产生的不同影调，而对中间亮度的景物测光就可以实现这样的曝光效果。

f/9 1/125s ISO100 28mm

顶光表现画面的质感

我们知道，质感是视觉或触觉对不同物态特征的感觉，如软硬、色泽、肌理等均属质感的范畴。景物在顶光的照射下，会产生受光面非常明亮、逆光面有浓重投影的视觉效果。这种过渡生硬的明暗效果能够将被摄对象的质感完美地表现出来，类似于静物摄影中的高光效果。风光摄影中的顶光，通常是指正午时分垂直向下投射的阳光。这种光线光质较硬，一般不适宜用来表现大面积的自然风光，而比较适宜表现小部分风光的质感和立体感。

例图使用正午时分的顶光拍摄海边的椰林。顶光照射在海面上和树叶上，产生出生硬的反光，因而使用偏振镜来过滤光线，消除了水面和树叶的反光后，获得了色彩饱和度极高的画面效果。在追求高饱和度色彩效果的拍摄中，可以尝试采用偏振镜来实现。使用偏振镜后要注意画面需要增加2档左右的曝光量。

f/10 1/320s ISO100 100mm

逆光使画面更有意境

在风光摄影中，逆光表现出来的画面会更有感觉。相对于顺光和侧光类似写实的画面效果，逆光的画面往往只重视对被摄对象轮廓的表现而忽略对细节的刻画，因此能够带给观众更多的想象空间，也更容易融合进拍摄者的思想和表现意图，这样的画面常常显得更有意境。逆光，是指光源的方向与相机的取景方向相对的光位。

当太阳高度较高时，逆光拍摄会呈现投影在前的画面效果，此时可以拍摄出中间调的影像。如果太阳高度继续降低，则由于光线亮度的衰减，很容易拍摄出剪影效果的画面。拍摄剪影时，画面中一定要有立体特征鲜明的被摄对象，如建筑、树木或者其他景物。如果是大面积空旷单调的场景，则不适宜拍摄剪影效果。

f/16 1/320s ISO100 24mm

9.5 风光摄影的高级技法

风光摄影的高级技法包括各种题材的表现、影调和被摄对象的一致性以及一天中不同时间段光线的变化捕捉。大气的变化、天气的变化催生出的不同气象为风光摄影提供了大量的题材和表现手段。

通过高调画面展现白色对象

高调画面就是指以明亮的白色或者接近白色的浅色影像占据绝大多数画面比例的影像，比如洁白的雪地或者反光率较高的海滩、海面、天空等拍摄场景。高调画面常用来表现大气、明快、纯洁、淡雅的画面感觉。以高调为表现意图的拍摄，要注意搭配一定比例的暗调景物，以丰富画面的影调构成，且暗调景物往往应该是画面的主体。

拍摄高调画面时搭配的暗调景物由于其所占画面比例较少，因此，在视觉上往往会获得画龙点睛的效果，在构图时要注意合理安排其位置，以更好地服务画面整体。拍摄高调画面要以暗调景物的亮度为基准测光，这样可以避免曝光不足的问题。

f/10 1/800s ISO100 180mm

提 示

使用相机的自动测光系统对雪地测光后，要记得根据雪地的受光情况增加两档左右的曝光补偿，以获得洁白的雪地效果。相机的自动测光系统会因为雪地反光性较强而降低曝光量，这样会让雪地变得灰暗、无光泽。

通过低调画面展现暗色系对象

风光摄影中的低调画面，是指以黑色或暗色系景物占据大多数画面比例的影像，如逆光拍摄的剪影画面。需要注意的是，低调画面中要纳入一定比例的高调景物，这种明暗对比产生的视觉冲击力是低调影像的魅力所在。

例图使用水平线构图表现低调稳重的画面感觉。大面积的黑色楼群和暗调的湖水构成了一幅低调画面，但是拍摄者仍然在画面中纳入了一部分高调景物，夕阳西下时的阳光所照亮的多彩云层成了画面的视觉中心。拍摄低调画面时，可对画面中的中灰区域测光，以获得曝光合理的画面效果。

f/10 1/500s ISO100 70mm

通过中间调营造画面的美感

风光画面讲究气势宏大，在此基础上又追求影调的丰富。一幅兼具高调、低调、中间调影像的画面具有更加丰富的视觉元素，能够更细致地表现出风光画面的细节特征，因此，这种画面更具美感。要获得这样的画面效果，需要合理控制拍摄光线，利用光线的强弱变化为画面营造丰富的影调。

例图采用阴天透过云层的光线在远景的高山上产生了高调影像，画面左侧的芦苇由于缺少光线的照射呈现低调的画面效果，其他面积的区域则基本是影调柔和、细节丰富的中间调影像。如此丰富的影调赋予风光画面恬静优美的视觉感受，令人如同身临其境。

f/16　1/80s　ISO100　35mm

提 示

通常顺光拍摄的风光画面都属于中间调影像，这是因为顺光画面基本不存在阴影区域。因此，为了获得影调丰富的风光画面，宜多采用侧光、侧逆光光位进行拍摄。这种光位会产生明显的亮区和暗区以及拥有丰富细节的中间调区域，通常上午和傍晚时分太阳高度与地平线呈35° 角左右时的光照最利于塑造丰富的影调效果。

通过清晨的光线表现静谧的画面

清晨的时光总是能够给人带来清新愉悦的心境。拍摄清晨美景宜用日出前的光线进行表现，这个时间段的色温较高，画面会呈现鲜明的冷色调，与日出前天空中的暖调反射光组合，构成的画面更富视觉美感。日出前环境光线暗弱，因此拍摄时的曝光时间会较长，要特别注意相机的稳定以确保拍摄画面的清晰。

例图中的主要光线来自于天空中的漫射光，日出前的较亮暖调光线打破了清晨静谧的蓝色调，为画面增添了一丝温暖的元素。井字形的构图合理分配了各个组成元素的位置，让画面不仅色调漂亮而且构图工整，表现出一幅非常迷人的清晨美景图。

f/10 1/60s ISO200 35mm

提 示

日出前随着太阳高度逐渐接近地平线，每一秒的环境亮度都在变化，此时画面的曝光比较难以控制，留给拍摄者构图测光的时间比较短，因此，建议拍摄者使用相机的包围曝光模式进行拍摄，或者直接使用RAW格式拍摄，这样得到合理曝光的概率会更高。

利用精确测光拍摄迷人的日落

即使是日落时分，太阳的亮度依然使我们不能直视。拍摄日落时切记不可使太阳过曝，一定要将太阳的亮度控制在纯白且具有鲜明的轮廓这个范围内，这就需要精确的测光。当太阳处于即将落入地平线的位置时，拍摄测光的要点是使用点测光模式对太阳周边呈现中灰影调的天空亮度测光并适当降低曝光补偿，重点表现日落时天空和地面景物在暖色光线照射下的迷人感觉。

拍摄日落时一定不要忽视地面景物的陪衬作用，例图选择一片湖泊作为前景，就是利用水面的反光来强化和渲染暖调的日落氛围，最大化照片美感。采用低机位拍摄，将地平线抬高至画面中线附近，有效地兼顾了天空的云彩和湖面的水草，丰富的视觉元素让画面表现出震人心魄的美感。

f/16 1/320s ISO100 28mm

降低曝光补偿拍摄多云时的天象

阴天和晴天形成的原因想必大家都知道吧？那就是取决于是否有云层遮挡。实际上，这也并非绝对，不是还有一种天气叫多云吗？在多云的天气里，最容易在天空中出现富有戏剧性的光照效果，当太阳被厚薄不一的云层遮挡时，透过云层缝隙折射的光线有着如同钻石般闪耀的光芒，非常值得拍摄。这种光线持续的时间很短且亮度差异较大，拍摄难度较高，通常应该在测光值的基础上适当降低曝光补偿，以把这种光线向四方折射的景象记录得更加清晰、动人。

拍摄这种天空光束时，要适当纳入一定的地面景物，这样一方面可以给光束预留更长的投射空间，另一方面也能让画面显得更有空间高度。此外，使用何种测光方式是重点，建议使用中央重点测光模式并在测光值基础上降低1档左右曝光补偿，这样可以使光束的视觉冲击力更加强烈。

f/11 1/500s ISO100 75mm

合理利用正午顶光拍摄密林的光影

很多人对正午时分的顶光深恶痛绝，嫌它太强、太硬、太热，让拍摄的画面缺乏层次、色彩黯淡。其实换个视角就会发现，任何事物都具有两面性，所谓“水能载舟亦能覆舟”。当在炎热的夏天正午时分身处密林时，会发现透过树梢的缝隙投射在林中的阳光为拍摄者准备了怎样一场不可多得的光影盛宴。这种明暗交织的光影效果将密林中的树木被表现得树影婆娑，甚是动人。拍摄这样的画面只有一个秘诀：尽量让画面往曝光不足的方向合理倾斜，以最大化保留光影效果。

拍摄这样的画面时，要兼顾树木和光影效果。通常横幅取景能够将这两者有机结合，一条条放射状的光带与垂直的树木纵横交织，为画面营造出丰富的线条感，明暗对比的影调也让画面具有鲜明的空间深度。例图使用多区分割测光模式并降低1档曝光补偿，使树干和光带都获得了相对合理的曝光效果。

f/8 1/400s ISO100 50mm

分割画面的拍摄表现雾景

雾是在低层的大气中由无数微小水珠或冰粒聚结而悬浮在空中，随着风的流动飘移不定的一种物质。雾将太阳挡住，使太阳光透过雾而呈散射光照亮地面景物，并使地面景物有如蒙罩了一层薄纱一样时隐时现，产生出一种自然的虚实相映、轻柔美妙的视觉感觉。一般拍摄雾景，只是拍摄浅淡的薄雾，很少拍摄浓雾，因为浓雾的能见度低，被摄对象的形态不能得到应有的表现，光线暗弱、反差低，拍摄出的照片质感很差。拍摄雾景时，画面中宜有前景、中景和远景，将薄雾穿插其中，这样的画面会显得更有意境。

例图拍摄的是山区的雾景。在逆光的照射下，雾的层次得到了很好的还原。拍摄者利用雾将画面分割成近景、中景、远景3个明显的区域，使画面具有很强的意境之美。由于雾与山体的反光率差异较大，使用中央重点测光模式对接近18%灰的雾景测光，获得了影调合理的曝光效果。

f/11 1/160s ISO100 35mm

提 示

拍摄雾以选择在日出1～2h后为最好时刻。因为此时的太阳光比较强，雾气也减弱了一些，远景在雾气中显得朦胧模糊，近景、中景比较清晰，轮廓较为分明。在逆光下拍摄，能获得很好的空气透视效果。

利用低速快门拍摄如丝般顺滑的流水

现在的数码单反相机一般都具有30～1/4000s的快门速度，高端数码单反相机的快门速度甚至能达到1/8000s，关于快门速度，很多时候听到的都是要注意使用安全快门，为了防止影像模糊都在刻意地避免使用低速快门，殊不知使用低速快门拍摄的画面往往更有表现力。同样是一条溪流，如果使用慢速快门拍摄，则能获得如丝般顺滑的水流，这种如同幻境般的影像比常规的清晰画面更有视觉吸引力。

使用低速快门时，一定要注意防止画面曝光过度。一般来说，选择阴天或者逆光位置的溪水拍摄，可以为使用低速快门提供一定的条件。但仅仅这样还是不够，要想让溪水呈现出如丝般顺滑的影像，快门速度一般在4s左右。如果是在白天，很容易导致水流曝光过度，能够减少画面通光量的密度镜是对拍摄非常有用的附件。此外，较低的感光度、较小的光圈以及稳定的三脚架对拍摄都是很有必要的。例图在镜头前搭载两片ND8密度镜后使用4s的曝光拍摄水流，获得了满意的效果。黑色的岩石与雾化的白色水流相得益彰，别有一番味道。

f/16 4s ISO100 100mm

使用逆光表现雨景中雨丝的存在感

很多人在拍摄雨景时总是不得要领，这与雨天的光线暗弱不无关系。拍摄雨景时切记不要以偏亮的天空为背景，而应该选择深色的背景，这样才能把明亮的雨丝衬托出来。在光位的选择方面，逆光更能表现出雨水的存在感，明亮的逆光会把雨水表现得如同一根根纤细的银针。所谓明亮的逆光，是指偶尔出现的“太阳雨”天气，这才是拍摄雨景的最佳时机。

拍摄雨景时，快门速度的高低决定了雨滴的形态。高速快门可以将雨滴凝固，呈现清晰的条状轨迹，低速快门则可以让雨滴呈现虚化的雾状形态。例图使用长焦镜头压缩空间，将背景中的花草表现为深色的影调，清晰地反衬出明亮的雨丝。

f/14　1/125s　ISO100　110mm

使用低速快门表现风的存在感

风本身没有具体的形象，但却具有方向性和动势，如风速的大小、是逆风还是顺风等。这些特质可以通过其他介质来表现，最常见的是“风吹草动”。可以用来表现风的存在感的景物很多，有树叶、花草、水面等。在拍摄时要想将风表现得更为直观和生动，需要采用较低的快门速度，一般以1/60s、1/30s、1/15s的快门速度为宜。通过捕捉被风吹动的景物的形态，间接地表现出风的存在感。

例图使用较低的快门速度拍摄一片野花，一部分个体较高的花朵由于风的吹动变得模糊，而较矮的花朵则受风的影响较小，仍能清晰成像，这种虚实对比非常形象直观地表现出了风的存在感。　f/16　1/30s　ISO160　24mm

提 示

表现风的存在感，一定会使画面呈现出虚实对比的效果。但此“虚实”非彼“虚实”，这和镜头产生的小景深虚实对比的效果是完全不同的。表现风的存在，是有意利用低速快门使一部分景物因受风的动势影响而呈现出模糊的影像，其他稳固的景物如地面、山体等仍然清晰成像，这种虚实对比才能表现出风的存在。

第10章

建筑摄影实拍技巧

人类发明与建造的不同建筑都有着鲜明的时代特征，通过对建筑的风格、造型特征、构造功用等的解读，可以从一个侧面去了解特定时代的文化背景。很多人喜欢拍摄各种建筑，通过镜头的笔触去探索和了解不同地区、不同地域、不同年代的建筑人文特征，表达自己对建筑甚至是人类文明进程的不同理解。

10.1 建筑摄影的适用镜头

利用广角镜头表现建筑的高大

对于建筑画面，人们总是希望拍摄出的建筑比实际形态更雄伟、壮观一些。有一个很重要的技巧，就是使用广角镜头，广角的张力可以使建筑画面产生视觉震撼效果。同时，广角镜头还能在靠近建筑很近的位置拍摄到建筑的全景，这是其他焦段镜头所不具备的拍摄效果。

例图使用广角镜头仰拍，将建筑的高大气势表现得非常生动，顺光也赋予建筑外观非常迷人的色彩表现。前景中的几只小鸟与建筑主体形成了视觉大小的对比，一方面使建筑主体显得更加高大，另一方面也避免了单独拍摄建筑的单调问题，丰富了画面内容。

f/10 1/320s ISO100 28mm

利用长焦镜头表现建筑的细节

建筑摄影除了对建筑全貌的表现之外，对细节的刻画也很重要，可以将建筑的造型之美更好地表现出来。使用长焦镜头，将平时难以看清的建筑细节特征轻松呈现在观者眼前。拍摄这种细节特写时要注意突出重点，通过建筑最有美感的细节，实现以点带面的表现效果。

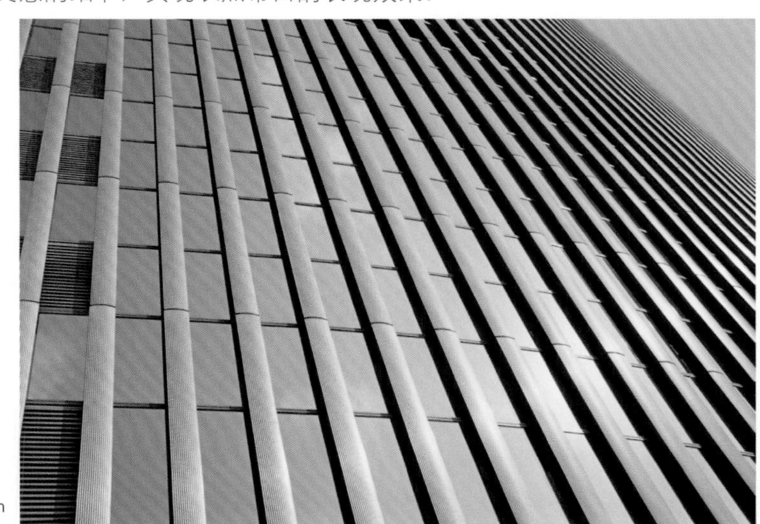

例图使用长焦镜头的特写刻画能力，利用建筑线条的不断重复，表现出建筑的造型之美。前侧光赋予建筑外墙立体的视觉效果。

f/8 1/250s ISO100 200mm

利用移轴镜头防止透视变形

广角镜头近大远小的透视效果使拍摄出来的建筑外形线条向上方汇聚，容易产生要倾倒的感觉。为了避免这种不良拍摄效果，可以使用移轴镜头进行拍摄。移轴镜头能够调整光轴的方向，校正常规镜头的透视变形效果，拍摄出“横平竖直”的建筑画面。

平时使用普通镜头拍摄建筑主体时，为了将高大的建筑完全收入画面，通常都会将相机进行一定程度的仰拍。这种仰拍会造成建筑的平面与相机的焦平面不平行。根据近大远小的透视原理，建筑的上端自然呈现逐渐缩小的效果，给人一种变形和倾倒的感觉。使用移轴镜头改变光轴的方向，则能校正这种成像面和焦平面互不平行的问题，获得建筑垂直且不变形的画面效果。

f/8 1/125s ISO100 28mm

移轴镜头的前半部分可以弯折和错开，从而调整光轴在焦平面的平行角度，获得线条表现垂直的画面效果。同时，它还能调整焦平面的位置，任意控制景深表现。

10.2 建筑摄影的拍摄要点

拍摄建筑宜用小光圈

建筑摄影通常要求将画面尽可能表现清晰，以忠实反映建筑的原貌。使用小光圈拍摄，可以获得较大的景深表现，有助于使画面呈现出更清晰、直观的效果。

建筑摄影一般根据取景范围的大小选择合适的光圈值来进行拍摄，通常光圈应不低于f/8，这样可以确保画面纵深感中的前景和后景都清晰可辨。光圈优先模式是最常采用的拍摄模式。例图使用f/9的光圈并使用对称式构图的方式拍摄建筑，延伸的道路线头赋予画面很强的空间透视感，水面的倒影则丰富了画面的影调，同时令画面更有对称美。

f/9 1/125s ISO100 35mm

提 示

在晴天拍摄建筑时，不仅要尽量使用小光圈，而且应该尽量使用较低的ISO感光度，这样不仅能确保画面的清晰度，还能通过较低的感光度设置获得细腻的画质，从而使建筑画面更具美感。

利用前景表现建筑的高大

前景是位于被摄主体前或者靠近镜头取景方向前端的景物。在摄影画面中，前景可以营造出画面的空间感，同时也能通过大小对比、虚实对比等方式突出被摄主体。在拍摄建筑时，为了凸显建筑高大的气势和造型之美，通常会在画面中纳入个体较小的前景，通过大小对比来突出建筑主体，人或者其他矮小建筑都是常用来充当前景的陪体。

例图通过路面上的行人和汽车与建筑主体进行对比，表现出建筑高大的气势。拍摄具有高大立体特征的建筑时，通常采用竖幅构图。因为竖幅构图能够凸显被摄对象的纵向特征，使其在画面中呈现突出的视觉效果。

f/10 1/160s ISO100 32mm

提 示

拍摄具有地域特征的建筑时，纳入一些能够反映当地风土人情的陪体，有助于丰富建筑的人文特征，提高画面的观赏性。

俯拍表现城市建筑群的宏大场景

虽然广角镜头能够很轻易地将一幢建筑收入画面，但是要想表现大面积的建筑群，则需要更高的拍摄视角，登高俯拍是个不错的办法。通过居高临下的拍摄视角，可以将城市中的建筑群尽可能多地收入画面，以表现出城市的繁华之感。拍摄大面积的建筑群时，为了使画面更富美感，应该选择合理的拍摄时机和拍摄位置，早晨或傍晚时低位的前侧光最能表现建筑的立体感，同时还能让画面具有丰富的影调。

例图通过从城市制高点的建筑上进行俯拍，获得视角广阔的建筑群画面。傍晚时较低位置的阳光处于前侧光光位，使高大的建筑表现出生动的立体效果，同时赋予画面丰富的影调表现，画面极富视觉欣赏性。

f/16 1/200s ISO100 24mm

俯拍会产生一种居高临下的视觉透视感，最明显的特点就是“头重脚轻”的透视变形。俯拍通常用于表现建筑的纵深空间感，同时可以收纳更多的景物，丰富画面的内容。在建筑摄影中，俯拍也是不可或缺的表现建筑整体形态的拍摄视角。

例图拍摄于华灯初上的傍晚，灯光将建筑点缀得层次分明。采用f/16小光圈拍摄，使前景和远景都获得清晰成像。使用平均测光模式测光，获得画面整体的合理曝光。

f/16 1/15s ISO200 40mm

提 示

进行这类俯拍时要尤其注意安全问题，相机要稳定握持，以防坠落伤人。

平视拍摄防止画面变形

使用平视角度拍摄可以避免建筑变形，忠实还原建筑的外形特征，这利用的是建筑的成像面与焦平面平行的原理。平行也意味着建筑的上下端到焦平面的距离相等，自然不会出现变形。根据这个原理，不管一幢建筑如何高大，如果能够找到一个平视时镜头取景范围可以涵盖建筑全部的拍摄位置，也可以将其以不变形的效果拍摄出来。但实际上这样的视角几乎不存在，这才有了移轴镜头的适用。

例图使用水平线构图，以平视视角拍摄房屋，忠实还原了房屋的原貌，画面没有变形，侧光的照射也让房屋的立体结构得到了很好的表现。通常对于较为低矮的建筑，平视拍摄不会变形是很容易做到的。但是对于高大的建筑，平视视角很难将其拍摄完整，不得已要仰起相机拍摄，变形自然无法避免。

f/8 1/100s ISO100 50mm

局部表现建筑的几何形态

建筑的结构美感是通过建筑自身的构成来表现的，即确定建筑各个要素的形态与布局，并把它们在三维的空间中组合起来，进而创造出一个整体。在设计和结构感强的建筑中，会很容易发现具有漂亮几何图形的构成部分，通过局部拍摄这些漂亮的几何图形，能够表现出建筑的设计美感。

例图截取建筑内部扶梯极具几何图形美感的设计加以拍摄，通过线条构成的菱形，将建筑的高大、现代感以及设计艺术感非常生动地从一个小小的侧面反映出来。

f/5.6 1/80s ISO200 35mm

提 示

建筑并不是冷冰冰的钢筋混凝土堆砌体，它实际上有很深的文化内涵。无论是雄伟的外观，还是极具匠心的独特设计，都可以从中感受到这一点。拍摄建筑时要着重发现其具有美学价值的构成元素并加以运用，这样才能真正丰富建筑摄影的内涵，而不是流于形式的单纯记录。

利用倒影表现水边建筑

利用水面的倒影进行拍摄，在建筑摄影中是一种很有表现力的拍摄手法。拍摄水边的建筑时，岸上建筑的实体和水中建筑的倒影相对应，不仅在构图上使画面更加规整，形成富有趣味的对称式构图，波纹粼粼的水面还会给观者风景秀丽的感觉。不仅如此，倒影还能加强画面的空间感，使画面看起来更有空间深度。

提 示

在利用倒影构图时，不要挑选那些呈左右对称的建筑。因为左右对称再加上水面倒影形成上下对称，会产生非常死板的十字形对称，使画面呆板而缺少变化。

拍摄倒影建筑最重要的一点是，确保画面的曝光合理。这个“合理”，是指画面应该拥有丰富的影调，尽量不要产生亮调和暗调失去细节的曝光效果。选择光质偏于柔和的光线拍摄，是获取丰富影调的重要保证。如果取景范围较大，应该选择平均测光模式并根据实际曝光效果调整曝光补偿，以兼顾画面中各部分的影调表现。

f/10 1/320s ISO100 50mm

利用环境表现建筑的人文特征

环境之于建筑的关系就如同土壤之于禾苗，它们之间是相辅相成的。在拍摄建筑时，不能忽略环境对建筑的辅助说明作用。通过在构图中纳入环境，可以更好地说明建筑存在的原因、建筑的用途，甚至反映某个地域独特的人文风貌。一旦脱离了环境，单独的建筑画面则不具备这种表现力，就如同无源之水般缺乏生命力。

例图中建筑所占的画面比例并不是太大，但是丝毫不妨碍它作为画面主体的视觉地位。通过对环境的纳入，很好地说明了建筑的存在位置，观者还能从画面中感受到当地独特的人文气息。如果没有环境，则很难会做出这样的判断。

f/11 1/250s ISO100 70mm

利用高感光度强化古建筑的文化底蕴

古建筑通常具有独特的造型，有些还有残破斑驳的外观。但是它所代表的特定年代的文化形态，成为人类文明进程中一个重要的缩影。要表现古建筑的沧桑和蕴含的文化底蕴，适宜使用高感光度进行拍摄，高感光度产生的噪点可以强化古建筑的沧桑感，增强画面的表现力。

拍摄古建筑，宜在正常测光值的基础上降低1/3档左右的曝光，让画面稍稍曝光不足，有助于表现古建筑厚重的历史积淀。使用高感光度还可以获取更小的光圈，对于增加画面的景深和清晰度也是非常有好处的。

f/16 1/2000s ISO400 85mm

提 示

拍摄古建筑时宜用侧逆光，这样在画面中会呈现正面亮度较暗的效果，有利于凸显古建筑的厚重感。同时，侧逆光还具有很强的塑形效果。

投影表现建筑的立体形态

投影在摄影画面中是非常重要的表现被摄主体立体感的元素。获取投影通常需要作为主光的光线具有一定的强度和方向性。光线的光位也很重要，主光位置越低，投影越长；主光越强烈，投影越浓重。对于建筑摄影来说，由于被摄对象的个体过于庞大，浅淡的投影难以表现出鲜明的立体效果，因此，一般应选择太阳处于较低位置时拍摄，以获取较为强烈的投影，对建筑主体进行立体形态的刻画。

例图拍摄于下午5点左右，太阳的位置已经较低，但仍有一定的亮度和方向性。此时太阳投射的光线光质不软不硬，有利于表现建筑的细节，避免过曝，同时又可以产生明显的投影。在天空光的作用下，投影部分具有一定的细节。这样既能表现出建筑的立体形态，同时又让画面有较为丰富的影调。

f/16 1/100s ISO100 40mm

10.3 建筑摄影的用光技巧

顺光表现建筑的全貌

顺光是最能真实反映被摄对象全貌的光线。在顺光照射下，建筑的全貌、周围的陪衬景物都能得到忠实表现。通常早晨的阳光是很理想的顺光光源，光线柔和、亮度适中，非常适宜进行顺光拍摄。在柔和的顺光照射下，建筑画面能够呈现出柔和、明亮的画面感觉。

顺光拍摄可以选取画面的中灰部分作为测光基准，曝光要兼顾明暗景物。顺光摄影的一大优势是画面影调平和，因此，掌握合适的曝光非常重要。通常可以采用平均测光模式进行测光。例图取水中虚幻的建筑倒影与实体建筑互相呼应，虚实对比让画面更具美感。

f/11 1/250s ISO100 70mm

侧光表现建筑的立体形态

建筑的本身不是目的，建筑的目的是获得建筑所形成的“空间”。通常对于建筑摄影，拍摄者所要做的是表现建筑的本身，即建筑的外观、材质、几何形态等。通过对其外观的表现，来塑造建筑整体宏大雄伟的感觉。侧光非常适合用于塑造建筑的立体感，晴天早晨或傍晚的阳光是合适的侧光光源。

例图拍摄于上午9点左右，太阳与地平线约呈45°角，塔的表面被低位阳光照亮，呈现柔和的光线过渡。通过对塔面中间亮度部分使用点测光，获得影调均衡的画面曝光效果。

f/9 1/160s ISO100 65mm

逆光表现建筑的剪影

桥梁的外观造型一般都很有气势，不妨等到快日落的时候拍摄，在逆光下拍摄剪影来表现桥梁的外形美。此时应取桥梁的侧面角度进行拍摄，以充分展示桥梁的造型特征。黄昏时分天空中常常会出现壮丽的晚霞，用其映衬桥梁的剪影，可以避免画面单调，并能从另一个侧面衬托出桥梁的壮美。

以黎明逐渐变亮的光线拍摄桥梁，会给人充满希望的画面效果。在夜晚较暗的光线环境下，气氛更加温暖，加上灯光的影响，画面更具有故事性。拍摄剪影时，要以画面背景中灰部分的亮度为基准测光，以确保主体呈现剪影效果。

f/11 1/400s ISO100 150mm

利用灯光表现玻璃建筑的外观

对于外墙为玻璃或其他材质的建筑，在拍摄时如何避免其表面的杂乱反光是个很重要的问题，拍摄时间的选择很重要。反光从来都不可怕，只要善加利用，不仅不会干扰画面，还能为画面效果增色。选择夜晚灯光亮起的时间进行拍摄，用灯光表现建筑的外观形态，将会获得更有视觉美感的建筑画面。

例图拍摄的是国家大剧院。夜晚的灯光将剧院建筑的外观完美地勾勒出来，水面的反光更强化了建筑的立体感，明暗对比让建筑形态醒目突出。拍摄以钛金属壳体中间亮度部分为基准测光，并使用三脚架支撑相机，获得清晰的画面成像。

f/8 1/4s ISO100 35mm

提 示

很多人拍摄建筑都会选择在白天进行，但是白天有很多元素会影响到拍摄效果，如行人、周围建筑等。在夜晚拍摄则可以避开这样的问题，很多标志性建筑都有自己独立的夜景照明系统，利用夜晚的灯光进行拍摄，能获得画面更简洁、主题更鲜明、主体更突出的摄影效果，但要注意使用三脚架稳定相机。

10.4 夜景建筑摄影的高级技法

夜景摄影最大的特点，就是画面中会存在较大面积的无光照区域，也就是大色块的暗调。因此，不适宜采用平均测光模式，平均测光会“拖累”有光照的区域使其过曝。应该采用测光面积更小的中央重点测光模式或者点测光模式进行精确测光，测光要首选亮度趋于中灰影调的部分进行，因为测光直接关系到画面能否表现出夜景应有的斑斓效果。

拍摄时选择一个制高点以俯拍的视角拍摄城市的夜景，纳入河流，通过水面的五彩反光为画面增添夜色迷人的感觉。点测光中灰部分，则能保证画面的曝光兼顾明暗区域，带来整体效果的和谐自然。

f/11 4s ISO100 50mm

例图拍摄的是建筑的夜景。由于主体距离拍摄者有几十米之遥，所以没有使用闪光灯，而是利用三脚架支撑相机使用现场光进行拍摄，很好地表现出建筑的夜景效果。如果开启闪光灯，不仅不能产生补光效果，相反还会让画面前部过亮，严重影响视觉效果。

f/9 3s ISO100 50mm

例图通过选择较高的拍摄机位，获得了更广阔的拍摄视角。利用道路的交叉形成Y形构图，赋予画面鲜明的空间感。标准镜头从较高的位置以平视视角拍摄，还能获得很好的建筑立体形态表现。例图中两栋高楼均获得垂直且几乎不变形的成像效果，这要归功于标准镜头和拍摄位置的选择。

f/10 3s ISO100 50mm

例图采用高位俯拍和斜线构图，将桥梁的外形完整地表现在画面中。桥梁上五彩的灯光是画面最吸引人的亮点，周围依稀可辨的暗色调与桥梁的亮色调互为对比，既突出了桥梁主体，又交代了环境。

f/11 2s ISO100 90mm

夜幕下的鸟巢显得干净、纯粹，比白天更加漂亮，这源于夜色隐藏了许多在光照充足的白天显得杂乱的景物。拍摄时取水面的倒影与实体鸟巢互为对比，不仅让构图更加平衡、稳定，同时还增强了画面的视觉美感。

f/8 2s ISO100 120mm

例图使用长时间曝光拍摄夜间的立交桥，获得了如同白天拍摄一样的画面效果。公路上车流的尾灯、璀璨的路灯和建筑物中散射的灯光告诉观者：这不是白天，而是黑夜。由于长时间曝光时的光源来自微弱的天空光和各种灯光，画面中几乎不存在阴影，各部分的景物都按照其不同的光线反射率表现出固有的影调。在漆黑的夜晚拍摄出这样的效果，画面感觉非常富有戏剧性。

f/16 1h ISO100 35mm

第11章

静物摄影实拍技巧

静物摄影是除人像摄影和风光摄影以外另一重要的摄影门类。静物，泛指一切没有生命的物体，因此拍摄范围非常宽泛。无生命的特征使其为拍摄者发挥自主创意提供了广阔的空间，拍摄者可以自由地摆放、组合、选择不同的被摄对象进行艺术创作，通过发挥自主创意以及构图、用光等摄影手段，实现对普通静物的提炼和升华，创作出超越常规视觉感受的、富有美感的艺术作品。

11.1 静物摄影的适用器材

日常静物摄影的光线环境和静物体积大小各不相同。根据这一特征，在准备器材时需要从镜头和灯光方面进行考虑。一般来说，一支标准变焦的从广角到中焦的镜头即可满足大部分的拍摄需求，如适宜全画幅相机的24-70mm镜头或适合APS-C画幅机身的18-70mm、16-85mm等镜头。当然，如果有一支微距镜头那是更好，如100mm/2.8镜头，这有助于拍摄静物的细节特写。

除了镜头以外，灯光方面也需考虑。如果是要求不高的小型被摄对象，利用室外的自然光或家里的台灯等光源也可以完成拍摄。如果对画质和画面感觉有较高要求，则需要用到专业的影室灯，通常300W以内的影室灯就能满足需要。除此以外，静物台、柔光罩、三脚架等也是静物摄影中常用的器材。

普通的小静物拍摄，台灯的光源即可满足拍摄需求。不过由于台灯的亮度较低。因此，需要使用三脚架稳定支撑相机，确保拍摄画面的清晰。

f/3.2 1/60s ISO400 50mm

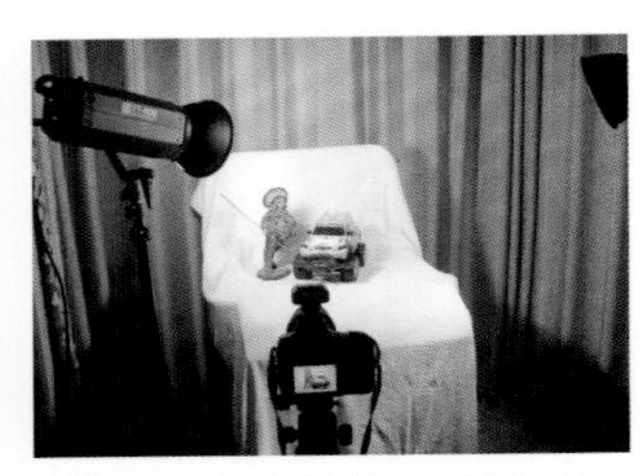

要求较高的拍摄，影室灯成为必需。

影室灯使拍摄不再受光线或场地的制约，能够为拍摄者的拍摄创意提供光线支持，因此，是专业静物摄影的必备器材。

f/5.6 1/160s ISO200 70mm

11.2 静物摄影的拍摄要点

营造主题是静物摄影的关键

静物摄影的构图和其他所有摄影类别的构图其出发点是一样的，那就是营造画面的主题。确立了画面的主题，才能使观者知道拍摄者想要表现什么样的拍摄思想。营造主题需要综合运用主体与陪体的关系、画面的色彩、光线以及被摄对象的形体特征和拍摄角度等元素，将想要表现的主题思想通过融合这些元素呈现在画面中。

这幅静物画面作者想要表达的是一杯香醇的咖啡，通过背景布、餐盘、糖等陪体的衬托，柔和的侧逆光营造的中间调画面，以及呈对角线方式排列的被摄对象等摄影技术手段的综合运用，使观众一眼就能够明白拍摄的构想。

f/5.6 1/80s ISO200 45mm

产品摆放是静物摄影的重要环节

静物摄影为拍摄者的创意发挥提供了广阔的空间，拍摄者可以随意放置、组合被摄对象，以使其呈现出最能符合拍摄意图并升华为艺术作品的效果。因此在拍摄之前对被摄对象的摆放方面也值得拍摄者认真思考，找出最能体现被摄对象特征并使画面富有视觉美感的摆放方式和拍摄角度，最终使拍摄的画面具有较高的艺术欣赏性。

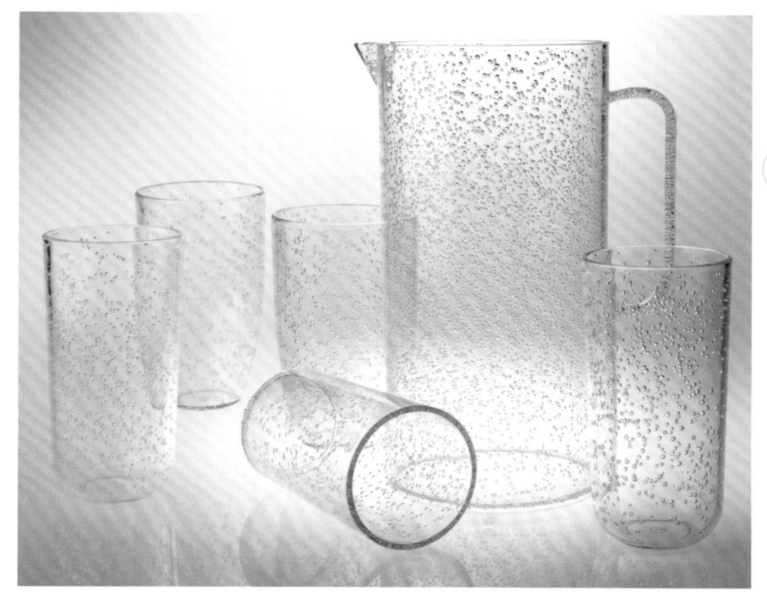

例图的摆放非常讲究，最大的玻璃杯是表现的重点，将其放置在画面右侧1/3处位置，这是摄影中公认的最能吸引视线的位置。其次，通过其他玻璃杯的顺序摆放，让画面产生出层次感。最后，因为单纯垂直放置的玻璃杯会使画面显得死板，于是将一支玻璃杯倒置，打破了呆板的感觉。同时，这些玻璃杯还有颜色的跳跃区分。这种摆放方式显得富有层次且生动立体，在进行静物摄影时要在这方面多进行一些构思。

f/8 1/125s ISO200 105mm

灵活选择最佳的拍摄视角表现主体

拍摄静物和拍摄其他题材的被摄对象一样，都需要在选择拍摄角度时细细斟酌，找到最能表现被摄主体的机位。如下面两幅图，从两个视角对同一被摄对象进行拍摄。左侧例图将书摞高，采用仰拍的角度，通过色彩和高度直观地表现了主体；右侧例图则将书本放倒，通过形态和主次关系表现被摄主体，两种视角都有值得借鉴的地方。

f/8 1/125s ISO 200 70mm

例图采用影室灯拍摄，主光与辅光的光比为1：1.5。较小的光比产生了浅淡的投影，将主体的立体形态直观地表现出来。通过将不同色彩的书本交叉放置能够营造出视觉上的跳跃感，使画面的色彩效果显得更加生动且富有韵律。

f/8 1/125s ISO200 70mm

利用微距镜头表现物体的细腻纹理

静物摄影最基本的拍摄要求是将被摄对象固有的特征真实再现。而对于一些纹理细致的被摄对象，要想将这种特征清晰地表现出来，则离不了微距镜头。微距镜头可以在距离被摄对象更近的距离进行对焦，因此，可以将细节部分表现得更加清晰明了。例如，拍摄瓷器时，瓷器上的花纹可以通过微距镜头进行表现。

佳能EF100mm f/2.8L IS USM微距镜头，是微距摄影的利器。

微距镜头通常具有极佳的图像解析力。使用微距镜头拍摄个体较小的瓷器，可以将主体表面的细腻花纹清晰记录。例图中的花瓶具有高反光的特性，因此，在拍摄时需要使用柔和的软光进行拍摄。一个小型柔光棚是拍摄瓷器类被摄对象的有用附件。

f/6.3 1/100s ISO200 100mm

11.3 静物摄影常见的构图形式

满布式构图突出静物

满布式构图，是指将特征相近的被摄对象完全充满取景画面的构图，具有一定的视觉强迫性。这种构图能够起到突出主体的作用。但是利用满布式构图拍摄静物时，不要忽略选择一个最有代表性的视觉主体并使其在画面中凸显出来，否则画面就会显得凌乱无序，这也是满布式构图比较危险的地方。

由于光照比较均匀，例图采用评价测光模式拍摄。白色的那粒石子反光率最高，从众多石子中凸显出来，成为最抢眼的视觉主体。

f/5.6 1/160s ISO200 135mm

三角形构图营造画面的稳定感

三角形的稳定性在生活中被广泛采用。在摄影画面中，利用主体形成的三角形进行构图拍摄，也能够让画面富有稳定性。可以是通过主体的线条延长线构建一个三角形，也可以是将主体作为一个点，通过3个点构成一个三角形的轮廓。无论是哪种形式的三角形，都能够让画面产生稳定的感觉。

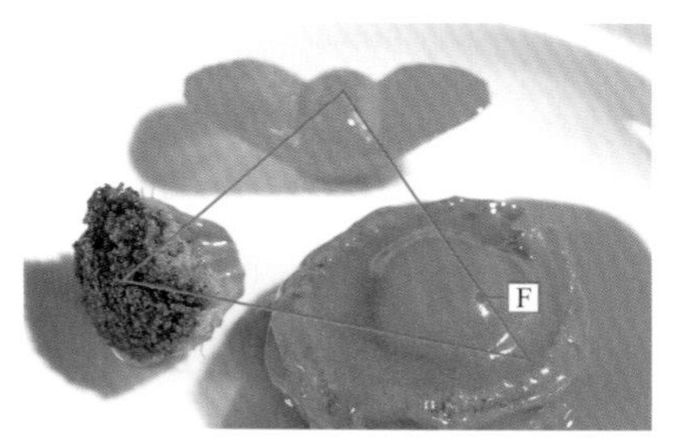

当利用主体作为构成三角形的点时，一定要注意选择单色调且色彩艳丽程度不会大过主体的背景，这样才能将构成三角形的点突出出来。例图即是利用了这样的背景，才使三角形的构图效果非常显眼。

f/6.3 1/125s ISO100 105mm

棋盘式构图凸显视觉吸引力

通常在拍摄规则排列的、具有相同体积的被摄对象时，习惯于采用与主体呈现一定角度的正面拍摄视角。这样固然可以将被摄对象表现出错落有致的层次感，但是画面缺乏视觉吸引力。其实可以尝试垂直角度的俯拍，利用棋盘式构图进行表现，这种独特的视角能让画面给人一种眼前一亮的感觉。

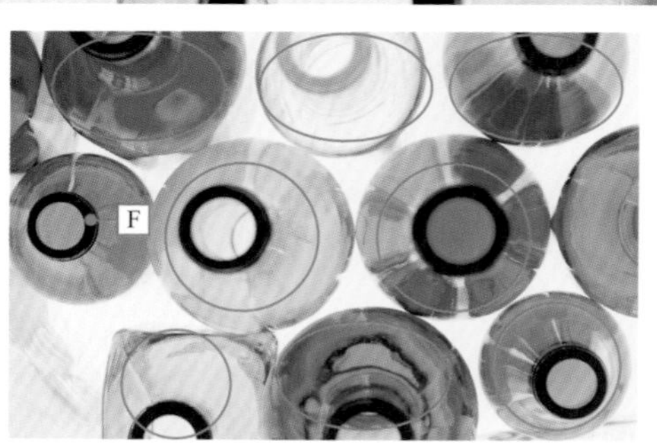

棋盘式构图最大的特点是俯拍。只有俯拍，才能表现出画面的韵律感。例图拍摄的彩色玻璃瓶，垂直角度能有效避免反光的困扰。使用底光作为主光源，可以很好地勾勒出瓶子的轮廓，表现出被摄对象圆润的线条美感。

f/3.2 1/160s ISO250 50mm

斜线构图拍摄清凉饮品

如果被摄对象只有两个，千万不要让它们像列队一样或横或纵的排列，然后从正面拍摄，这样的画面实在太缺乏美感了。斜线，一种富有无限延伸感并暗含活力的线条，一定要多加利用。使用斜线构图拍摄清凉的饮品，在视觉上能够达到强化清凉效果的画面感觉。因此，构图方式和被摄对象的互补性也值得拍摄者思考。

由于主体的反光率较高，为了确保测光的准确性，例图采用点测光模式对杯沿上的柠檬测光拍摄，获得了曝光合理的画面效果。画面构图不仅使用了斜线，还用到虚实对比的构图技巧。

f/4.5 1/100s ISO200 80mm

虚实对比式构图表现静物

在静物摄影中，为了塑造出平面媒介的丰富想象空间，拍摄者常常采用虚实对比构图进行拍摄，为的就是给画面中的主体添加虚化的陪体，从而让观者感受到画面隐含的特殊韵味，达到增强画面表现力的目的。

通过将焦点置于9号球上，使其他球虚化，在视觉上产生了前景、主体、背景的递进画面效果，使平面的照片表现出立体空间感。大光圈和长焦距是虚化前后景的必要条件。同时，距离被摄主体更近，也能更好地获得虚实对比强烈的画面。

f/2.8 1/160s ISO400 115mm

色彩对比式构图突出静物

在静物摄影的画面色彩搭配中，对比色会给人以强烈的视觉刺激，使画面看起来更加抢眼，富有视觉冲击力。对比色的使用从某种程度上说具有一定的挑战性，这样的画面往往给人以直接并带有些许强迫性的感觉。因此，使用这种手法表现静物，要特别注意两种色彩的大小比例以及位置关系。通过合理地安排这种关系，让对比色画面向增强作品视觉效果的方向靠拢，也就是说，要尤其注意构图技巧的使用。

例图使用的是红与绿的色彩对比，在对比色画面中，所占比例少的一种颜色是画面的视觉中心。拍摄者为了避免画面的构图单调和死板，使用了两只盘子叠放盛装菜品，用圆弧形的线条丰富视觉层次感，同时将盘子稍稍偏于画面右侧，打破了纯中心式构图的呆板感觉，营造出视觉效果醒目突出的画面印象。

f/3.5 1/160s ISO100 160mm

11.4 静物摄影的高级技法

如果问在摄影画面中什么元素最重要，答案一定是光线。光线是影像产生的前提，没有光线，何谈影调、色调、构图？因此，在拍摄静物时一定要重视光线的运用。在拍摄之初的构思中，要首先考虑光线的位置、强度、方向等特征，只有掌控了光线，才能合理安排画面的影调、色调、构图。可以说，光线是静物画面的第一要素。

例图生动诠释了光线在画面中的重要作用。侧逆光作为画面的主光源，为色调表现、影调表现提供了先决条件。没有主光的照明，在这种室内弱光环境中可能连准确曝光都难以实现。西瓜受侧逆光照亮的一面是画面表现的重点，因此，采用中央重点平均测光模式为西瓜的受光面测光获取了合理的画面曝光。单灯光位产生的投影和拍摄角度的选择，生动地表现出西瓜的立体感。

f/5.6 1/125s ISO100 60mm

提 示

拍摄水果类被摄对象时，为了获得更有表现力的画面效果，可以利用喷洒水珠的办法。在新鲜的蔬菜瓜果上喷洒水珠，可以使其显得更新鲜，使观众更有食欲。

在静物摄影中，除了要考虑如何通过用光来表现静物的固有特征和质感形态外，还需要注意光线与色彩之间的关系。在一幅静物作品中，对被摄对象色彩的刻画也是拍摄中很重要的环节。准确曝光是色彩还原的基础，如果被摄对象曝光过度或者曝光不足，那么它的色彩还原将受到影响，从而降低画面的美感。同时，光线的色温与强度也会对色彩的还原产生影响。

例图拍摄的是一筐草莓。对草莓准确测光是获得鲜活色彩还原的关键。由于竹筐下面的白色桌布与草莓之间有近两档的亮度差，画面呈现过曝的效果。试想，如果以白色桌布的亮度为基准曝光，草莓一定会呈现曝不足的效果，那么这种明艳的红色和绿色将无法获得准确的还原。

f/5.6 1/60s ISO200 70mm

水果

水果在人们的印象中是香甜多汁的，在拍摄水果时要着重对这个特征进行表现。水果的外形和质感各不相同，如菠萝表面很粗糙，而葡萄却是晶莹剔透的。因此，在用光上也需要区别对待。这里以通过布光将果肉表现得更有食欲为要求，介绍布光的基本思路。柔光是最适合表现果肉香甜多汁感觉的光线，柔光可以是通过柔光箱柔化的影室灯灯光，也可以是漫射的自然光，不过为了更好地控制果肉的色彩还原和质感再现，最常采用的还是通过灯光附件获得的人造柔光。

例图使用柔光把桃的果肉表现得十分充分，色彩还原也很准确。

f/5.6 1/125s ISO100 60mm

饰品

很多小饰品都是金属质地的。金属的高反光特性使控制拍摄光线的难度加大，布光稍有不慎就会在被摄对象上产生杂乱的反光。因此，很多时候会使用柔光棚进行拍摄。柔光棚可以将光线均匀柔化，不会在被摄对象上产生干扰效果的反光，在小静物摄影中被广泛采用。使用时在柔光棚外布置光线，将被摄对象放置在柔光棚内进行拍摄。

例图使用柔光棚拍摄小饰品，均匀的柔光将小饰品的色彩和形态特征表现得非常细腻。使用柔光棚时，通过光比控制，也能够表现出被摄对象的立体形态。

f/3.2 1/125s ISO200 135mm

玻璃制品

静物摄影中所说的反光率高的物体，通常是指瓷器、玻璃制成品或者具有镜面特征的被摄对象，如手表表盘等。这类物品的高反光特性，使其很容易反射光源的亮度在其表面形成的恼人光斑。因此，在拍摄时如何控制反光成为拍摄者首先要考虑的问题。一般来说，柔和的散射光源不容易使被摄对象产生反光，有利于客观全面地表现被摄对象的特征。此外，利用反光率较低的介质反射光线照亮被摄对象，也是避免反光的好办法。

f/2.8 1/250s ISO160 100mm

一般酒都是采用玻璃瓶盛装，且酒的颜色以白色或者深红色为主。拍摄时的布光要点是避免酒瓶的反光，以及通过光线表现出酒的通透感。一般常以逆光或者明亮的背景来反衬出酒的通透感，并以前侧光来表现酒瓶上的文字和LOGO，还需切记位于酒瓶正面的光源要用温和的柔光，且光源的照射面积要大于酒瓶的体积，以避免在酒瓶壁上产生断续的反光。

f/5.6 1/60s ISO200 70mm

提 示

在广告类拍摄中，商品的LOGO是表现的重点，清晰呈现是基本要求。一般应以最能表现LOGO的角度进行拍摄。

化妆品

化妆品的拍摄，讲究的是画面感觉的精美。通过对化妆品包装的细致再现，将产品的品质、档次等内在特征表现出来。在用光方面，依然和服装鞋帽等拍摄一样，让观者简单明了地看出被摄对象的外观形态是最基本的要求。一般来说，化妆品的包装都是具有一定反光特性的塑料材质，因此，控制反光是拍摄布光的重点。

提 示

有人会问，例图主体下的投影是怎么产生的？非常简单，只要将被摄对象放在一面镜子上进行拍摄就可以得到这样的效果。

f/8 1/160s ISO100 100mm

钻戒

拍摄钻戒的要点是宜用柔光，因钻石具有高反光特征。即使是柔光，经过钻石的反射也能散发出迷人的光彩。钻戒的指环通常采用铂金或者白金制作，也具有一定的反光特性，拍摄时要注意光线的使用。一般来说，放置在柔光棚内拍摄，可以将指环的色彩轮廓清晰地表现。

柔光棚是拍摄钻戒的有用附件，对钻石进行塑形的主光要亮于其他散射光，这样才能将钻石的光彩刻画出来。

f/2.8 1/250s ISO100 100mm

家居

柔光具有柔和、自然、光质细腻的特点，而家居装饰又通常都倾向于温馨和谐的风格，因此，拍摄家居装饰常用柔光进行表现。由于家居拍摄的被摄对象面积较大，获取均匀的柔光可以通过天花板的反光来实现。拍摄时将影室灯直接对天花板投射，这样光线经过折射以后会变成柔和的漫射光，非常适宜表现家居装饰温馨和谐的风格。

例图拍摄居室内的沙发，采用柔和的光线，获得温馨甜美的画面。洁白的墙壁、天花板和地面将光线自然柔化，就如同在一个大的柔光棚里进行拍摄一样。为了使高调的画面显得不至于单调，拍摄者放置了两个暖色的靠垫，很好地活跃了画面气氛，使画面显得温情唯美。

f/8 1/80s ISO200 50mm

珍珠

珍珠项链的最大特征是其浑圆的形状。一般来说，拍摄时除了要将项链的整体形态展现出来，对珍珠的立体感塑造也是拍摄的重点，这需要通过用光加以实现，高位逆光在这方面有较强的表现力。高位光线最先触到珍珠的顶部，因此，顶部会显现出明亮的白色，然后光线会在珍珠底部产生投影，这种投影使珍珠看上去显得非常立体。

例图使用高位的逆光光源拍摄珍珠项链，将珍珠项链表现得立体生动。选择暖色系的丝滑绸缎背景，与珍珠的圆润相得益彰，使整幅画面的视觉效果和谐自然。

f/3.2 1/200s ISO100 100mm

提 示

拍摄珍珠项链宜用柔和的软光，因为珍珠也属于高反光性被摄对象。硬光会产生生硬的亮区和暗区，不利于表现珍珠项链的细节和质感，且珍珠项链属于柔美感很强的饰品，软光塑造的画面情感与此特征更加匹配。

淘宝服装

网络销售服装的一个很重要环节，就是图片效果的好坏。对于想要进行网购的观者来说，他们最喜欢那些色彩、款式一目了然的图片。因此，在进行淘宝服装拍摄时，将服装的颜色和款式真实、细致地表现出来是拍摄的重点，小光比、顺光是常用的布光思路。当然，勾勒轮廓表现质感的侧逆光类修饰光也是很有必要的。

例图的这种布光方法，就是常见的平光。画面中的光比非常小，主要目的是通过均匀一致的光线，将服装的色彩、款式以及上身效果真实地展现给潜在的消费者。两盏背景灯以较大的输出和投射范围，将模特背后的白色背景以过曝效果呈现为纯白。为了使画面效果更美观，对常规的左右45° 角顺光光位做了一些微调，将相机左侧的灯光移到了模特的右侧，以正侧光光位投射，相机右侧的灯光以45° 角投射，这样可以在模特脸部产生一定的亮度变化，将模特的脸部表现得更加立体生动。

f/6.3 1/125s ISO100 70mm

如果说要用光线表现出某个对象的立体形态，一定离不了光比的运用。光比越大，画面中的明暗对比就越大。拍摄鞋子与拍摄服装的基本宗旨是一样的，那就是准确还原被摄对象的原貌。因此，要在确保准确还原鞋子的色彩、款式的前提下，表现其立体形态。通常的做法是双灯，采用对角线布光法，位于侧逆光位置的光源亮度大于作为辅助光的光源，光比的大小要根据鞋子的色彩和立体形态而定。

例图通过较小的光比产生的鞋底投影，表现出鞋子的立体形态。此外，鞋子的摆放方式也很重要，例图将两只鞋子叠加放置，很好地表现出鞋子的立体感。

f/8 1/160s ISO100 70mm

手工艺品

手工艺品通常都是利用塑料、布料或者其他材质编织的，从反光特性上来说属于吸光体，是可以通过光线直接塑形进行表现的。这类物品在拍摄时的重点是，通过光线将其色彩、形状、质感等固有特征呈现出来。因此，最常采用的光线是顺光、前侧光等比较利于展现被摄对象原貌的光线。

对于个体较小的手工艺品，使用单灯即可进行拍摄。为了更好地还原被摄对象的特征，通常宜采用柔光。柔光不会产生浓重的投影，有利于细致再现被摄对象的质感。

f/7.1 1/160s ISO100 90mm

古董

古董一般来说都具有一个共同点，就是代表着其久远年代和蕴含历史积淀的斑驳外观。在拍摄这类被摄对象时，需要通过光线强化这种深厚的文化内涵。因此，低调的、有一定光比的布光方法比较适合表现这种画面感觉。当然，这种布光方法更多地带有拍摄者的表现意图。如果是追求准确细致再现古董特征的拍摄，那就要使用光比较小的中间调影像进行表现。

左侧的红色箭头代表来自古董左侧稍高于古董的硬光主光。右侧的红色箭头代表来自古董右侧的低于古董把手的辅助光，此光比主光弱1档，主要是为了降低主光在画面中产生的浓重投影，丰富暗部的细节层次。选择的灰色背景也是为了匹配画面的低调效果，以更好地渲染古董的厚重感。

f/8 1/200s ISO200 70mm

金属

要想表现出手表的金属质感，使用高光是必不可少的手段。和拍摄玻璃制品一样，不宜采用正面闪光，可用顶光、侧光、逆光等光位进行表现。光质不能过硬，以免产生刺眼的耀斑，以中等硬度的光线采用上下夹光的布光方法，可以将手表的金属质感表现得入木三分。

例图使用顶光和底光塑造黑、白、灰影调，将手表的质感表现得非常生动。获得这种效果的关键在于精细的布光，手表拨杆所在的横断面部分能够以全黑效果呈现，说明了布光的精确性，要知道手表的体积是很小的。此外，拍摄这样的局部画面，微距镜头是必不可少的器材。

f/4 1/320s ISO200 100mm

翻拍

提到翻拍，最先想到的是老照片翻拍。其实翻拍的题材很广泛，如一些绘画作品，要想出版发行，必须要经过相机翻拍成电子文件，才能进行后续工作。再如，一些珍贵的文稿不能随意翻阅，也需要通过翻拍将其制作成其他介质或者进行备案存档。

翻拍的注意要点有三：一是相机的焦平面与被摄对象的水平面要垂直，这是预防拍摄画面变形的最好方法；二是拍摄所用的光线要均匀柔和，以最大限度地将翻拍对象固有的光线特征准确再现；三是拍摄所用的光圈不宜太大，要尽量使用成像效果有保证的小光圈来确保景深，防止翻拍的画面不够清晰。

例图是一张翻拍的照片。翻牌时将照片平放在背景布上，然后用三脚架将相机垂直于照片拍摄。使用两盏灯光，以左右45°角投射输出量相同的柔光，并使用f/8的光圈确保画面拥有较好的清晰度。后期未做处理，大家可以从画面上端的黑边和中间偏右的竖线看出这是翻拍的图片。

f/8 1/125s ISO200 60mm

第12章

植物摄影实拍技巧

俗话说“绿色是生命，绿色是未来”。植物与我们的生活息息相关，无论是小花小草还是公园里大面积的绿色植物，都会吸引很多爱好摄影的朋友用手中的相机去关注它们。那么，怎样把植物拍得漂亮，让画面富有美感呢？

12.1 植物摄影的拍摄要点

植物摄影的表现和镜头、视角、偏振镜等的使用有一定的联系。

使用微距拍摄花卉

使用微距功能拍摄花卉，可以获得非常漂亮的画面效果。

例图使用微距功能拍摄，获得了花蕊部分非常清晰而花瓣部分稍微模糊的微距效果。之所以没有使用更大的光圈和对焦距离来虚化花瓣，是为了表现花蕊与花瓣之间相互依存的关系。因此，虚化并不是目的，它只是一种表现手法而已。

f/6.3 1/160s ISO200 12mm

发现平凡画面中值得表现的主体

有时出现在画面中的主体不止一个，那么就要找出它们中最美的或是最特别的一个作为主体，这也是作为一个摄影师所必须具备的素质——于平凡中发现美的元素。如下图，拍摄者将唯一的一朵朝向镜头的花朵作为被摄主体，通过使用大光圈虚化其他花朵，很好地区分出画面中的主次关系。

在杂乱的背景中突出主体，虚实对比是最实用的技巧。使用大光圈或长焦距以及靠近被摄对象，都能在一定程度上实现虚化背景的目的。

f/3.5 1/160s ISO125 130mm

仰拍表现富有张力的画面效果

从电视画面中看到热带雨林里的参天大树时，都会发出一声赞叹。其实利用广角镜头和仰拍视角，也可以将普通的大树拍摄得像雨林里的大树一样高大挺拔。这是因为使用广角镜头拍摄的画面会呈现严重的近大远小的变形，配合仰拍视角，可以将树木表现成直刺苍穹的利刃般的效果。

镜头焦距越短，汇聚感越强烈，树木显得比实际越高大。这样的画面也就越富有视觉张力，越吸引人。

f/9 1/200s ISO200 20mm

调整拍摄角度表现纵深感

我们的周围经常可以看到成排的树木，树木形成的林荫道具有鲜明的纵深感，非常具有视觉吸引力。如何将这种纵深感表现出来？最核心的问题在于拍摄角度的选择。通常来说，与主体之间的角度越大，对纵深感的表现力越弱；而如果角度过小，则树木整齐排列的感觉也不明显。根据树木的粗细，角度控制在30° 以内为宜。

表现纵深感的拍摄通常要求画面具有较好的清晰度，因此小光圈是必须要使用的。为了避免光圈过小画质下降，可以利用前后景深之间的关系选择对焦点来确保画面拥有合理的景深。通常的说法是前后景深之比为1：2，但并非绝对，物距、焦距、光圈大小的不同都会影响到景深。

f/10 1/600s ISO200 35mm

利用水珠使植物显得更有生机

在拍摄绿色植物时，利用水珠可以让植物显得更加富有生机。一滴小小的水珠可以为平淡的画面增添视觉兴趣点，从而活跃画面气氛，使画面更富美感。

例图将水滴置于画面的黄金分割点附近，成为自然的视觉中心。拍摄前对植物喷洒水珠是个不错的办法。

f/4　1/160s　ISO100　105mm

使用偏振镜让植物色彩更饱和

使用偏振镜，可以有选择地让某个方向振动的光线通过，用来消除或减弱非金属表面的强反光。根据这个特性，使用偏振镜拍摄植物时，可以将树叶上的反光过滤消除，从而使树叶的色彩饱和度更高，进而加深照片的美感。

这是一幅高角度俯拍的植物画面，斜线构图让画面显得很均衡。使用偏振镜过滤掉杂光后，树叶的色彩呈现出惊人的浓郁度。需要注意的是，如果采用M档拍摄，使用偏振镜后应该增加两档左右的曝光补偿，否则画面会曝光不足。

f/9　1/100s　ISO200　65mm

高速快门为花卉制造纯净的背景

光线对摄影的重要性是人所共知的。有很多时候，拍摄可能会遇到天气不好的情况。在这样暗淡光线的环境下如何拍摄出漂亮的照片，比较考验拍摄者的技术。

例图拍摄于阴天的早晨，环境光线很弱。拍摄者使用高速快门拍摄一簇迎着天空光的樱花，高速快门使处于阴影位置的背景曝光不足以黑色效果呈现，起到了突出主体的作用。如果使用低速快门，背景将会呈现朦胧的明暗轮廓，画面效果就会大打折扣。

f/2.8 1/320s ISO200 70mm

利用色彩对比突出主体

画面中主体与陪体的色彩反差越大，主体就越突出，明暗反差也有相同的效果。这种对比的表现手法无论用在何种类型的摄影中都是百试不爽的，都可以达到增强画面表现力的效果。如下图，看到这朵星状的紫色铁线莲从绿色的薄荷科植物的叶片中探出脑袋，怎么会没有拍摄的冲动？这幅画面是色彩互补的佳例，主体跃然于叶上，具有天生的拍摄价值。

暖色调的主体被置于冷色调的叶子前，非常抢眼，这幅画面利用了人眼的视觉习惯。在拍摄时要学着利用色彩对比来突出主体，通过拍摄角度、取景范围、光线效果等方面的综合考虑，找到最能表现画面的视角进行拍摄。

f/7.1 1/80s 70mm ISO200

拍摄白色花卉要增加曝光补偿

拍摄白色花卉与拍摄雪地需要增加曝光补偿的道理是一样的。因为相机的测光系统是以将画面还原为18%灰度为标准工作的，白色花卉的反光率高，会误导相机的测光系统。因此，需要人工干预相机的测光结果，才能实现将白色花卉表现为白色的目的，通常应该在测光值的基础上增加两档左右的曝光。

如果不增加曝光，白色的花卉会被表现为灰色，画面会呈现出暗淡无光的感觉。对于有经验的拍摄者，也可以直接使用相机的M档自行掌控曝光进行拍摄。

f/7.1 1/80s 70mm ISO200

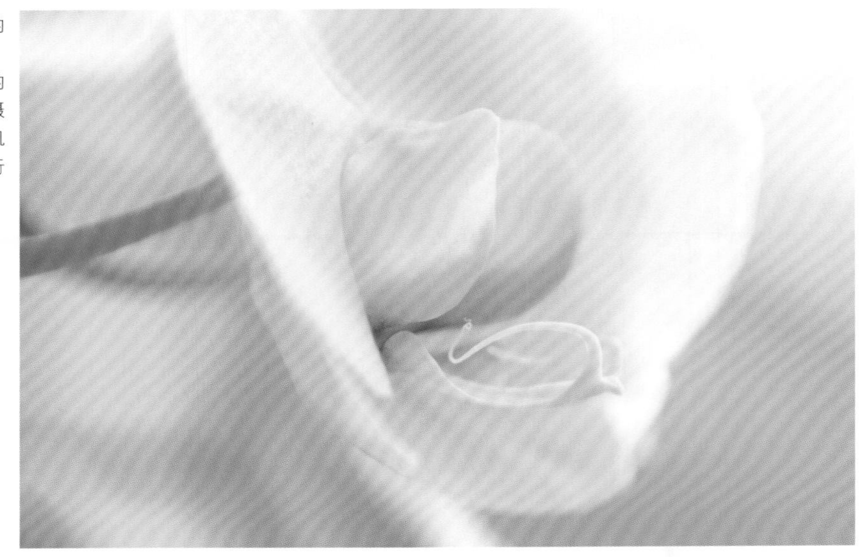

选择背景突出被摄主体

要想拍摄公园里一棵花枝繁茂的树，不得不要考虑的问题，就是如何处理其周围杂乱的背景。用长焦镜头似乎不太现实，即使将背景虚化，也难免会有不同色块干扰主体的枝干走势，那要怎么办呢？简单，蹲下来仰拍，天空是多么纯净清透的背景啊，仰拍还能让画面呈现优于常规视角的视觉张力。

选择仰拍时，要注意选择合适的光位。通常天空的亮度较高，选择顺光光位时难以表现出被摄对象的立体感。逆光和侧光都是不错的光位，既能将主体的色彩表现出来，还能塑造画面明暗对比的影调效果。

f/6.3 1/80s ISO100 65mm

12.2 植物摄影常见的构图形式

中心式构图可以起到汇聚视线的作用

以中心式构图拍摄花朵，能够起到汇聚视线的作用，尤其对于那些花瓣多而长的花朵来说更是如此。即使是层叠形态的花朵，中心式构图也可以让观者直接将注意力集中到花卉主体上。需要注意的是，使用这种构图方式时，画面一定不能留太多空间，而要将主体尽可能放大，否则画面过空，会显现出这种构图的弊端——呆板。

f/5.6 1/160s ISO100 75mm

两幅例图都是使用中心式构图拍摄，不同的是上图的视觉效果更突出。因为主体在画面中占有更大比例，可以轻易地吸引观者的视线，达到突出主体的目的；而下图中主体所占画面比例较小，观者不太容易能做到不去关注其他陪体，因而会感觉构图呆板。

f/4 1/100s ISO100 45mm

垂直线构图表现植物的生命力

垂直线构图在拍摄树木时应用比较广泛，适合用来表现被摄对象纵向分布的特征。在构图时可以选择远景或全景的表现手法，突出画面中树木错落排列的节奏感。下图就是采用垂直线构图的形式拍摄的清晨树林，逆光形成的明亮背景使画面的纵向线条感非常鲜明。

例图使用逆光的光位非常合理。如果没有逆光提供的明亮背景作为反衬，缺少光线的树林深处将会呈现曝光不足的效果，这会大大削弱画面整体纵向线条的再现，也会造成画面整体美感的下降。

f/7.1　1/80s　ISO200　40mm

倾斜线构图表现花卉的方向感

通常，花卉摄影的构图一定要忌乱求简，否则就会陷入主次不明、画面语言混乱的困境。对于枝干茎络比较明晰的花卉，可以利用其枝干的自然曲线作为构图主线。如右图中利用花茎作为构图主线，以天空作为背景，画面干净简洁，对角线构图表现出花朵旺盛的生命力。

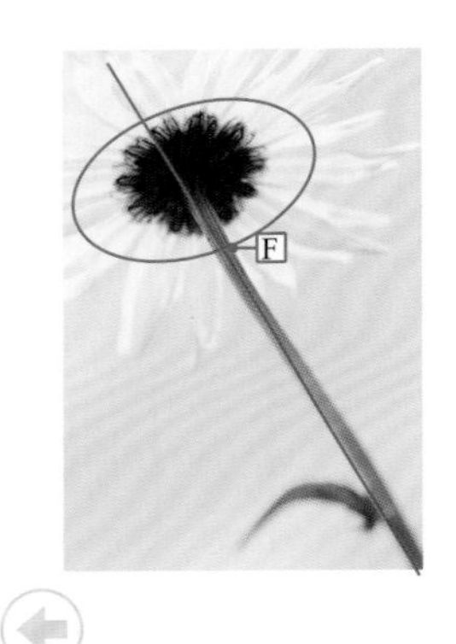

仰拍的视角容易让被摄对象显得高大，而斜线构图又赋予画面很强的动势，两者叠加让画面显得张力十足。

f/3.5　1/200s　ISO100　45mm

棋盘式构图拍摄花海

对于那些花团锦簇、花朵密集程度较大的花卉，如牡丹、薰衣草、菊花等，宜采用直入主体的、开放的棋盘式构图进行表现，这种构图方式可以构成具有韵律感和节奏感的重复画面。下页图中，拍摄者运用棋盘式构图拍摄粉色的花丛，在绿叶的衬托下画面的视觉效果赏心悦目。

棋盘式构图具有节奏感鲜明的特点。对于表现个体差异较小的被摄对象，具有很强的表现力。需要注意的是，要避免画面产生明显的变形，通常取景视角应该垂直于被摄主体。

f/5.6 1/100s ISO100 50mm

斜线构图让花海富有韵律感

在公园漫步时，常常可以看到例图这样整齐排列的花卉。拍摄这样的花卉，构图非常重要。如果按照常规的横平竖直角度进行拍摄，画面未免会显得呆板。因此，拍摄者采用斜线构图进行拍摄。斜线构图不仅能够在相同的取景画面中纳入更多的景物，而且让普通的画面显得更加富有韵律感。

虽然花卉色彩繁多，但也需要在画面中区分主次。例图将红色郁金香置于画面最靠近观者视线的位置，成为画面的主体，其他色彩的花卉依次斜线排布，使画面显得非常生动。

f/6.3 1/80s ISO100 65mm

点线交织构图拍摄丰收的果实

丰收的画面总是能够带给人开心、快乐的感觉。拍摄这类画面，要注意合理利用不同的构图元素进行构图拍摄。下页例图拍摄的是果实累累的杏树，树干是自然的直线条，而一个个金黄色诱人的杏子就是构图画面中最基本的元素——点，点线交织的画面显得自然、和谐。

丰收季节拍摄各种果实还有一个先天的优势，就是画面色彩构成更丰富，也更有视觉冲击力。果实在未成熟时通常和树叶颜色一致，而成熟后就会呈现或红或黄的颜色，与树叶的对比非常鲜明，也使此时拍摄的画面更具观赏性。

f/5.6 1/125s ISO100 55mm

12.3 植物摄影的用光技巧

顺光表现植物的勃勃生机

绿色的植物总是给人以充满希望和富有生命力的感觉，而顺光光位在忠实表现被摄对象固有特征方面具有最好的表现力。因此，使用顺光照射拍摄绿色植物，有助于将植物丰润的色彩特征以及富有生命力的勃勃生机完美表现。

通常，早晨或傍晚亮度适中的光线适合作为顺光光源进行植物拍摄。拍摄植物时要注意控制画面的色彩还原。例图将具有相同特征的主体一字排开，近大远小的透视效果使画面具有鲜明的层次感。

f/8 1/250s ISO100 50mm

侧光表现植物的立体感

侧光最大的特点是可以制造出画面的明暗对比影调，这种影调对比会让被摄对象呈现立体的感觉，使用侧光拍摄植物时，光线产生的高光区域和阴影区域的对比可以表现出植物的质感，尤其是对于本身具备丰富立体形态的植物，如下页例图的蘑菇，在侧光的照射下表现出富有质感的立体效果。

例图中蘑菇具有鲜艳的色彩特征。拍摄时在闪光灯前添加了黄色色片，通过降低光源的色温，强化被摄对象的固有色彩特征，获得色彩鲜明的画面效果。

f/4.5 1/200s ISO100 80mm

逆光表现树叶的脉络

如果仔细观察叶子的脉络，就会发现它们具有非常细致的纹理特征。使用微距镜头可以细致表现这种脉络，但是还需要光线的参与才能获得具有生动表现力的画面。在所有光位中，只有逆光对脉络的表现能力最强，因为脉络与叶肉的密度不同，在逆光下就会呈现不同的影调效果，表现在画面中就是清晰的脉络走势。

使用逆光表现被摄对象的特征时，应该对被摄对象的亮度进行测光，而不能对背景亮度测光。选择点测光或者中央重点测光模式，效果较好。

f/2.8 1/160s ISO100 180mm

眩光为植物摄影增色

眩光是一种非常具有表现力的光线，使用得当可以为画面增加令人印象深刻的光感。眩光的出现通常是在光源亮度较高的情况下，而且是强光源进入镜头内部的结果。利用眩光表现画面，可以增加摄影作品的趣味性，同时还能制造独特的光影效果。

例图拍摄于太阳亮度较高的午后。通过在镜头中摄入透过树干强烈折射的阳光，产生了漂亮的眩光效果，为普通的画面增添了一份特殊的趣味性。

f/5.6 1/320s ISO100 35mm

提 示

获得眩光除了需要主光源具有较强的亮度以外，取景角度也很重要。在镜头取景画面中纳入一丝直射强光，是通常获取眩光的方法。如果摘掉遮光罩纳入光源拍摄，眩光效果会更加明显。

硬光表现花卉的质感

我们知道，硬光具有亮度大、光线效果生硬、方向性强的特点。在突出被摄对象质感的拍摄中，硬光又是最有表现力的。硬光会在被摄对象上产生明暗分明的光照效果，其中高光部分在人们的视觉习惯中代表着被摄对象质感的表现，因此，硬光所产生的明显高光常用来对被摄对象质感的塑造。

例图使用直射的阳光硬光源拍摄白色的花卉，硬光产生的高光效果很好地表现出花卉的质感。对于白色的花卉，应该在测光值的基础上加曝2档拍摄，才能将白色很好地还原。

f/3.2 1/80s ISO100 120mm

软光表现花卉的柔美

人们习惯上总是会把花与女性联想在一起。实际上，她们确实有相似之处，那就是柔美。而要表现花的柔美，软光是首选光源。软光具有光质柔和、均匀的特点，可以获得画面平和柔顺的感觉。在拍摄花卉时，使用自由漫射的软光进行拍摄以表现出花卉的柔美感觉。

由于花卉的个体通常较小，因此，要想使其在画面中呈现出较大的影像，就需要靠近它们拍摄或者使用长焦镜头。此时，相机的轻微抖动都可能造成主体模糊。推荐使用三脚架稳定相机，或者使用大光圈和高速快门的组合进行拍摄。

f/2.8 1/200s ISO200 200mm

12.4 植物摄影的四季表现

春

经历了漫长的冬季，春暖花开，人们都喜欢来到户外。此时初开的花枝成为了最好的被摄对象，春天的生机勃勃就在一个个按下快门的瞬间显得愈发浓烈。拍摄花枝可以选取具有代表性的局部进行拍摄，借助陪体的反衬来表现春天的生机与活力。

背负着积雪的重压，花儿依旧顽强地盛开着。取这样的画面表现春天的生机勃勃，是非常有表现力的。花儿与积雪有2档左右的曝光差值，选择以花儿为测光基准进行点测光，既能还原花儿的色彩，又可以让雪显得洁白。

f/3.2 1/125s ISO100 110mm

夏

夏天是一个充满活力的季节。不单是因为强烈的骄阳，还有触目可及的绿意。盛夏时节，枝繁叶茂的植物是摄影的最好素材，拍摄夏天繁茂的植物可以表现出一种激昂向上、充满活力的画面感觉。通常采用相机的风景模式，可以获得较好的画面色彩饱和度。

通常厂商都会预先将风景模式下的色彩饱和度、对比度调高，以表现出风光的鲜明色彩。拍摄大面积色彩相近的植物时，可以使用平均测光模式，这样曝光的画面可以很好地兼顾各部分细节，从而显得更饱满、丰润。

f/8 1/125s ISO100 40mm

秋

金秋时节的黄叶是最美的拍摄元素。漫山遍野的金黄让人感叹秋天的美丽，也掀起一股风景摄影的浪潮。秋天是收获的季节，金黄是秋天的代名词。拍摄秋天的黄叶要着重通过光线，表现出色彩浓郁饱和的感觉。在拍摄时要通过构图进行取舍，收纳最有表现力的画面。

金秋季节拍摄黄叶。为了表现浓郁的金黄色，通常在曝光基础上降低半档曝光，这样可以让黄叶的色彩饱和度更高，画面更加唯美。拍摄黄叶可以采用相机的风景模式。使用此模式，可以获得较大的景深和更加鲜艳的色彩效果。同时，宜采用平均测光，兼顾画面的明暗细节。 f/8 1/160s ISO200 55mm

冬

冬季寒冷，满眼枯枝败叶，对于摄影来说是一个素材匮乏的季节。雪成了冬季的一道亮丽风景，雪的降临升华了冬季的韵味，平实的风景由此焕发出新的生命力。拍摄树枝上冰冻的枯叶，可以表现出冬天寒冷、萧杀的感觉。

例图拍摄的是冬季雪后的一棵枯树，残留的黄叶被牢牢地冻在树枝上。采用点测光模式对黄叶测光，根据黄叶和雪均需在正常测光基础上加曝的摄影常识，拍摄时增加了1档曝光量，这样既可以使雪更白，同时也能让黄叶的颜色更加鲜明、亮丽。

f/2.8 1/125s ISO100 85mm

第13章

动物摄影实拍技巧

动物是人类的朋友，值得我们用心去关注它们。尤其现在很多家庭都会养宠物，给动物拍照也就成了摄影领域一个重要的组成部分。家养的动物相对温顺，不过很不“老实”，因此，给它们拍摄会有相当的难度。野生动物就更别说了，很多时候只能是远远地望上一眼，拍摄它们需要更专业的设备和更高超的摄影技巧。

13.1 动物摄影的适用镜头

利用广角镜头拍摄群居性动物

广角镜头具有的广阔视角可以纳入更多的拍摄元素，使画面内容更加丰富。当拍摄群居性动物时，可以使用广角镜头进行表现，但要注意，切不可贪多求全，导致画面杂乱而缺乏主题。除了主题，画面中还应该有鲜明的主体。这些问题在使用广角镜头拍摄时尤其值得注意。

马是一种群居性动物。马群还有一个特点，就是它们会按照家族成员自发地形成小群体集体活动。例图选择在马群休息的时间进行拍摄，自发聚拢在一起的马群形成了一条弯弯的曲线，与岸边的水平线条形成视觉上的对比，使画面的构图显得很有趣味。

f/10 1/125s ISO200 24mm

佳能EF 16-35mm f/2.8L IS USM镜头，是拍摄的广角利器。

利用微距镜头拍摄昆虫

很多朋友喜欢拍摄小昆虫。相对来说，昆虫的个体很小，要想将它们在画面中呈现较大的成像面积，必须借助微距镜头才能实现。微距镜头可以在非常近的距离内对主体对焦，从而获得主体成像面积较大的画面效果。除了微距镜头，卡片机的微距功能也可以获得非常不错的微距效果。

佳能EF 100mm f/2.8L IS USM微距镜头，是微距拍摄的有力武器，可以获得1：1的放大倍率，也就是说，可以获得和昆虫本身大小一样的成像画面。

使用微距镜头拍摄昆虫时，由于对焦距离非常近，轻微的相机抖动都可能造成影像的模糊。强烈建议使用三脚架进行拍摄，如果镜头具有防抖功能，建议将其开启。

f/2.8 1/500s ISO200 100mm

利用长焦镜头拍摄水鸟

有一些水鸟深藏于沼泽地里。要拍摄它们，总不至于脱了鞋钻进沼泽地去吧？有了长焦镜头这个有力武器，能轻松地在沼泽地的外围进行拍摄，从而一睹它们的“芳容”。拍摄这类水鸟应该选择在上午或者傍晚时分进行，此时光线亮度适中，正是它们外出觅食或嬉戏的时间，拍摄成功率更高。

佳能EF 300mm f/2.8L IS USM远摄镜头，是拍摄野生动物和鸟类的利器。其高达4万元的售价，也把大多数爱好野生动物摄影的朋友们拒之门外。

例图是利用傍晚时分水鸟外出觅食的机会拍摄的。使用侧光光位，将水鸟的体态样貌清晰地记录下来。平均测光模式的使用，获得了曝光合理的画面效果。

f/2.8 1/800s ISO200 500mm

13.2 动物摄影的拍摄要点

动物摄影主要有两个分类。一类是拍摄家养动物或者公园、小区等生活环境中随处可见的动物。拍摄这类动物有个共通点，就是需要耐心和一定的拍摄技巧，如了解动物的习性、熟练地使用相机。由于动物具有活泼好动的特点，对高速快门和大光圈这样的硬件设备也有较高的要求。另一类是拍摄野生动物，如飞鸟、野兽等。这类拍摄一般会在远离闹市的郊区或野外进行，首先需要拍摄者具备良好的体魄和野外生存能力；其次要有熟练的摄影技巧和强悍的摄影装备，如远摄镜头，这样才能拍摄到容易受惊的野生动物；最后，对被摄对象的了解、耐心、毅力、运气等，都会在一定程度上影响拍摄的最终效果。

除了需要远摄镜头和高超的摄影技术以外，运气的成分也很重要，并不是随便一出去就能遇到翠鸟刚好抓了一条小鱼的场景等人来拍。

f/8 1/800s ISO100 400mm

抓拍动物奔跑表现动感

野生动物在奔跑时的姿态最能体现其野性的一面，而要将这样的场景清晰定格也并非易事。首先，充足的光线和大光圈长焦镜头都是必须的，这为获取较高的快门速度提供了保证。其次，要想让画面富有美感，还要注意构图技巧。例图将水平线稍稍下倾，把藏羚羊奔跑的动势表现得十分生动。

例图倾斜地平线的做法，是对传统横平竖直构图的一个小小变化，这种变化使画面更富视觉感染力。顺光光位的使用，也为获取高速快门提供了光线保证。

f/8 1/1600s ISO800 500mm

抓拍动物的背影

人们常说摄影作品要有情感的流露，而背影的拍摄角度则往往代表着含蓄、悠远的意境。在拍摄动物时，也可以尝试从背后去进行拍摄，使画面更有内涵。拍摄动物的背影，应该选择干净整洁的背景，将动物的身体轮廓清晰勾勒出来。在光线的选择上，逆光更有表现力，尤其是暗调的逆光背影画面，往往具有超越其他光位的特殊画面效果。

例图使用了水平线构图来塑造稳定的画面感觉，两头大象分处画面的两侧，是一种平衡式构图的方式。同时，这也是点、线、面交织的构图，水平线、大象构成的点、背景形成的面组成了完整、平衡的画面构图。

f/5.6 1/1250s ISO200 500mm

善用道具让宠物更可爱

很多人养宠物的原因，是宠物的样子看起来很可爱，容易带给人愉悦的心情。更有很多人把动物当做人一样来对待，给它们穿衣服、穿鞋子。如果想把动物照片拍摄得更加可爱，就要学着利用道具来增加照片的兴趣点，发挥自己的创意让照片的效果更加完美。

一副眼镜框，一片小方巾，都可以为宠物画面带来不一样的视觉效果。在给宠物设计造型的时候，要先让它们吃饱喝好，这样才有可能得到它们的配合，拍摄出令人满意的画面。
f/6.3 1/125s ISO100 150mm

f/5.6 1/160s ISO100 135mm

13.3 动物摄影常见的构图形式

黄金分割法构图将宠物安排在最吸引视线的位置

黄金分割法对于拍摄宠物同样适用，可以使宠物更吸引观者的视线。下图干净的白色布景中，狗狗只露出可爱的小脑袋。拍摄者将其置于画面黄金分割线的交点位置，使其在画面中一目了然，成为非常醒目的视觉中心。

当画面中出现大面积的白色时，这种高调画面可以给人干净、清新、明快的感觉。拍摄时适当增加曝光量，以保证画面的亮度。此外，干净的背景可以更加突出被摄主体。

f/5.6 1/250s ISO200 105mm

拍摄鱼群时可以采用满布式构图

满布式构图适合用来拍摄鱼群，密密麻麻的小鱼布满了画面，这种有意的重复可以加深画面中主体给观者的印象。下图在荷塘拍摄金鱼群，拍摄者使用了满布式构图的表现手法，将金鱼布满了取景画面，使画面具有很强的视觉张力。

例图使用满布式构图的同时还使用了斜线构图，使鱼群的运动呈现出鲜明的方向性，更强化了画面的动势。这类拍摄题材由于主体的个体较小，不宜使用点测光，容易发生测光失误，可采用兼顾整体亮度的评价测光模式进行测光。

f/6.3 1/200s ISO200 135mm

利用放射线构图拍摄结网的蜘蛛

放射线构图应用在昆虫摄影中，常用来拍摄织网的蜘蛛，这种构图可以将观者的视线引向主体。下图中，主体蜘蛛处在呈放射状线条的蜘蛛网中间，有了线条的指引，主体显得更加突出。采用逆光的光位拍摄，将蜘蛛表现出透明的质感，而网上的水珠则更显晶莹剔透，整幅画面非常富有美感。

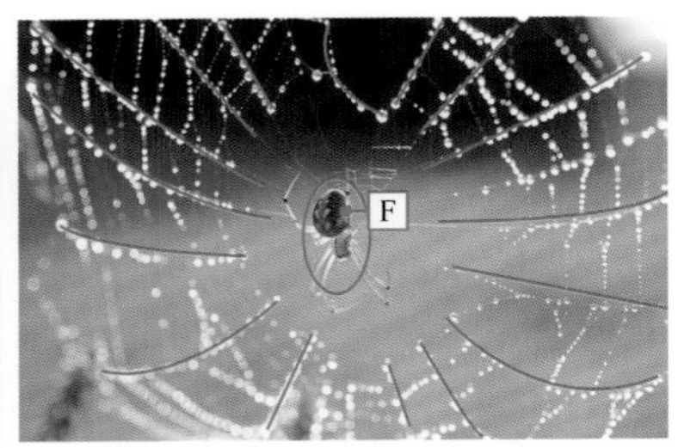

例图使用点测光模式对蜘蛛身体测光拍摄。由于水珠和蛛网丝线的反光率大大高于蜘蛛身体，以蜘蛛身体为基准测光，可在蜘蛛曝光准确的前提下，让水珠变成洁白的亮点。明亮的水珠组成的丝线，更加强化了放射线构图的视觉美感。

f/3.2　1/250s　ISO100　200mm

斜线构图增强鱼群的动势

斜线具有鲜明的视觉延伸性，用在构图中能够增强静态画面的动势。水族馆或深海中的鱼群通常都按斜线游行，在拍摄时要注意突出它们的前进方向。通过倾斜相机等手段，获得斜线构图的视觉效果，可以增加鱼群的动势，让画面产生更富视觉吸引力的效果。

例图是在海洋馆的弱光环境下拍摄游动的鱼群。为了确保画面的清晰度，通常快门速度不宜太低，以高于1/125s为宜。拍摄时镜头需贴近玻璃墙以避免反光，而获取高速快门则可以通过开大光圈和调高ISO感光度实现。

f/5.6　1/200s　ISO640　50mm

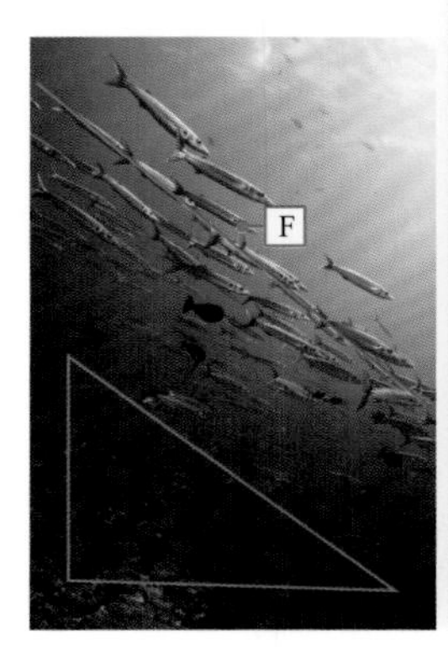

13.4 动物摄影的用光技巧

室内光线

室内顺光

在自己的家里拍摄宠物，可能是最常见的动物摄影了。在家里拍摄动物首先要考虑的因素是光线，而在所有的光线中，柔和的顺光为真实表现动物的外形特征提供了必要条件。通常，窗户光由于其亮度适中、光质柔和，成为室内顺光拍摄的首选光源。

例图使用顺光拍摄猫咪。柔和的顺光为主体提供了合适的照明，使用点测光模式对猫咪的舌头测光拍摄，避免了相机自动测光可能会带来的曝光不足问题，猫咪白色的皮毛得到了合适的亮度还原。

f/3.2 1/100s ISO400 50mm

室内侧光

顺光拍摄的画面虽然能够将被摄对象的特征直观表现，但是由于画面中光比缺失，会造成视觉效果平淡的感觉，也就是人们常说的“顺光太平”。没关系，只要稍稍变化一下，让光源的方向转至被摄对象的侧面，即可形成侧光照明效果。侧光包含前侧光、正侧光和侧逆光3种光位。侧光的显著特点，是在画面中呈现一定的光比，也就是明暗对比，这种对比效果会让主体显得立体、生动。

例图使用窗户光的侧光光位拍摄，小狗的脸部左右亮度不一，这就是侧光产生的光比效果，小狗显得非常立体。比起顺光拍摄，侧光画面更有光感、更耐看。例图使用中央重点侧光模式对小狗头部测光，兼顾了画面明暗部分的细节。

f/4.5 1/125s ISO200 105mm

室内逆光

在所有光位中，逆光的使用难度最大，以至于很多初学者谈逆光色变。其实只要掌握了测光方法，一样可以随心所欲地使用逆光。逆光的突出特点，是可以勾勒出被摄对象的轮廓，表现画面的空间感。对于动物摄影，逆光还有助于对动物皮毛和发丝进行刻画。

将逆光作为主光拍摄时，如果要以对被摄主体的正面特征忠实再现为表现意图，可以使用点测光模式对主体正面中等亮度区域测光。如果要以背景亮度为基准曝光，则可以用点测光模式对背景正常亮度区域测光。

f/5.6 1/160s
ISO200 50mm

室外光线

相对于室内来说，室外拍摄宠物的画面效果会更好。室外有着充足的光照，不必担心像室内拍摄那样难以获取较高的快门速度，致使影像容易模糊。良好的光照使器材制约拍摄效果的因素大大降低，即使小卡片相机也能拍摄出不错的宠物照片。此外，室外开阔的环境可以让宠物自由玩耍，在这种状态下更容易拍摄到一些精彩的画面。

给小狗一个小足球，它就会在草地上快乐地玩上半天，只需要在旁边安静地捕捉一个个精彩瞬间。充足的光照和开放的环境，有助于获取更佳的画面效果。例图使用平均测光模式测光并使用长焦镜头的大光圈拍摄，较小的景深让小狗在画面中显得非常突出，画面富有很强的美感。

f/2.8 1/320s
ISO100 200mm

室外顺光

所谓顺光，是指光线的投射方向与镜头的取景方向一致的光线。在室外拍摄动物，顺光是比较常用的光线。选择顺光要注意把握时间。早晨和傍晚太阳刚刚升起或即将落下，是最适宜使用顺光的时间。此时光线的亮度适中，光质相对柔和，用于拍摄动物的神态和体态特征非常有表现力。

例图使用顺光拍摄。由于狗狗的毛色比环境亮度稍暗，采用中央重点测光模式对狗狗测光，画面曝光合理。顺光将狗狗的体态和神态表现得非常细致、生动。拍摄时通过引导宠物的注意力，使其望向画面以外，可以使画面更有意境。

f/5.6 1/400s ISO100 110mm

室外侧光

接触摄影一段时间后，一般的摄影人都会把从最初的关注照片是不是拍摄清晰，转向研究画面的用光、构图等更高级的摄影技巧上来。通过学习别人的优秀作品，慢慢发现光线在画面中的重要作用，知道了光线位置、强弱变化会对照片效果产生十分重要的影响。相对于平实的顺光，侧光光位的画面会显得更有立体感，而使用侧光拍摄动物则可以让动物的形体姿态表现出更加生动的画面效果。

例图使用侧光拍摄。侧光在主体身体上呈现的明暗对比的光线效果，使小豹子矫健的身姿被充分展现出来。由于光线亮度适中，画面中没有生硬的光比，使用评价测光模式拍摄，获得曝光合理的画面。

f/5.6 1/1250s ISO400 500mm

室外逆光

动物的皮毛是最容易引起观者兴趣的视觉元素，而逆光在表现皮毛质感和色泽方面具有特殊的表现力。当使用逆光作为画面的主光源进行拍摄时，可以将主体的身体轮廓线条清晰呈现。对于那些有着纤细发丝的动物，逆光可以表现出纤毫毕现的画面效果。使用逆光拍摄动物时要注意控制画面的光比，可以通过正面补光来降低光比。同时，要注意光圈不宜太大，否则逆光的毛发一旦发虚，就会严重减弱逆光的强大表现力。

例图的拍摄目的是为了表现小猫毛茸茸的毛发，因此，使用逆光光位进行拍摄。由于草地的反光率不高，造成正面亮度较弱，于是在较远的位置使用反光板进行正面补光，获得合理的光比。然后使用点测光模式对小猫额头部分中等亮度的区域测光，拍摄得到了这幅光感强烈的画面。 f/5.6 1/500s ISO400 105mm

由于光圈过大，造成主体与背景交界部分的毛发不能清晰成像，呈现模糊的影像，大大降低了逆光对毛发细节的勾勒，影响了画面的美感。

f/2.8 1/640s ISO200 180mm

第14章

纪实摄影实拍技巧

严格意义上说，几乎所有的摄影分类都是从纪实摄影演化而来的。纪实摄影讲究的是真实记录，其更多的拍摄意义在于将现实生活中真实存在的事件、形态记录下来。因此，纪实摄影的拍摄题材非常广泛，而且任何人都可以拍。然而不同的人拍摄的画面会有很大差异，这体现了一个非常重要的本质——纪实摄影反映的是拍摄者对生活的感悟、对社会的态度。

14.1 纪实摄影

纪实摄影，是指拍摄者从人类实际的生存状态出发，以尊重客观事实为核心要求，不虚构、不粉饰、不夸张，且大多以抓拍的方式再现现实生活中的真实情景。纪实摄影作品无论是美好或是丑陋，其目的都在于表现一个真实的世界。通过这种方式获得的影像具有真实性、偶然性、生活化的特点。它更多地反映出拍摄者对生活的理解和感悟。实际上，每个人都可以成为人类文明进程中不可替代的纪实摄影家。

例图以一种纯记录的方式，从背后拍摄一位采茶的妇人。通过采茶的场景，反映出茶农的生活状态，这就是典型的纪实摄影。拍摄者以逆光的角度进行拍摄，将人物主体从大面积绿色的茶园环境中凸显出来，这并不违背纪实摄影“不粉饰”的要求。虽然是纪实摄影，仍然允许存在构图、用光等摄影技巧的应用。

f/5.6　1/160s　ISO100　150mm

14.2 纪实摄影的分类

由于纪实摄影追求真实、客观的拍摄理念，一切抛开人为粉饰的摄影都可以被称为“纪实摄影”。根据最常见的拍摄题材，纪实摄影主要分为以反映社会热点问题的新闻摄影和以反映人类生活状态、社会风貌的人文摄影两大类。民俗类摄影和生活类摄影是人文摄影的两个重要组成部分。

f/9 1/500s ISO6400 24mm

f/11 1/640s ISO6400 24mm

例图拍摄于北京后海烟袋斜街，这里以汇聚了众多有个性、有特色的店铺而闻名，拍摄者截取小巷有特点的小景，从一个侧面反映出这条街上融汇古今的深厚文化气息。

纪实摄影是具有强烈的社会责任感和使命感的摄影家们，秉承人道主义精神和善良准则，以无比的毅力甚至是献身精神，深入人类的生存实际，真正了解并尊重被摄对象，不虚构、不粉饰、不夸张，大多以抓拍的方式再现真实的情景。纪实摄影作品无论美好或是丑陋，目的都在于表现一个真实的世界，引起人们的关注，唤起社会良知，同时记录特有的文化，为后世留下宝贵的历史财富。

例图拍摄于北京街头，将焦点对准一个普通的三轮车夫，他正在试图穿过马路，表情慎重而有些焦灼，身体微微前倾，表示他有些吃力，后景虚化的人影和汽车，映衬出一个城市普通劳动者的艰辛。

f/2.8 1/1000s ISO100 200mm

民俗类纪实摄影

在中国的辽阔大地上，生活着众多少数民族。由于地域的原因，外界民众对他们的生活状态一直抱有神秘感，而反映他们生活状态的画面往往具有特殊的吸引力。在拍摄时，要用心观察拍摄环境，以找到最能表现民族特色的拍摄视角。

例图中干净的雪地映衬着悠然的牧羊父子，表现出一幅非常生动的牧民生活场景图。拍摄时，对羊群的亮度运用点测光，获得曝光合理的画面，这是利用羊群毛色与雪地不同的反光率实现的。选择与道路呈15° 角的位置拍摄，赋予画面鲜明的空间透视效果。当画面中有具纵深感的元素时，一定要通过构图将其表现出来，以加深画面的意境。

f/8　1/500s　ISO100　70mm

例图拍摄的是手工艺人纺织布匹的场景。通过对这一小景的刻画，使人感受到当地独特的人文风貌。

f/4　1/25s　ISO100　35mm

训练馆里的教练和学员，剪影勾勒出他们认真刻苦的状态。

f/2.8 1/50s ISO1600 60mm

手持转经筒的藏族老妇，她的脸上饱经风霜，身上的衣袍油渍斑斑，但仍然不能掩饰她内心对于信仰的虔诚。近乎一尘不染的转经筒、光滑铮亮的铜把手，以及和她的年龄不相称的显得很坚毅的眼神，都在向画面之外的观者传递一个具有坚定信仰的信徒的形象。

f/2.8 1/177s ISO100 6mm

市场上的水果小贩，她独特的运货方式不仅仅是一种生活，也是一个地方的民俗。
f/4.5 1/125s ISO400 75mm

生活类纪实摄影

生活类纪实摄影是以记录生活现实为主要诉求的摄影方式，素材来源于生活和真实，如实反映我们所看到的场景。因此，这类纪实摄影有记录和保存历史的价值，具有作为社会见证者独一无二的资格。

例图拍摄的是日落时渔民撒网的瞬间。通过漂亮的撒网动作，将水乡渔民的生活状态生动地刻画出来。远处背景中，回港的渔船整齐地停靠在岸边，与静静的湖面一同映衬着渔民撒网的劳作，画面流露出无声的精彩。这幅画面更多的表现意图，在于讲述一种生活状态。画面其实可以拍摄成明快的亮调，也可以拍摄成暗调的剪影效果，完全取决于拍摄者的创作思路和对生活的感悟。使用点测光模式对天空中橙红色的云层测光，获得了影调丰富的曝光效果，创作出一幅富有意境美的低调画面。
f/8 1/100s ISO200 12mm

例图使用斜线构图法，获得空间透视效果鲜明的画面。利用平静水面的反光，为建筑群体增添了一份宁静美。使用上午柔和的侧逆光，让建筑群体表现出生动的立体感。这些拍摄技巧的运用，创作出一幅非常鲜活的人文画卷。

f/13 1/160s ISO100 35mm

例图拍摄的是一位老妇人。通过大光比的黑白色调，将老人的脸部表情和特征非常鲜明直观地呈现在画面中。老人面部密布的皱纹和愁苦的表情，让观者感受到她所经历的沧桑。简单的画面，表现出深刻的内涵，发人深省。

f/2.8 1/640s ISO200 135mm

例图是“扫街”过程中偶遇的一个外国小女孩，她的样子非常可爱，于是通过抓拍，记录下这一画面。由于这种画面出现的时间与位置完全不确定，在刚开始学习街拍时，可以通过稍宽泛的构图以求先将见到的画面场景记录下来，后期再通过软件裁剪进行二次构图。随着拍摄技巧的提升，这种瞬间的把握能力会逐步增强，最终实现随心所欲的拍摄。

f/3.2 1/400s ISO200 110mm

提示

由于街拍的突然性较强，往往一个精彩画面会转瞬即逝，留给拍摄者构图、测光、对焦的时间不多。这除了需要拍摄者具有敏捷的反应能力外，提前设置好相机的各项拍摄参数也非常重要。建议选择中央重点测光模式和AF-A人工智能伺服自动对焦模式，并使用RAW格式拍摄，这样能够确保大多数情况下获得满意的画面效果。

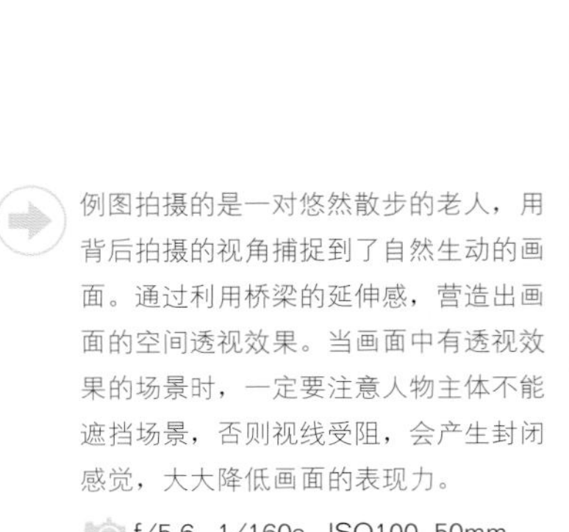

例图拍摄的是一对悠然散步的老人，用背后拍摄的视角捕捉到了自然生动的画面。通过利用桥梁的延伸感，营造出画面的空间透视效果。当画面中有透视效果的场景时，一定要注意人物主体不能遮挡场景，否则视线受阻，会产生封闭感觉，大大降低画面的表现力。

f/5.6 1/160s ISO100 50mm

第15章 后期处理

摄影新人们拍摄的照片或多或少都存在一些问题，通常表现在曝光控制失误、色彩偏差、构图不严谨等方面，这些问题在电脑上通过图像处理软件都能够轻松校正，以获得效果更完美的画面。

15.1 RAW格式的解析

RAW在英文中有"生的、未加工"的意思。数码单反相机中的RAW格式，实际上就是相机的感光元件将通过镜头获取的成像光线转化成电信号后存储在存储卡内的无损格式，是没有经过机内图像处理器"染指"的原始图像信息。显然，这一"生食"要想变成"熟食"，还需要拍摄者自己动手进行"烹调"。其实，通过专业RAW解析软件处理生成的照片比起机内图像处理器直接生成的JPEG图像画质明显要好，尤其在曝光不准确时这种对比更加鲜明。因此，对影像质量有较高要求的用户，建议使用RAW格式拍摄。

例图为佳能EOS 5D Mark Ⅱ的文件格式选择菜单。注意，它的RAW格式有3个选项，但并不是说它们会进行压缩，而只是降低图像尺寸而已。也就是说，不使用最高像素拍摄，有利于降低RAW格式文件的大小，提高连拍速度和数量。

RAW格式的适用范围

总是听到说RAW格式有多么多么好，那么到底在什么情况下应该使用RAW格式呢？

首先，当追求更高画质的拍摄时，毫无疑问应该使用RAW格式，这为后期精确调整图像的色彩、曝光、反差、白平衡等事关画质的细节非常有用。其次，应该是感觉难以准确掌握曝光的拍摄。这是因为使用RAW格式拍摄，如果画面曝光不足或者过度，只要能够控制在±2EV之内，在后期都能够很轻松地调整到正常曝光，而且细节丢失很少。但如果使用JPEG格式拍摄，这是不敢想象的，别说过曝2EV了，就是过曝1EV，损失的细节也休想再找回来。同样，如果使用JPEG格式拍摄的画面欠曝，通过后期提亮会发现暗部噪点非常明显；但是如果使用RAW格式，通过专门的RAW解析软件调整后，噪点几乎不可见。

这种弱光环境下的拍摄，使用RAW格式是非常必要的，在后期可以更好地控制画面的影调、色调。同时，对噪点的控制也会比机内直出JPEG的噪点表现要好很多。

f/8 1s ISO100 85mm

RAW格式的处理软件

Digital Photo Professional

Adobe的Photoshop

不同相机厂商的RAW格式文件采用的编码格式不同。因此，一般厂商在随机附件中会包含专门用来处理RAW格式文件的软件。使用这个软件进行RAW格式处理，能获得最好的效果。佳能常用的有Digital Photo Professional，Adobe公司的Photoshop软件也加入了RAW格式处理功能。

由于Photoshop软件强大的图像处理功能，很多摄影师喜欢使用它一并处理RAW格式文件。如果遇到Photoshop打不开RAW格式文件的情况，那有可能是生成RAW格式文件的相机数据并没有存在于Photoshop的RAW插件里，也就是RAW插件的版本太低。Photoshop从CS3版本起已经内置了RAW处理插件，不过支持的版本不同。这时需要升级RAW插件或者安装更新版本的PS软件。目前最新的Photoshop CS5可以完美兼容主流的RAW格式，并且注册版还可以自动升级RAW插件。

如果是因为Photoshop的CameraRaw插件版本过低，造成不能打开RAW格式文件，可以从网上下载更新版本的RAW插件，然后将其放在Photoshop安装目录中的滤镜文件夹内，即可完成升级。如果还是不能打开某些相机的RAW格式文件，则需要考虑升级Photoshop的版本了。

对RAW格式的处理，实际上囊括了数码相机影像处理器的工作内容。不仅可以调整最基本的曝光、白平衡、色彩，甚至还能对镜头的色散和晕影进行处理。下面列出了Photoshop软件CameraRaw插件能够进行的RAW处理内容，可以看出，RAW格式文件可以进行的后期处理选项非常丰富和实用。

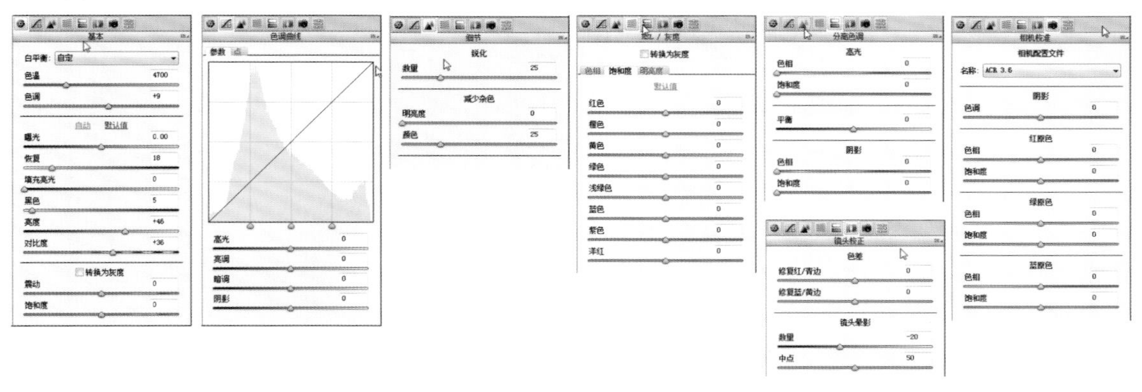

Photoshop软件的CameraRaw插件，可以对RAW文件进行非常丰富的处理，这些都是相机的JPEG格式直出照片所不具备的。此外，只要保留RAW文件，所有的调整都是可逆的，不会使图像画质有任何损失。这种强大性和方便性，对专业摄影师来说是非常有价值的。

15.2 数码照片的后期处理

摄影新手拍摄的照片或多或少都存在一些问题，通常表现在曝光控制失误、色彩偏差、构图不严谨等方面。这些问题在电脑上通过图像处理软件都能够轻松校正，获得效果更完美的画面。

图像后期处理软件主要有两类。一类是面向专业摄影人的专业图像处理软件，在前文中已有所涉及；另一类是操作简单的小软件，俗称“一键修图”，代表软件有光影魔术手和美图秀秀，这类软件的特点是简单好用，很多在Photoshop中需要复杂操作才能完成的效果在这些软件中可能一键就能完成，因此非常受普通用户的欢迎。

Adobe Photoshop的操作界面。
Photoshop软件的口号是“没有做不到，只有想不到”，它为那些有想法的摄影师和平面设计师提供了广阔的创意空间。

使用Photoshop 处理人像照片。

使用Photoshop给照片调色。

美图秀秀的操作界面。
轻松点鼠标，立刻实现各种小清新，文艺控可以大展身手。

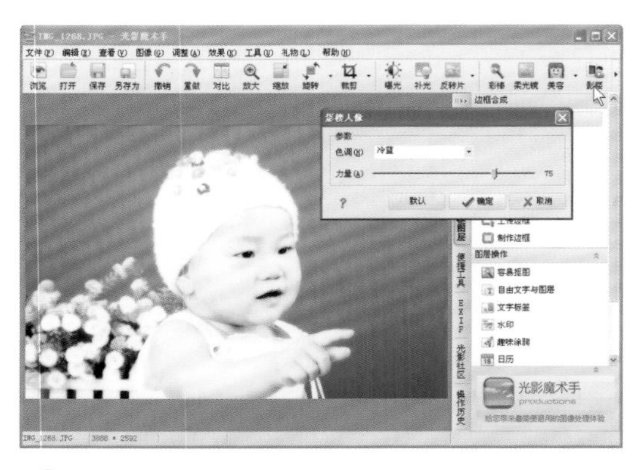

光影魔术手的操作界面。
轻松点鼠标，照片效果大变样，光影魔术手是“懒人”的最爱。

Camera Raw

调整白平衡

使用RAW格式拍摄时，完全不用担心色彩还原不准确的问题。因为在RAW图像处理中，对白平衡的调整简直就是小儿科，非常简单。

STEP 01 这是在Photoshop软件的Camera Raw中打开RAW格式文件的原始色彩。可以发现，画面色调明显偏黄，查看色温设置是5700K。

STEP 02 光源的色温越高，影像效果越偏蓝。但是在相机设置和RAW处理中，色温设置得越高，则图像越偏黄。因此，要校正偏黄，就要降低色温。将【色温】滑块向左拖动至4500K（也可以在【色温】数值框内直接输入数值），图像的色彩趋于正常。

调整曝光

使用RAW格式拍摄，轻微的过曝或欠曝在后期的RAW文件处理中可以轻易校正，图像也不会产生明显的噪点或者丢失细节，这就是RAW格式的好处。调整RAW格式的曝光也非常简单，只需要根据图像的亮度拖动【曝光】滑块向左或者向右移动即可。向左拖动是减少曝光，图像将会变暗；向右拖动是增加曝光，图像将会变亮。

STEP 01 使用Camera Raw打开一幅曝光不足的图像。可以看出，画面明显偏暗，大约欠曝2EV左右。

STEP 02 拖动【曝光】滑块向右移动，图像逐渐变亮。当拖动到+1.8EV曝光时，图像的亮度趋于正常。可以看到，画面中并没有出现明显的噪点。如果是JPEG格式，经过如此大幅度的调整，画面的噪点定会非常严重。

调整亮度和对比度

图像的亮度和对比度直接关系到图像的视觉效果，更准确地说，是决定着画面的反差和影调表现。亮度和对比度偏低的画面会显得灰暗，色彩也不够饱和；而亮度和对比度偏高，则会造成画面反差过大，缺乏中间调，细节缺失。因此，控制亮度和对比度表现非常重要，虽然RAW格式对于这些调整很容易获得好的效果，但是仍然应该在拍摄时确保图像的曝光准确，最起码可以降低工作量。

STEP 01 使用Camera Raw打开一幅曝光不是很准确的图像。可以看出，图像偏灰暗，反差很低。

STEP 02 在Camera Raw中，将图像的【亮度】调整为+80，将【对比度】调整至+35，画面明显变亮，但是色彩饱和度不高。将【细节饱和度】调整至+10，将【饱和度】调整至+20，人物的肤色和衣服的颜色都得到了良好的再现。

调整锐度

RAW处理中有锐化功能，可以对轻微对焦不实的图像进行锐化处理。经过处理以后，图像的清晰度会得到增强。

STEP 01 使用Camera Raw打开原图，可以看出，原图整体不够清晰。使用Camera Raw中的【锐化】命令对图像进行锐化处理，如红框内所示设置调整参数。

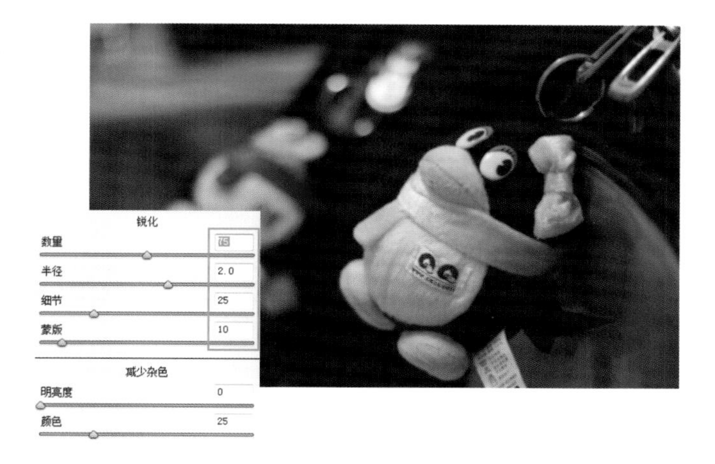

STEP 02 锐化后的图像明显变清晰，达到了拍摄者想要通过虚实对比表现主体的拍摄构想。

提 示

但是要提醒大家的是，【锐化】命令对一般性的对焦不实或者手抖造成的模糊有一定的作用，但是深度模糊的图像如果使用大范围的锐化使其变清晰，会降低画质。因此，清晰的对焦和稳定的握持相机非常重要。

校准偏色

在拍摄时，如果没有正确设置相机的白平衡，则很容易出现偏色的现象。要校准偏色，可以通过修改Camera Raw中的白平衡、对比度、自然饱和度等选项来实现。

STEP 01 在Camera Raw中的【基本】选项卡中设置参数。

STEP 02 调整完毕单击【完成】按钮，得到本实例最终效果图。

调色秘笈

STEP 01 在Camera Raw的【基本】选项卡、【色调曲线】选项卡中设置参数。

STEP 02 调整完毕单击【完成】按钮，得到本实例最终效果图。

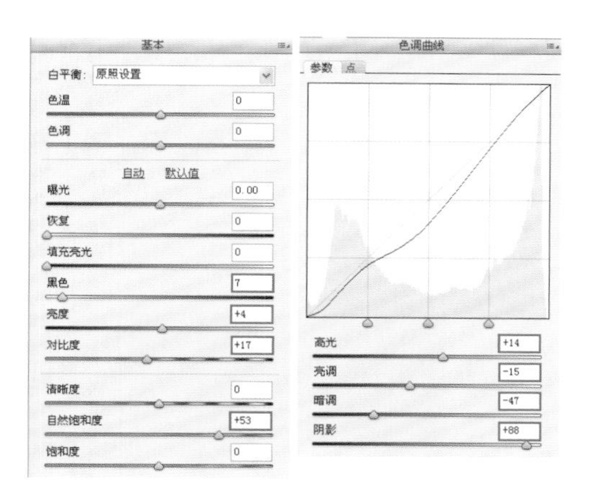

保存RAW格式文件

进行RAW处理后的图像，首先应该按照原格式（也就是RAW格式）进行保存。因为这种保存并不会损伤原始图像，以后若有需要还可随时“反悔”。RAW格式在看图软件中共享难度较大，必须要保存一种通用的文件格式以方便查看和管理。如果确定图像不需要继续编辑且已经达到最佳状态，可以保存为JPEG格式，图像品质宜选择最高。如果不确定图像是否达到最佳状态，则可以保存为TIFF格式。TIFF格式默认不压缩图像，它的文件量也比较大，保存为此格式不会损伤图像质量，并且可以在以后任何时候继续进行编辑。

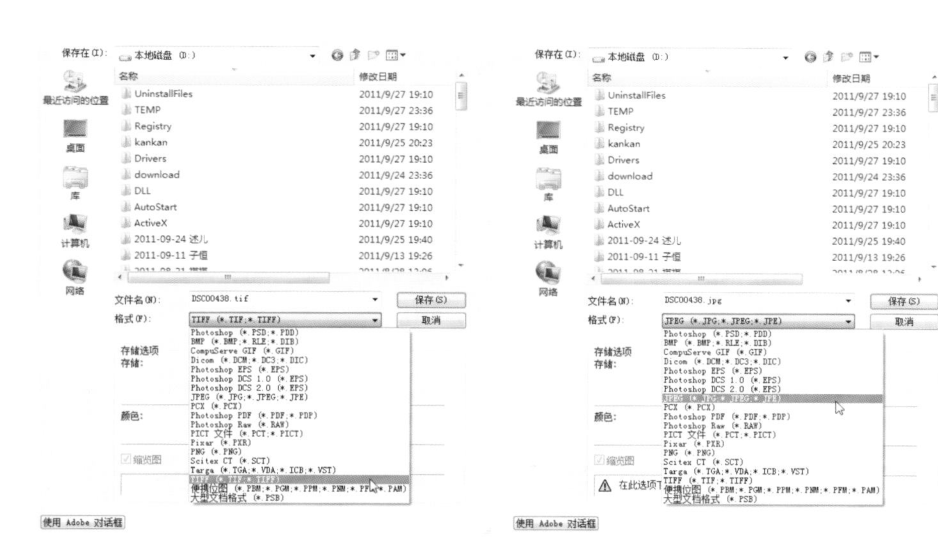

保存为JPEG格式和TIFF格式，都可以跨平台在看图软件中轻松共享。不过JPEG格式的通用性更高，缺点是图像压缩比较厉害，不适宜进行高精度打印。TIFF格式则不会损失图像质量，在印刷和出版领域使用较广。

Photoshop

调整反差小的图像

除了在Camera Raw里调整RAW文件，还可以在Photoshop里对JPEG等格式的图像进行处理。

由于天气或曝光的原因造成拍摄的照片反差小、偏灰暗时，可以通过Photoshop软件的【色阶】命令进行调整。色阶可以加深暗调或亮调，令照片反差鲜明，同时通过调整中间调令照片整体偏亮或者偏暗。

STEP 01 在Photoshop中打开文件，可以看到画面明显偏灰。

STEP 02 单击【图层】面板底部的【创建新的填充或调整图层】按钮，在弹出的菜单中选择【色阶】命令，在打开的【调整】面板中设置参数。

STEP 03 设置完毕后，反差确实有所提高，但是小动物白色毛发的细节也完全丢失了，这显然是不行的，还需要进行调整以找回白色毛发的细节。

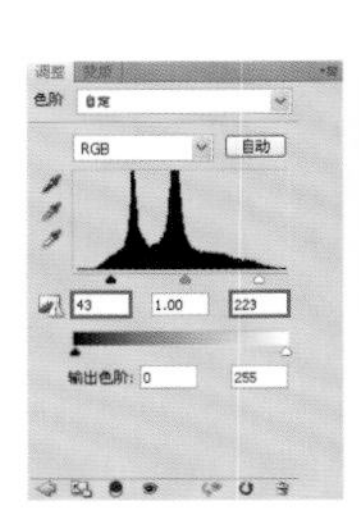

STEP 04 设置前景色为黑色，点击左侧工具箱中的【画笔工具】，设置画笔不透明度为50%，在小动物白色毛发处涂抹，去掉调整色阶对毛发细节的损失。

STEP 05 最终的效果如图所示，相比原图，画面的反差提高了，同时细节也得到很好的再现。

提示

例图中的【色阶1】图层相当于对背景图层添加了一个蒙版。在Photoshop软件中，蒙版可以被理解为一张可以调节透明度的白纸，只对下面一层起作用。如果它的透明度为100%（即白色），那么它就能均匀地覆盖下面的图层；如果它的透明度为0%（即黑色），那么就可以看穿它，无所谓它的存在；如果它的透明度为50%，那么可以通过它朦胧地看到下面一层。利用【画笔工具】刷去色阶层，其实就相当于在蒙版上钻了个孔，使下面图层的内容展现出来。

校正白平衡失误的图像

没有掌握好白平衡的拍摄，很容易造成图像色彩的偏差。对于这样的问题，使用Photoshop软件里的【色彩平衡】命令可以轻松调整。对于那些对色彩不是很敏感的人来说，调整起来可能会比较吃力，这时也可以考虑使用【自动色彩】命令，一般情况下都能获得不错的色彩调整效果。

STEP 01 在Photoshop中打开白平衡失误的文件。很明显，这张蛋糕照片的色彩偏青。

STEP 02 单击【图层】面板底部的【创建新的填充或调整图层】按钮，在弹出的菜单中选择【色彩平衡】命令，在打开的【调整】面板中设置参数。

STEP 03 设置完毕后，画面的色彩恢复正常状态。

修正曝光过度的图像

曝光过度的照片通常都是因为没有控制好光圈、快门、ISO感光度三者的平衡关系，而导致画面整体过曝的拍摄效果。修复这类照片，可以通过使用【曲线】命令。

STEP 01 在Photoshop中单击【图层】面板底部的【创建新的填充或调整图层】按钮。

STEP 02 在弹出的菜单中选择【曲线】命令，在打开的【调整】面板中设置参数，得到本实例最终效果图。

修复阴影太重的图像

被摄主体如果曝光不足就会导致画面出现阴影。例如，在烈日的强光照作用下，人物背对太阳时，脸部就容易出现阴影太重的现象。要解决此类问题，在拍摄时可通过反光板对人物脸部补光，否则就只能通过后期处理来修复了。

STEP 01 在Photoshop中复制【背景】图层，生成【背景副本】图层，执行【图像】→【调整】→【阴影/高光】命令。

STEP 02 在打开的【阴影/高光】对话框中设置参数，单击【确定】按钮关闭对话框，得到本实例最终效果图。

为图像添加暗角

关于暗角效果，有人喜欢有人讨厌，现在很多高端数码单反相机都集成了自动去除暗角功能。实际上，对于一些天空所占比例较多的画面，适当的暗角效果往往能够提升视觉效果。下面一起来看看如何在Photoshop中为照片添加暗角效果。

STEP 01 在Photoshop软件中打开想要添加暗角效果的图像。可以看出，天空面积很广，有种空荡荡的感觉。

STEP 02 在【图层】面板中按下快捷键Ctrl+J复制一个背景图层，生成【背景副本】图层。

STEP 03 执行【滤镜】→【镜头校正】命令，在打开的【镜头校正】对话框中，单击【自定】选项卡并设置参数，然后单击【确定】按钮关闭对话框。

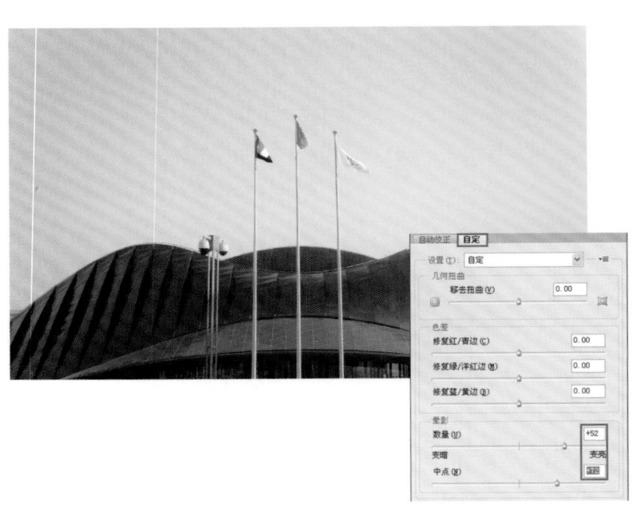

STEP 04 添加暗角效果后，灰暗的画面四角产生出一种空间透视效果，在一定程度上提升了照片的视觉效果。

为画面添加光晕效果

为画面添加光晕效果可以营造一种浪漫或梦幻般的气氛。在设置时需注意照片本身的光源方向。

STEP 01 在Photoshop中复制【背景】图层，生成【背景副本】图层，执行【滤镜】→【渲染】→【镜头光晕】命令。

STEP 02 在打开的【镜头光晕】对话框中设置参数，单击【确定】按钮关闭对话框，得到本实例最终效果图。

使模糊的图像变得清晰

要使模糊的图像变得清晰，可以使用Photoshop的“锐化”工具。当然，如果图像本身模糊得比较严重，那么锐化所能取得的效果也很有限。

STEP 01 在Photoshop中复制【背景】图层，生成【背景副本】图层，执行【滤镜】→【锐化】→【智能锐化】命令。

STEP 02 在打开的【智能锐化】对话框中设置参数，单击【确定】按钮关闭对话框，得到本实例最终效果图。

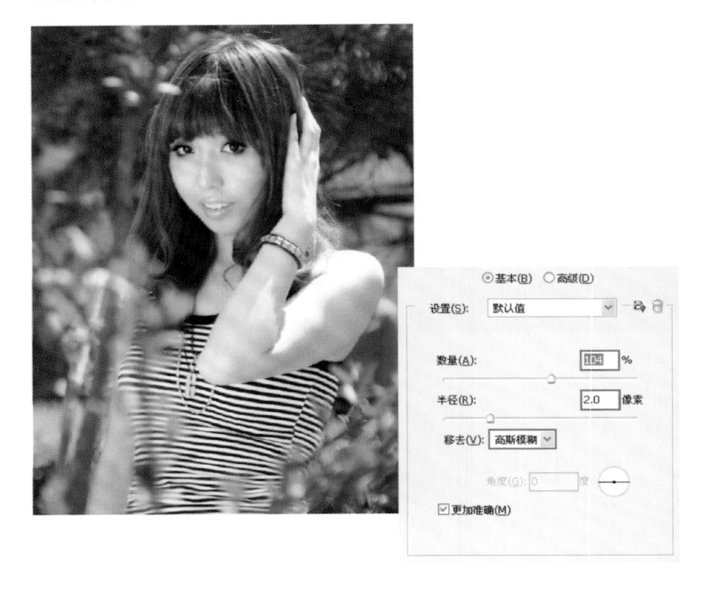

为夜景图像添加霓虹灯效果

在夜景图像中添加霓虹灯效果，可以渲染夜间景物的颜色表现，使画面更加漂亮、唯美。

STEP 01 在Photoshop中创建新的图层【图层1】，选择工具箱中的【渐变工具】。

STEP 02 在工具选项栏中打开【渐变编辑器】并设置【色谱】，然后单击【线性渐变】按钮，使用鼠标在画面中由左向右绘制渐变。

STEP 03 设置【图层1】的【不透明度】值，【图层混合模式】为【叠加】，得到本实例最终效果图。

快速调整植物的层次感

很多植物都是连成一片生长的，无法区分主次和细节。调整植物的层次感，实际上就是增加其对比度，使图像更加富有立体感。

STEP 01 在Photoshop中单击【图层】面板底部的【创建新的填充或调整图层】按钮，在弹出的菜单中选择【曲线】命令，在打开的【调整】面板中设置参数。

STEP 02 单击【图层】面板底部的【创建新的填充或调整图层】按钮，在弹出的菜单中选择【自然饱和度】命令，然后在打开的【调整】面板中调整并设置参数，得到本实例最终效果图。

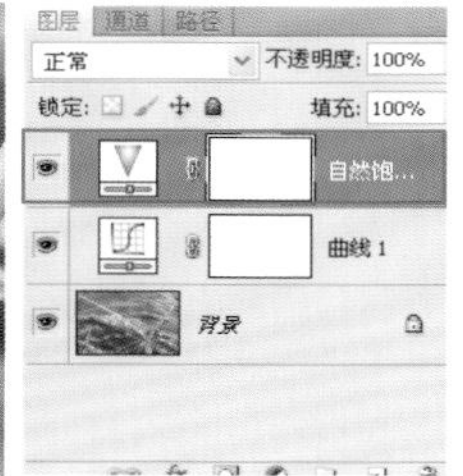

提 示

使用曲线调整后，图像亮部与暗部的层次感已经拉开，之后的【自然饱和度】调整是对图像的修饰，使图像更加美观。在实际操作中，如果使用【曲线】调整后的效果已经很好了，可以省略之后的步骤。

Lab调色秘笈

Lab是由RGB模式转换为HSB模式和CMYK模式的桥梁。该颜色模式由一个发光率（Luminance）和两个颜色（a,b）轴组成。其中a表示从洋红至绿色的范围，b表示黄色至蓝色的范围。

STEP 01 在Photoshop中执行【图像】→【模式】→【Lab颜色】命令，然后单击【图层】面板底部的【创建新的填充或调整图层】按钮，在弹出的菜单中选择【色阶】命令，在打开的【调整】面板中设置参数。

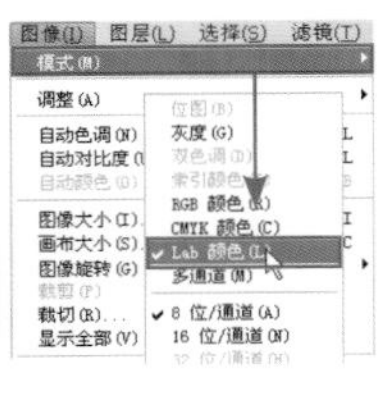

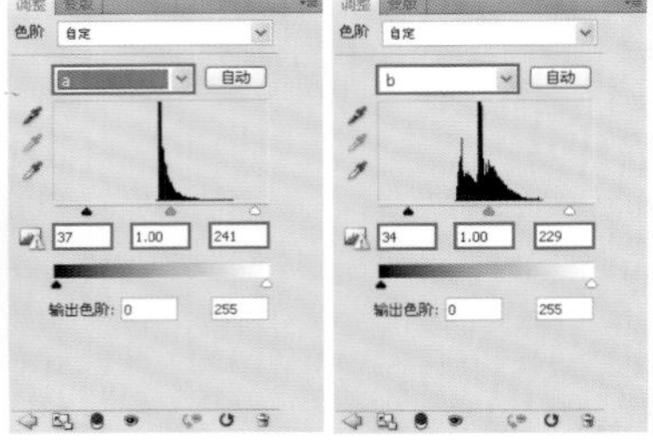

STEP 02 单击【图层】面板底部的【创建新的填充或调整图层】按钮，在弹出的菜单中选择【曲线】命令，在打开的【调整】面板中调整曲线弧度并设置参数，得到本实例最终效果图。

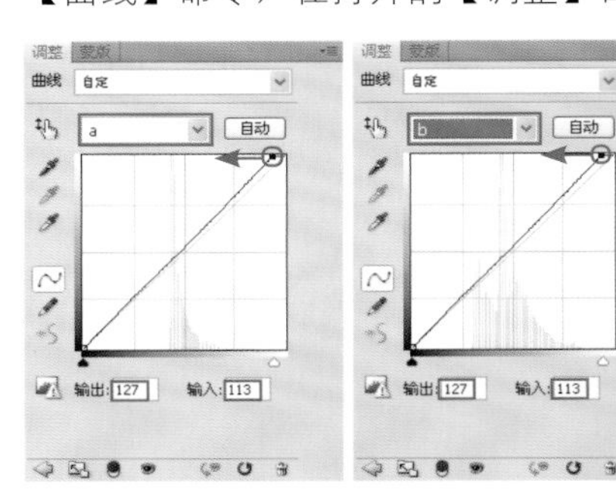

快速制作黑白图像

在某些情况下黑白图像可能比彩色图像更有韵味。要制作黑白图像，可以使用“黑白”或“去色”命令。

STEP 01 在Photoshop中单击【图层】面板底部的【创建新的填充或调整图层】按钮，在弹出的菜单中选择【黑白】命令。

STEP 02 在打开的【调整】面板中设置参数，得到本实例最终效果图。

拼接全景图像

如果要表现宏大的场景，则可以使用相机的拼接功能或者分别拍摄局部照片，然后在Photoshop中将它们拼接在一起。

STEP 01 在Photoshop中执行【文件】→【自动】→【Photomerge】命令，在打开的【Photomerge】对话框中单击【浏览】按钮。

STEP 02 在【打开】对话框中依次打开素材文件，将素材图载入【Photomerge】对话框中后，单击【确定】按钮，软件自动对载入图像进行拼接。

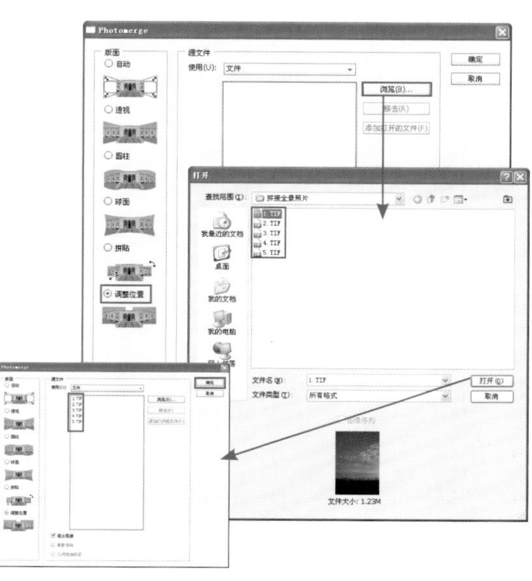

STEP 03 拼接完成后自动生成新图层，然后选择工具箱中的【裁剪工具】，将图像裁剪整齐，得到本实例最终效果图。

ACDSee

由于初学者对摄影构图的意识尚未建立，拍摄的照片很多时候构图都不够严谨。需要在后期软件中进行二次构图，以达到主题鲜明、主体突出的视觉效果。使用Photoshop或光影魔术手，或者本例用到的ACDSee，都可以很方便地进行二次构图操作。

重新构图

STEP 01 原图的构图稍显宽泛，还有调整空间。

STEP 02 打开ACDSee Pro 2.5软件进行重新构图。选择【裁剪】命令，在弹出的【裁剪】对话框中选择【限制裁切比例】为2×3。在右侧的操作区中，根据需要调整裁剪框，以获得视觉效果更好的画面。

STEP 03 经过重新构图的画面明显比原图显得更为合理、紧凑。

提 示

ACDSee Pro 2.5这款软件调整功能相当强大，操作比Photoshop简单，对系统资源的占用比Photoshop小很多，因此，拥有数量众多的用户。

光影魔术手

修复曝光不足的图像

曝光不足和曝光过度一样，是拍摄中很容易出现的曝光失误。有些是因为人为的原因，有些则是因为测光系统失误造成的。无论是何种原因，在光影魔术手中都可以轻松处理。不过还是要注意，在拍摄时尽量控制画面获得合理曝光，因为后期调整多多少少都会降低图像的画质。

STEP 01 在光影魔术手中打开曝光不足的照片。因为曝光不足，鸟儿的羽毛色彩没有得到完美的呈现。

STEP 02 执行【效果】→【数码补光】命令，在打开的【数码补光】对话框中设置参数，然后单击【确定】按钮，关闭对话框。

STEP 03 调整完毕后，曝光恢复正常，鸟儿的羽毛色彩得到了完美的再现。

修复噪点过多的图像

噪点的产生，多数是因为使用的感光度过高或者拍摄曝光时间过长。当然曝光严重不足的照片提亮后也会出现噪点，使用光影魔术手软件的【效果】→【降噪】→【颗粒降噪】命令，可以很轻易地降低噪点对画面效果的影响。

STEP 01 在光影魔术手中打开有噪点的图像。由于使用了较高的感光度，画面的噪点非常严重。

STEP 02 执行【效果】→【降噪】→【颗粒降噪】命令，在打开的【颗粒降噪】对话框中根据需要设置参数，然后单击【确定】按钮，关闭对话框。

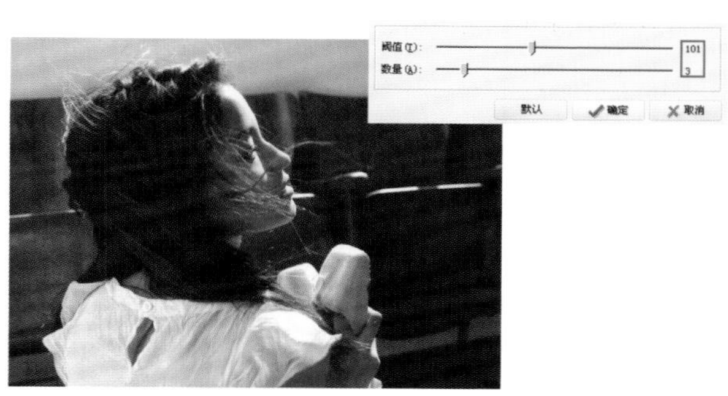

STEP 03 执行降噪处理后，画面的噪点问题明显改善，画质效果得到了很好的提升。

为图像添加说明

有很多人习惯在冲印或打印图像时，在图像的某一角添加一小段文字或者拍摄时间之类的注释，这样有利于帮助记忆，在日后浏览时可以非常直观地知道照片的来历。要为图像添加文字标签，可以使用光影魔术手实现。

STEP 01 在光影魔术手中打开想要添加文字标签的图像。

STEP 02 执行【工具】→【文字标签】命令，在打开的【文字标签】对话框中勾选【插入标签1】复选框，输入文字并设置文字的字体、大小和颜色等属性，然后在【位置】选项框中单击选择文字的大概位置，在【边距】选项框中设置参数，设定文字的精确位置。设置完毕后，单击【确定】按钮，得到本例最终效果图。

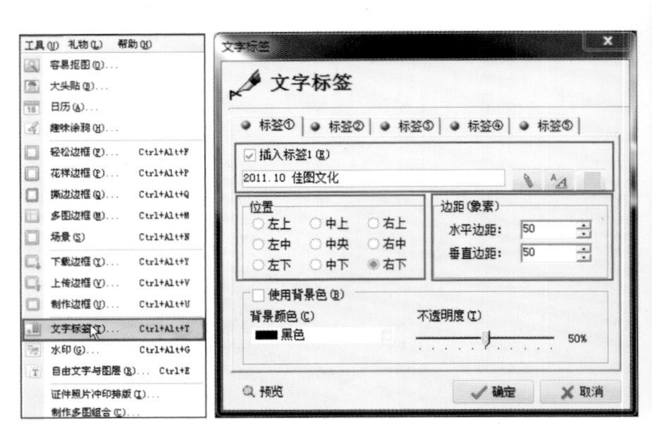

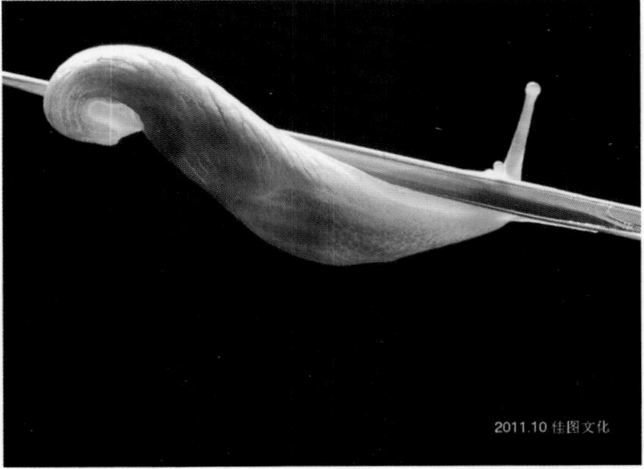